Handelsblatt

Mittelstands-Bibliothek – Band 5

Markus Meier

Projektmanagement

2007
Schäffer-Poeschel Verlag Stuttgart

Handelsblatt Mittelstands-Bibliothek

Bibliografische Information der Deutschen Nationalbibliothek
Die Deutsche Nationalbibliothek verzeichnet diese Publikation in der Deutschen Nationalbibliografie; detaillierte bibliografische Daten sind im Internet über http://dnb.d-nb.de abrufbar.

Gedruckt auf chlorfrei gebleichtem, säurefreiem und alterungsbeständigem Papier

Band 5: ISBN 978-3-7910-2715-9
Gesamtwerk: ISBN 978-3-7910-2710-4

www.schaeffer-poeschel.de
info@schaeffer-poeschel.de

Einbandgestaltung: Willy Löffelhardt
Umschlagfoto: MEV Verlag GmbH, Augsburg
Satz: pws Print und Werbeservice Stuttgart GmbH
Druck und Bindung: Ebner & Spiegel GmbH, Ulm

Printed in Germany
Oktober 2007

Schäffer-Poeschel Verlag Stuttgart
Ein Tochterunternehmen der Verlagsgruppe Handelsblatt

Vorwort

In diesem Buch werden keine theoretischen Modelle zur Abwicklung und zur Kontrolle von Projekten dargestellt. Das vordergründige Ziel ist die Bereitstellung eines Leitfadens und Werkzeuge, um Projekte mit Hilfe bestehender Projekt- und Controllingmodelle effizienter und erfolgreicher durchführen zu können. Ein zweites, nicht weniger wichtiges Ziel ist die Verbindung von Theorie und Praxis mit Hinweisen auf spezifische Problemsituationen und Vorschlägen zur Vermeidung.

Das Buch wurde für KMU geschrieben. Den Führungskräften und Benutzervertretern dient dieses Buch als Kontrollinstrument während des gesamten Verlaufs eines Projekts. Dabei wurden nicht nur die Interessen der Führungskräfte berücksichtigt. Es hilft auch dem Projektleiter als Kontroll- und Führungsinstrument mit Beispielen, Schaubildern und Checklisten. Letztlich enthält es wertvolle Informationen für Projektmitarbeiter, um das gesamtheitliche Verständnis zu fördern.

Dieses Buch widme ich meiner Partnerin Romy und meinem engsten Freund Jürg. Meiner Partnerin danke ich für die Liebe, mit der sie mich unterstützt hat, sie hat mir viel Arbeit abgenommen und mir den Rücken freigehalten, damit ich mich auf die Verwirklichung dieses Buches konzentrieren konnte. Meinem Freund danke ich für all die vielen und tiefgründigen Gespräche, die mir unzählige Impulse für die Arbeit an dem vorliegenden Buch gegeben haben. Ich möchte mich aber auch bei Casjen Kramer bedanken, ohne ihn wäre dieses Buch nicht zustande gekommen.

Arni, im Juli 2007 Markus Meier

Der Autor

Betriebsökonom und Informatiker Markus Meier war Mitglied der Geschäftsleitung der in der Schweiz ansässigen Communiworth GmbH für Projektmanagement, Team- und Kommunikationsmanagement. Er arbeitete bei verschiedenen Großfirmen und hat dort vorwiegend Projekte der Kundendokumente unter Berücksichtigung des Corporate-Design realisiert. Seit 1991 war er bei diversen Kunden in den verschiedensten Funktionen des Projektmanagements beschäftigt und hat mehrere Jahre als Projektleiter Kunden betreut sowie in verschieden Banken und Industriebetrieben Projekte mitentwickelt und sich mit dem Kommunikationsverhalten in Projektteams und deren Schnittstellen beschäftigt und auseinandergesetzt. Seit 2005 arbeitet er als Associate Director bei der UBS AG in Zürich und koordiniert kleinere Projekte und Applikationen im technischen Umfeld.

Inhaltsverzeichnis

1 Einleitung

Aufschwung der Standardsoftware

Die Verwendung von Standardsoftwareprodukten hat in den letzten Jahren einen zunehmenden Stellenwert im Geschäftsleben eingenommen. Während in Großbetrieben die Vernetzung von diversen Standardsoftwarepaketen bereits seit längerer Zeit einen festen Platz eingenommen hat und kaum mehr wegzudenken ist, stehen die KMU heute aus diversen Gründen vor der gleichen Entwicklung.

Trends und Realität

Die IT hat bekannterweise enorme Entwicklungssprünge durchgemacht. Dies wird sich auch in Zukunft nicht ändern, bedenkt man nur, welchen Einfluss das Internet auf die Informatik ausgeübt hat und noch ausüben wird. Sehr aktuell sind die Begriffe Business to Business (Bestellung via Internet) und Business to Commercial (konventioneller Web-Shop). Am Beispiel des Web-Shops zeigt sich die eigentliche Entwicklung dieser New-Market-Segmente. Nach einer anfänglichen Euphorie, in der jeder alles über das Internet kaufen wollte, zeigen sich bereits Spuren, die auf eine gesunde Entwicklung hinweisen. Langsam pendelt sich dieses Segment auf einer Ebene ein, in der Produkte über den Web-Shop bestellt werden, die einen geringeren Beratungsaufwand benötigen und auf die emotionale Ebene des Käufers weniger Einfluss haben. Vor allem auf der Ebene, auf der der Seh-, Hör-, Tast-, Geruchs- und Geschmackssinn einen wichtigen Bestandteil des Kaufprozesses einnimmt, wird sich der Web-Shop nicht führend etablieren können.

Sinnvoller Projektmanagement-Einsatz

Nehmen wir den Faden der Standardsoftwareentwicklung wieder auf. Dieser kleine Exkurs am Beispiel des Internets soll aufzeigen, dass die Entwicklungen sehr schnell vor sich gehen werden und die Komplexität in Zukunft stark zunehmen wird. Zudem ist es von enormer Bedeutung, die Spreu vom Weizen trennen zu können und nicht der Versuchung zu erliegen, mit sämtlichen neuen Entwicklungen mitgehen zu müssen. Auch die Konkurrenz wird sich bemühen, mit den wichtigen Entwicklungen Schritt zu halten, und dies führt unweigerlich zu einer Verstärkung des Konkurrenz-, Zeit- und Kostendrucks. Damit auch mit der Entwicklung Schritt gehalten werden kann, ohne das Tagesgeschäft aus den Augen zu verlieren und ohne die Kontrolle über die Entwicklung in der Informatik aus den Händen zu geben, ist es wichtig, ein vernünftiges Projektmanagement und Projektcontrolling zu betreiben.

Vorgehensmodell

Das vorliegende Buch ist als Arbeitsbuch für Leser gedacht, die sich nicht die Zeit nehmen können, sich mit theoretischen Modellen zu befassen. Der Aufbau des Buches gliedert sich in zwei Hauptabschnitte. Im ersten Teil wird ein traditionelles Vorgehensmodell bei der Projektplanung vom Projektauftrag bis zur Übergabe an das Wartungsteam mit Beispielen, Checklisten und Praxis-Tipps vorgestellt.

Spezifische Problemsituationen

Im zweiten Teil werden einerseits spezifische Probleme des Projektmanagements angesprochen, in denen der Leser zu aktuellen Situationen Ratschläge und Hilfestellungen findet. Schwerpunktmäßig behandelt es die Themen der zwischenmenschlichen Kommunikation, deren Konsequenzen und wie konkreter auf potentielle und anstehende Probleme eingegangen werden kann. Anderseits werden Techniken beschrieben, die für die verschiedenen Phasen der Projektentwicklung von Bedeutung sind oder im Bereiche des Projektcontrollings eine phasenunabhängige Stellung einnehmen. Es ist als Nachschlagewerk gedacht mit Verweisen zu anderen Kapiteln, Checklisten und Musterformularen.

2 Systemdenken

Zweck des Systemdenkens

Bei der Entwicklung von IT-Systemen ist neben dem eigentlichen Systementwicklungsprozess (Projektmanagement) das Systemdenken ein elementarer und unverzichtbarer Bestandteil auf dem Weg zur erfolgreichen Projekteinführung. Man versteht dabei die Denkweise, komplexe Abläufe, Erscheinungen oder Situationen (Systeme) zu zergliedern, zu analysieren und zu strukturieren, um die Zusammenhänge darzustellen um damit die Anforderungen besser verstehen zu können.

Tipp

> Das aufgebaute Systemmodell muss während des gesamten Projektverlaufs dahingehend im Auge behalten und kontrolliert werden, ob das Vorgehen und die Entscheidungen in Bezug auf das System sinnvoll ist und die erwartete Unterstützung auf dem Weg zum Erfolg bietet.

Um das Systemdenken anwenden zu können, müssen die folgenden Beschreibungen, Begriffe und Denkansätze bekannt sein:

- Grundbegriffe und Merkmale,
- Denkansätze zur Systembetrachtung,
- Anwendung zur Unterstützung des ganzheitlichen Denkens.

2.1 Grundbegriffe und Merkmale

Es erscheint nicht sinnvoll, die Begriffe und Merkmale neu zu definieren und neu zu beschreiben. Deshalb sind die Definitionen, die Begriffe und die Merkmale zum Systemdenken dem Buch System-Engineering Methodik und Praxis, Methodik und Praxis, W.F. Daenzer, F. Huber (Hrsg.), Zürich 1997, entnommen.

Systeme, Elemente, Beziehungen

Der Begriff System wird heute in vielfältiger Weise im privaten und beruflichen Sprachgebrauch verwendet, z.B. Bewässerungssystem, Sonnensystem, Heizungssystem, EDV-System, Produktionssystem. All diese Gemeinsamkeiten definiert S. Beer wie folgt: »Das Wort System steht ... für Konnektivität. Wir meinen damit jede Ansammlung miteinander in Beziehung stehender Teile ... Was wir als

System definieren, ist deshalb ein System, weil es miteinander in Beziehung stehende Teile umfasst und in gewisser Hinsicht ein ... Ganzes bildet«. Daraus abgeleitet besteht jedes System aus mindestens zwei Elementen, welche für sich selbst wieder ein System darstellen können. Der Begriff Element ist dabei im weitesten Sinn zu verstehen. Es kann sich dabei um den Wasserhahn im Bewässerungssystem oder die Elektronik im Heizungssystem handeln. Damit es als System bezeichnet wird, müssen die einzelnen Elemente miteinander in einer definierten Beziehung stehen. Auch die Beziehungen sind im weitesten Sinne zu verstehen, wie Lagebezeichnung im Sonnensystem oder der Informationsfluss im EDV-System.

Element

Beziehungen

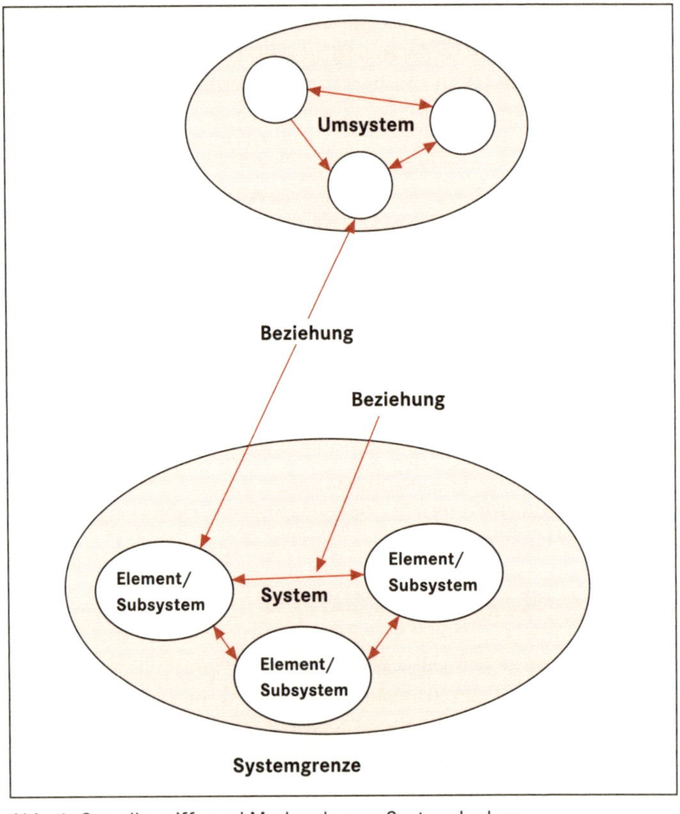

Abb. 1: Grundbegriffe und Merkmale zum Systemdenken

Systemgrenze und Umwelt

Durch die Definition des Projektauftrags lässt sich eine eindeutige Systemgrenze ziehen. Egal wie groß das System ist, das realisiert werden soll, so ist es immer nur ein Teil eines übergeordneten Systems. Die in der IT-Entwicklung betroffenen Systeme sind deshalb offen. Das heißt, dass das System nicht nur zu untergeordneten Systemen, sondern auch zu übergeordneten in Beziehung steht. Die Systemgrenze definiert sich wie erwähnt aus der gestellten Projektaufgabe und den vorgegebenen Abgrenzungen. Auch wenn übergeordnete Systeme oder Umsysteme vom Projekt abgegrenzt sind, so müssen die Beziehungen zu den Systemen klar sein, die nicht direkt betroffen sind aber in einer definierten Abhängigkeit stehen könnten.

Beispiel:
Die Firma Superbike erhält die Aufgabe, ein neues System für den Wareneingang zu realisieren. Der Einkauf wird dabei nicht in diesen Bereich fallen, hat aber eine klar definierte Beziehung zum Wareneingang, da dem Wareneingangssystem bekannt sein muss, welche Waren zu welchem Zeitpunkt zu erwarten sind, und gleichzeitig benötigt der Einkauf vom Wareneingang eine Eingangsbestätigung. In diesem Fall ist der Einkauf ein Umsystem. Nach dem Eingang wird eine Kontrolle durchgeführt. Die Kontrolle bildet damit ein Untersystem des Wareneingangs.

Untersysteme

Untersucht man ein Element eines Systems um es aufzugliedern, entsteht daraus ein eigenes System und wird für das übergeordnete System zu einem Untersystem, auch Subsystem genannt. Auch bei dieser Aufgliederung in Untersysteme sind die Abgrenzungen aus dem Projektauftrag zu berücksichtigen, es könnte sonst leicht passieren, dass die Projektgruppe beim Wareneingangssystem aus dem vorgängigen Beispiel, beim molekularen Aufbau eines angelieferten Ersatzteils landet.

Beispiel:
Betrachtet man erneut das Wareneingangssystem der Firma Superbike, ergeben sich daraus die folgenden Ableitungen. Eine Kontrolle nach Eingang der Ware wird mit Sicherheit in deren Aufgabenbereich fallen. Nach dem Eingang muss nun eine Kontrolle durchgeführt werden über Typ, Qualität, Menge usw. Dabei ist die Kontrolle ein Untersystem des Systems Wareneingang. Die Typenprüfung bildet wieder um ein Untersystem des Systems Kontrolle.

Übersysteme

Untersucht man ein Element eines Systems, um es aus einem bestehenden System auszugliedern, entsteht daraus das System, welches erstellt werden soll. Durch diese Abgrenzung entstehen neben dem zu untersuchenden System auch Umsysteme, welche unter einem übergeordneten System zusammengefasst werden können.

System und Untersysteme

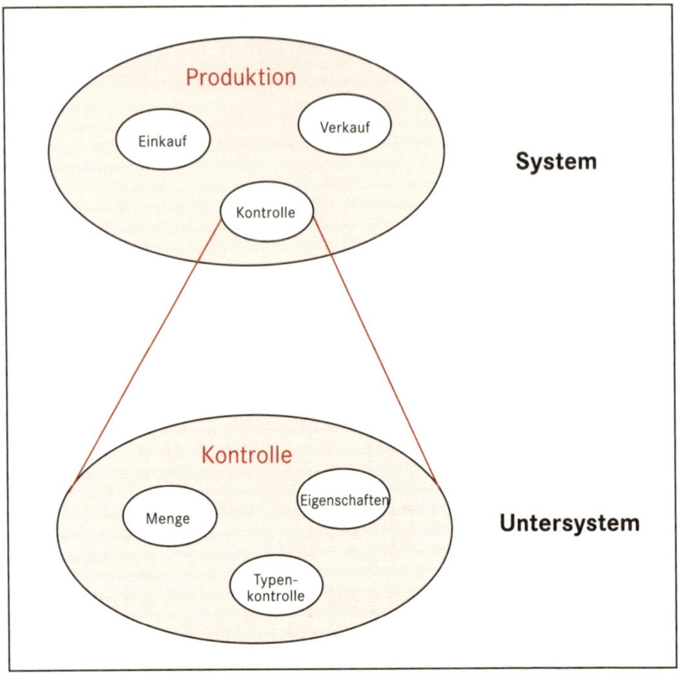

Abb. 2: Auflösung eines Untersystems

Beispiel:
Nachdem die Firma Superbike festgestellt hat, dass sie in einer vorgegebenen Beziehung zum Einkauf oder der Montageabteilung steht, kann das übergeordnete System zum Beispiel das Produktionssystem sein, gemäß Abbildung zum Untersystem.

Um das System definieren zu können, ist es notwendig, das Problem oder System zu zergliedern und es hierarchisch darzustellen. Es müssen Untersysteme definiert werden, um diese wiederum in Untersysteme aufzugliedern, bis die notwendige Detaillierung erreicht worden ist. Das Resultat aus der Zergliederung stellt die Systemhierarchie dar.

Black-Box-Methode

Die Systemhierarchie wird idealerweise als Black Box dargestellt. Unter der Black-Box-Methode versteht man die funktionale Betrachtungsweise eines Problems, ohne dabei den inneren Aufbau und die Abhängigkeiten der Elemente und des Problems zu berücksichtigen. Die Black-Box-Methode hilft die Komplexität von Systemen zu reduzieren, indem der innere Aufbau des Systems abstrahiert und lediglich die Interaktionen, das heißt die Beziehung mit der Umwelt in den Vordergrund gestellt wird.

Systemhierarchie

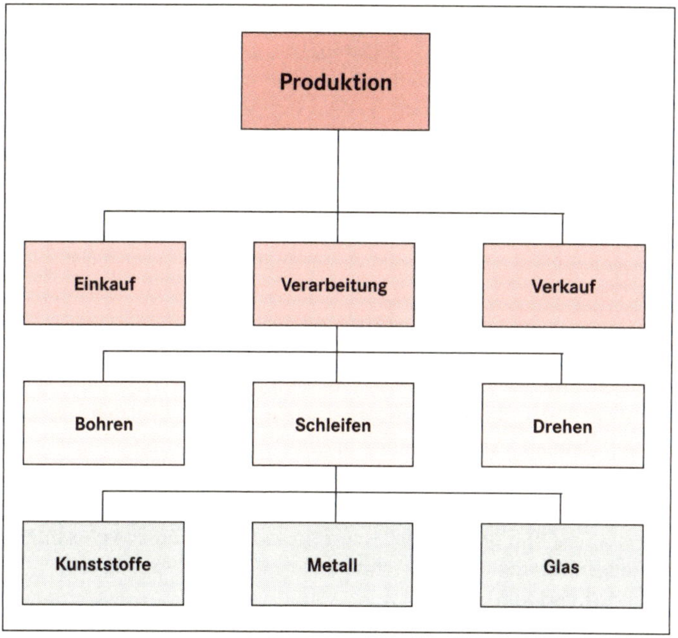

Abb. 3: Systemhierarchie

Beispiel:
In der vorgängig dargestellten Systemhierarchie bildet z. B. die Box »Kunststoffe« eine Black Box, da eine weitere Differenzierung der Kunststoffe zum aktuellen Zeitpunkt oder generell für die gestellte Aufgabe keine Relevanz benützt.

2.2 Denkansätze zur Systembetrachtung

Bildliche Darstellung komplexer Abläufe

Basis des Systemdenkens bildet die Absicht, komplexe Abläufe und Zusammenhänge bildhaft darzustellen. Die Modelle beabsichtigen ein Problem zu abstrahieren und zu vereinfachen. In den folgenden Kapiteln werden ein paar Modelle vorgestellt, erläutert und an einem Beispiel illustriert.

Bei der Betrachtung auf die Umgebung wird das eigentliche Problem außer Betracht gelassen. Dabei werden die Faktoren und Umsysteme definiert, welche auf das Problem einen bestimmten Einfluss ausüben. Jedes System kann unter verschiedenen Blickpunkten betrachtet werden. Welche Blickpunkte zur Veranschaulichung eines Problems oder einer Situation verwendet werden, ist völlig individuell und kann sich je nach den Bedürfnissen unterscheiden. In den folgenden Abschnitten werden ein paar Faktoren, die einen Einfluss auf die Sichtweise ausüben, vorgestellt.

Umgebungs-bezogene Einflussfaktoren

Wie bereits angesprochen ist bei einer Systembetrachtung nicht nur das eigentlich betroffene System von Bedeutung, vielmehr noch hängt der Erfolg in der Betrachtung und dem Einbezug der Systeme, die vom Resultat anhängig sind, ab. Es reicht heute nicht mehr, dass ein System den gewünschten Erfolg bringt und einwandfrei funktioniert. Heute ist unser Tun von den vielfältigsten Faktoren abhängig, wie auch andere von unserem Handeln abhängig sind. Die Berücksichtigung und der Einbezug der umgebungsbezogenen Einflussfaktoren lässt sich in drei Schritte unterteilen.

Aufzeichnung der Umsysteme

In einem ersten Schritt werden alle Umsysteme aufgezeichnet, die in irgendeinem Zusammenhang zu dem gestellten Problem stehen. Es handelt sich dabei um Systeme wie die Geldgeber, den Arbeitsmarkt, ökologische und ökonomische Voraussetzungen usw. Eine gute Möglichkeit zur Eruierung der betroffenen Funktionen, bietet das Mind-Mapping (s. Kap. 2.3). Die Vorteile liegen in der grafischen Darstellung und der Möglichkeit, Ergänzungen und Erweiterungen zu jeder Zeit anzubringen, ohne dass dabei die Übersicht oder die Struktur verloren geht.

Definition: Beziehung zwischen Umsystem und Problem

Im zweiten Schritt werden die Beziehungen zwischen den Umsystemen und dem zu lösenden Problem definiert. Am Beispiel des Geldgebers heißt dies, dass die Beziehung zwischen dem eigentlichen System und dem Geldgeber der Geldfluss darstellt. In diesem Schritt geht es nur darum, die Beziehungsfunktionen darzustellen ohne diese zu bewerten. Es sollen alle bestehenden Beziehungen oder in Zukunft entfallenden oder ergänzend dazu kommenden berücksichtigt und aufgezeichnet werden. Der Sinn dieses Schritts beruht auf der Absicht, das System möglichst modular aufzubauen und alle Schnittstellen zu berücksichtigen die in nächster Zukunft zusätzlich befriedigt werden müssen.

Bewertung der analysierten Umgebung

Der wichtige dritte Schritt besteht in der Bewertung der analysierten Umgestaltung. Dieser wird leider oft vernachlässigt oder wird bereits zu einem Zeitpunkt durchgeführt, zu dem noch nicht alle Umsysteme und Beziehungen bekannt sind. Die Gefahr einer Unterschätzung oder einer übereilten Analyse ist zum Beispiel eine oberflächliche oder voreilige Definition der Datenstruktur, die abschließend nicht den Anforderungen genügt. Im schlechtesten Fall hat dies ein Scheitern des Projekts zur Folge, im besseren Fall ist es möglich das System mit einigen Korrekturen funktionsfähig umzugestalten und so das Projekt »erfolgreich« zu beenden. Trotzdem wird das realisierte System nicht den Erfolg bringen, der erwartet und definiert wurde, die Funktionsfähigkeit und die Wartbarkeit werden eingeschränkt und nicht zuletzt werden die budgetierten Kosten massiv überschritten.

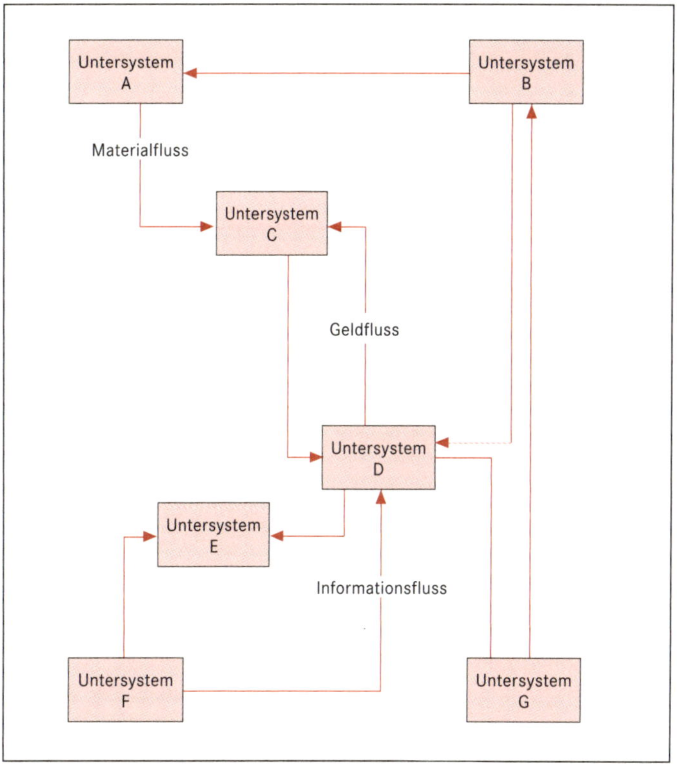

Abb. 4: Beziehungsflüsse

Bewertungskriterien

Für die Bewertung der einzelnen Datentypen können zum Beispiel die folgenden Kriterien angewandt werden:

- Datenfelder,
- Datenattribute,
- Datenmenge,
- Datenabhängigkeiten in Bezug auf Menge, Qualität und Zeit,
- Datenaktualität,
- Historisierung.

Neben den spezifischen Bewertungskriterien gibt es auch übergeordnete Kriterien, die bei der Bewertung berücksichtigt werden müssen. Als Beispiel seien hier die folgenden Kriterien genannt:

- Wartbarkeit und Stabilität der Datenstruktur,
- Datenaktualität,
- Berücksichtigung von Service Level Agreements,
- Release- und Problemmanagement,
- Unternehmensstrategien,

- ökologische und ökonomische Voraussetzungen,
- gesetzliche Vorschriften,
- künftige Entwicklungen.

Im Rahmen der übergeordneten Kriterien sind hier die zwei Beispiele des Jahrtausendwechsels und die Umstellung auf den Euro erwähnt, die eine zwingende Maßnahme innerhalb des Projektablaufs waren. Bei genügender Voraussicht hätten die notwendigen Voraussetzungen frühzeitig geschaffen werden können. Viele kurzfristigen Projekte unter massivem Zeitdruck hätten dadurch aus terminlicher und finanzieller Sicht vermieden werden können.

Tipp

Der dritte Schritt darf erst nach vollständigem Abschluss der Schritte eins und zwei durchgeführt werden. Andernfalls besteht die Gefahr Beziehungen zu bewerten, welche noch nicht vollständig definiert sind und dadurch nicht objektiv bewertet werden können.

Input-Output-Einflussfaktoren

Bei der Betrachtung von Eingang und Ausgang wird festgelegt, welche Wirkungen und Folgen die Inputfunktionen auf das System haben und wie sich diese auf den Output auswirken werden. Die Zusammenhänge interessieren nur so weit diese auf den Input und den Output einen direkten Einfluss haben. Es handelt sich um eine Betrachtungsweise nach der Black-Box-Methode, die bereits vorgängig besprochen worden ist. Der Vorteil der Black-Box-Methode liegt darin, dass die zu beurteilende Situation auf die direkt betroffenen Funktionen reduziert wird um die Übersichtlichkeit gewährleisten zu können.

Ziel der Betrachtungsweise nach dem Eingang und Ausgang ist es, die Funktionen nach groben Kriterien zu gliedern und zu definieren, welcher Input zu erwarten ist und mit welchen Systemfunktionen der Output aufgebaut werden kann, der an andere Systeme weitergeleitet werden muss. Die Art und der Umfang des Outputs hängt von verschiedenen Kriterien ab. Bei einem Heizungssystem müssen zum Beispiel auch physikalische Voraussetzungen betrachtet werden unter Berücksichtigung des heutigen technischen Fortschritts.

Tipp

Bevor ein System beurteilt wird, müssen die Input- und Outputschnittstellen vollständig definiert werden. Erst wenn dieser Schritt vollständig abgeschlossen ist, sollte das System so erklärt werden, dass die Schnittstellen befriedigt werden können.

Funktionsanalyse

Bei dieser Betrachtungsweise werden die Funktionen aufgezeigt, sowie deren Einflüsse untereinander. Dies ist nicht zu verwechseln mit der Betrachtung nach den umgebungsbezogenen Einflussfaktoren. Während vorgängig nur die Beziehungsflüsse der einzelnen Teilsysteme aufgezeichnet worden sind, wird bei der Funktionsanalyse festgelegt, wie die einzelnen Funktionen sich untereinander beeinflussen. Im Vordergrund stehen dabei die einzelnen Elemente eines Systems und deren Beziehungen zueinander. Nach der vorgängigen Analyse des Inputs und des Outputs werden auf dieser Basis die Elemente und die Beziehungen definiert, um festlegen zu können, wie mit dem vorgegebenen Input der zu erwartende Output erstellt werden kann.

Einflussfaktoren

Abb. 5 zeigt ein Beispiel der Einflussfaktoren oder Funktionen auf ein Produkt oder Projekt. Spezielle Beziehungen können auch optisch verstärkt werden. So können Bereiche fett oder farblich hervorgehoben oder gruppiert werden um Prioritäten oder Zusammenhänge kenntlich zu machen.

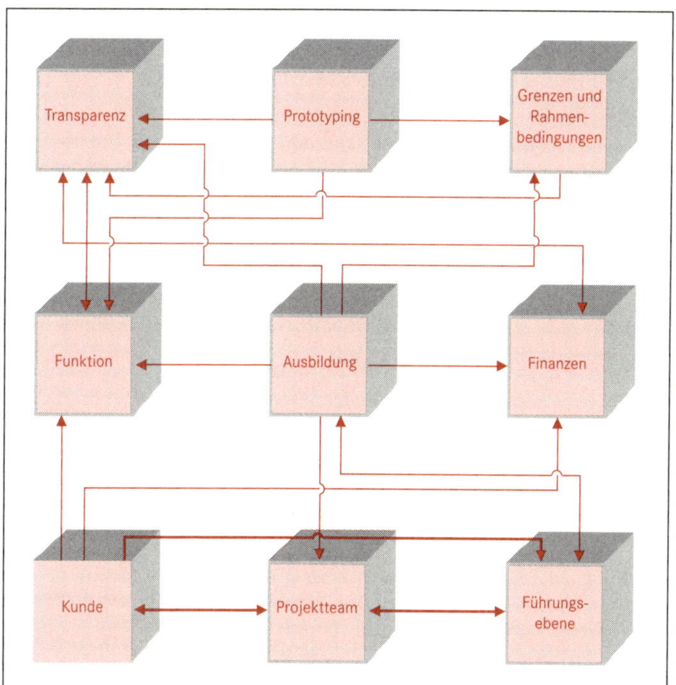

Abb. 5: Funktionen und deren Einflüsse auf ein Projekt

Tipp

Die verschiedenen funktionalen Beziehungen dürfen in keinem Fall mit den systembezogenen Funktionen gemischt werden.

Beispiel:
Bei der Funktionsanalyse zeigt man auf, welche Funktionen auf den Kunden einen Einfluss ausüben und welche Funktionen vom Kunden beeinflusst werden. In seinem Auftrag legt der Kunde die Ziele und damit mehr oder weniger direkt die Funktionalität fest. Zudem stellt er den Finanzbedarf zur Verfügung. Im zwischenmenschlichen Bereich wird das Wohlempfinden vor allem im kommunikativen Austausch zwischen Projektteam, Projektleiter und der Führungsebene beeinflusst.

2.3 Anwendungsmöglichkeiten des hierarchischen Systemdenkens

Gewinn der Übersicht

Um die verschiedenen Darstellungsmöglichkeiten im Umgang mit dem Systemdenken bewusst und funktional korrekt anzuwenden, ist es notwendig, sich des Problems bzw. der Aufgabe des betroffenen Umfeldes und des Vorgehens bewusst zu sein. Wird eine neue Problemstellung analysiert, tritt man einen Schritt zurück und betrachtet das Umfeld in dem die Aufgabe eingebettet ist. Um sich der vollständigen Funktionalität bewusst zu sein, in welcher die Lösung integriert werden muss, kommt man nicht umhin, das Umfeld zu betrachten, um festzustellen, welche Erwartungen an die Aufgaben gestellt werden. Es besteht die Tendenz, dass bei Aufgaben, mit denen wir im täglichen Leben konfrontiert sind, sofort nach einer Lösung gesucht wird. Verstärkt wird dies durch die heutige Anforderung nach immer schnelleren Lösungen.

Tipp

Bevor nach Lösungen gesucht wird, verschafft man sich einen Überblick. In welchem Umfeld ist mein Problem integriert? Welche Ursachen haben zu dem vorliegenden Problem geführt?

Mind Mapping

Ein guter Einstieg, um den Aufgabenbereich zu analysieren sowie die persönliche Priorisierung der Projektplanung und deren Mittel festzulegen und die Definition der Beziehung zur Zielerreichung festzuhalten, ist das Mind Mapping. Die Idee zum Mind Mapping basiert auf dem Wunsch einer Brainstorming-Methode, die auch eine bestimmte grafische Strukturierung und Erweiterungsmöglichkeiten zulässt. Durch die grafische Darstellungsart besteht jederzeit die Möglichkeit, Ideen und Ergänzungen den früheren Notizen zuzuordnen, ohne dass die Gefahr besteht, den Überblick zu verlieren. Auch Tage nachdem die Mind Map erstellt wurde, reicht ein kurzer Blick und man hat wieder den vollen Überblick. Die nachfolgende Abbildung zeigt eine Beispielmap.

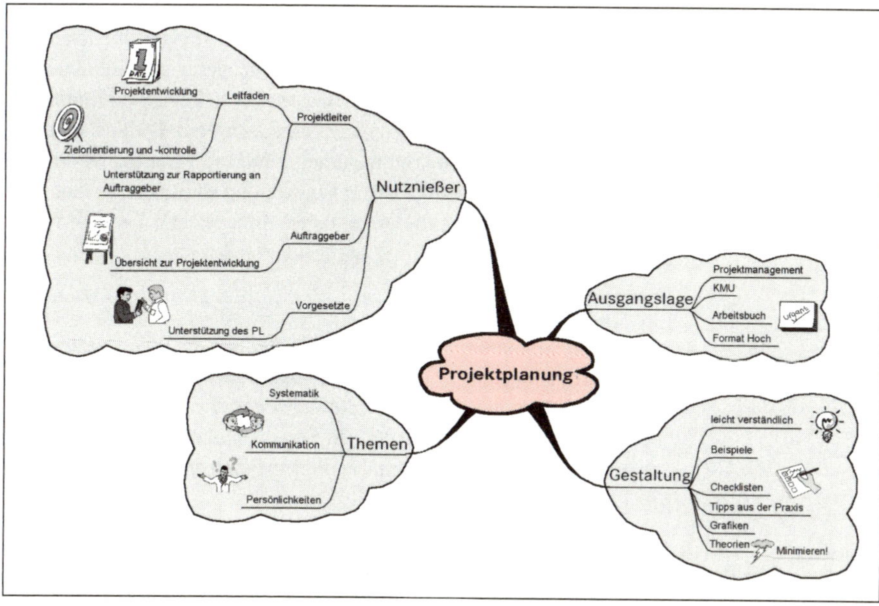

Abb. 6: Mind Map

3 Projektmanagement

Aufteilung des Lösungswegs in Teilschritte

Im Projektmanagement wird der Lösungsweg in verschiedene Teilschritte aufgeteilt. Der Ablauf des Projektmanagements wird abhängig von der Branche, den Risiken der Projektgröße in Bezug auf finanzielle und/oder personelle Ressourcen aber stark variieren. Die Basis und die Grundstruktur des Projektmanagements bleiben jedoch unverändert. Grundsätzlich muss aber bei jedem Projekt, und ist es noch so klein, ein angenommener Auftrag und eine abgenommene Spezifikation vorliegen, bevor mit der Realisierung begonnen werden kann.

Beispiel:
Die Firma Superbike erhält den Auftrag die Kundendokumentation im gesamten Umfang unter Berücksichtigung des Corporate Designs der Unternehmung neu zu konzipieren. Dies erfordert höchst wahrscheinlich, dass alle Projektphasen durchlaufen werden müssen. Für eine Datenerweiterung der Kundendokumente könnte hingegen eine Spezifikation zur Realisierung ausreichen.

3.1 Übersicht

Der grafisch dargestellte Projektablauf in Abb. 7 zeigt ein allgemein anwendbares Grundschema. Für jedes Projekt müssen auf der Basis der funktionalen, finanziellen, terminlichen und unternehmenspolitischen Anforderungen die projektspezifischen Anpassungen am Grundschema vorgenommen werden.

3.2 Projektauftrag

Fachstellenkompetenz

Der Projektauftrag entsteht üblicherweise aus einem Bedarf einer Fachstelle. Damit liegt die Definition des Projektauftrags auch bei der entsprechenden Fachstelle. In Fällen, wo der eigentliche Auftraggeber, der Kunde direkt ist (z. B. Hausbau), wird eine Fachstelle (Architekturbüre) dazwischen geschaltet. Keine noch so qualifizierte Stelle aus dem Projektteam kann nur halbwegs vollumfänglich erahnen, welchen Bedarf die Fachstelle hat. Die Fachstelle zeigt einen Bedarf auf, der vollständig ausformuliert und von allen Parteien verstanden werden muss. Die Fachabteilung darf nicht entmündigt werden, indem man ihr erzählt, was der Inhalt ihrer Bedürfnisse ist, die Fachabteilung wird es sonst mit Desinteresse und Verweigerung danken.

Tipp

Die Fachstelle muss von Beginn an in das Projekt miteinbezogen werden. Die Fachverantwortlichen müssen sich der Entwicklung des Projekts sowie deren Verantwortung an dem entstehenden Produkt bewusst sein. Nach der Einführung muss die Fachabteilung zufrieden sein und damit arbeiten können/wollen. Man kann die Identifikation der Fachabteilung mit dem Projekt nur erwarten, wenn sie auch von Beginn an in die Entwicklung miteinbezogen werden.

Grundschema eines Projektablaufs

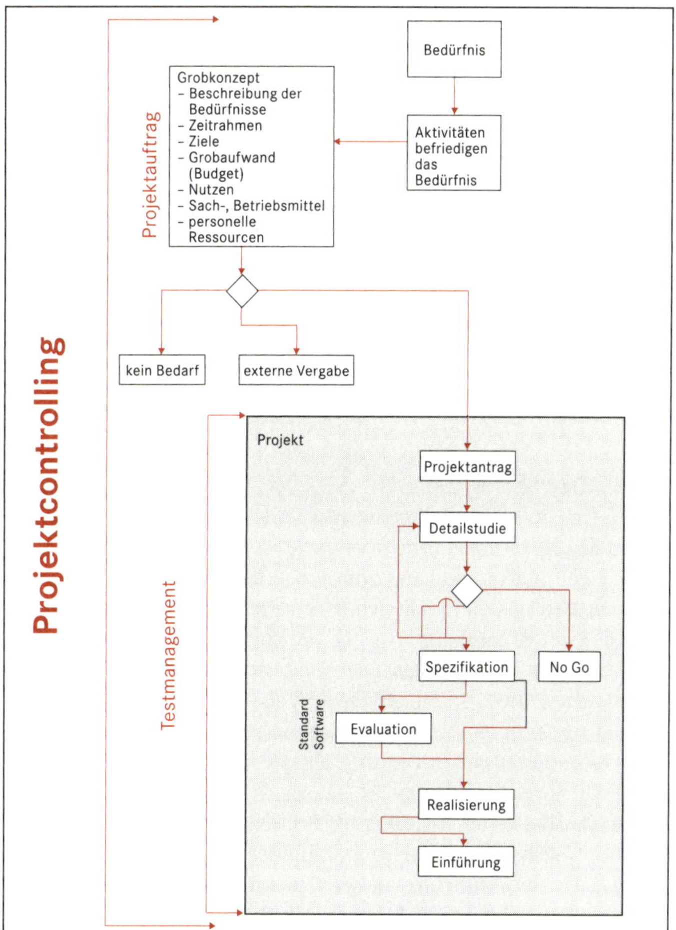

Abb. 7: Übersicht Projektmanagement

Checkliste

Beim Erarbeiten eines Projektauftrags stellen sich folgende Fragen:

- ✔ Bestehen aus der Vergangenheit oder aus aktuellem Anlass bereits ähnliche Projekte oder Projektanträge?
- ✔ Wer machte auf das Problem aufmerksam und wer löste die Forderung nach einem Projekt aus?
- ✔ Wo liegt der finanzielle Nutzen und wem nutzt die Projektlösung?
- ✔ Wo treten Erschwernisse durch die Lösung auf und wem schaden sie?
- ✔ Wer will das Projekt nicht und/oder wer könnte es verhindern?
- ✔ Wer finanziert das Projekt?
- ✔ Was geschieht, wenn die Finanzierung durch den Projektsponsor nicht mehr gewährleistet ist?
- ✔ Wo liegen die Konsequenzen, wenn die Veränderung nicht durchgeführt wird?
- ✔ Hat der Auftraggeber realistische Ziele, die eine sachliche Lösung ermöglichen?
- ✔ Bestehen durch den Auftraggeber fachliche Interessen und in welcher Form besteht sein Engagement?
- ✔ Wer ist für die Projektleitung prädestiniert und wer meldet Ansprüche oder Interessen an der Leitung an?
- ✔ Welche Kompetenzen und Verantwortlichkeiten müssen dem Projektleiter übertragen werden?
- ✔ Können die Missstände ohne das neue Projekt verhindert oder überbrückt werden (konzeptionell oder organisatorisch)?

3.2.1 Der Antragsteller

Funktionen

Der Antragsteller ist die Person oder vertritt die Gruppe, die den eigentlichen Nutzen aus dem zu erwartenden Ergebnis zieht. Der Initiator des Problems, welches zum Projektauftrag geführt hat, muss mit dem Antragsteller nicht identisch sein. Während der Antragsteller die Position beinhaltet, welche im Tagesgeschäft die Dienstleistung oder das Produkt einsetzen wird, ist der Initiator sehr häufig eine Position, die sich mit der Zukunft auseinandersetzt und in kreativen Prozessen neue Strategien sucht. Kreativität ist ein sehr wichtiger Bestandteil zur Initiierung eines Projekts, damit neue Wege beschritten werden können.

Rechte und Pflichten des Antragstellers

Der Antragsteller definiert im Projektantrag alle notwendigen Punkte, welche für eine klare und unmissverständliche Projektaufnahme, die Durchführung und den Abschluss notwendig sind. Der Projektauftrag enthält alle Elemente, die das Fundament des Projekts eindeutig umschreiben. Der Antragsteller hat die Pflicht, den Projektverlauf zu begleiten und bei Abweichungen vom Projektauftrag die für den Projektverlauf verantwortlichen Stellen zu informieren. Um ein gutes Arbeitsklima zu schaffen, sollte bei Missverständnissen oder Unklarheiten nicht gleich mit großem Geschütz (Geschäftsleiter) aufgefahren werden, sonst besteht die Gefahr, von den mitbetroffenen Stellen nicht den notwendigen Respekt oder das gewünschte Vertrauen zu erhalten.

Tipp

Bei Abweichungen vom Projektauftrag geht man auf die unterste bekannte und für das Problem zuständige hierarchische Ebene und versucht, das Problem zu analysieren und die richtigen Antworten zu finden. Falls nicht alle Unklarheiten beseitigt werden können, geht man eine Funktionsstufe höher, bis die befriedigenden Antworten zu der hinterfragten Situation gefunden werden.

Aufgaben nach Abgabe des Antrags

Mit der Abgabe des Antrags ist die Aufgabe des Auftraggebers bei weitem nicht erledigt, sie fängt vielmehr erst an. Vom Antragsteller wird eine hohe Fachkompetenz und die notwendige Verantwortungsbereitschaft erwartet. Während der Entwicklung des Projekts wird der Auftraggeber ins Projektteam eingebunden, damit die notwendige Identifikation mit dem Produkt und dem Fortschritt aufgebaut werden kann. Selbstverständlich kann der Antragsteller nicht gezwungen werden an der Entwicklung des Projekts aktiv teilzunehmen. Das Mindeste, das aber erwartet werden darf oder sogar erwartet werden muss, ist, dass der Antragsteller einen kompetenten Mitarbeiter für diese Funktion delegiert.

Tipp

Der Antragsteller muss den Projektverlauf sorgfältig begleiten, damit das Produkt am Ende en Erwartungen entspricht. Der Antragsteller übernimmt die notwendigen Kompetenzen und die entsprechende Verantwortung.

3.2.2 Inhalt des Auftrags

Qualität des Antrags

Die Qualität des Projektantrags entscheidet sehr oft bereits über die zu erwartende Qualität und Leistungsfähigkeit des neuen Projekts, beziehungsweise des Produkts. Fehler oder Unterlassungen zu diesem Zeitpunkt wirken sich im weiteren Verlauf exponentiell aus. Abb. 8 veranschaulicht die Wirkung eines Fehlers und den Qualitätsverlust im weiteren Projektverlauf.

Qualitäts- und Kostenentwicklung bei Fehlern

Nr.	Phase	Kosten	Qualität
1	Auftrag	./. 2	100
2	Vorstudie	4	98
3	Detailstudie	8	85
4	Systemspezifikation	16	60
5	Einführung	32	45
6	Wartung	64	20
	Total	122	

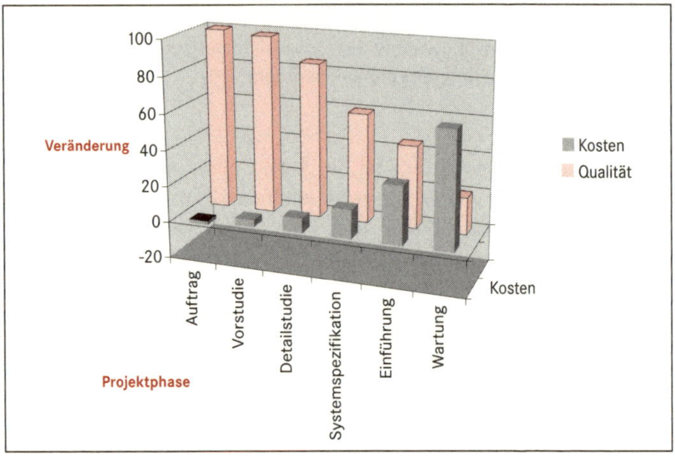

Abb. 8: Folgekosten durch Fehler

Tipp

> Ein Projektantrag, der erstellt wird oder der überarbeitet wird, muss in sich geschlossen, vollständig und korrekt sein. Gewährleistet werden kann dies nur, wenn alle betroffenen Stellen den Auftrag verstehen, das eigene Feedback geben und das gegenseitige Verständnis bekunden. Ein Projektauftrag lässt sich nicht in einer Stunde erledigen.

Ausgangslage oder Anlass für das Vorhaben

In groben Zügen werden die Probleme, Schwachstellen und Mängel des Ist-Zustandes sowie die künftige Leistungsfähigkeit des geplanten Projekts aufgezeigt. Veränderungen, die in der letzten Zeit aufgetreten sind oder auftreten werden, die das neue Projekt notwendig machen (Marktsituation, ökologische oder ökonomische Gründe, Lieferantenanforderungen und Gesetzesvorschriften etc.), müssen speziell hervorgehoben werden.

Ergebnisse und Ziele

Welche Arbeitsgebiete, welche organisatorischen Einheiten und welche Umsysteme sind davon betroffen? Es müssen die Rahmenbedingungen (Restriktionen) aufgezeigt werden, welche zwingend erfüllt werden müssen, um die Ziele, die der Auftraggeber erwartet, zu erfüllen. Es ist ausgesprochen wichtig, die Grenzen eines Projekts abzustecken. Nicht nur, was innerhalb der Grenzen liegen soll, auch die außerhalb der Projektgrenzen liegenden Punkte sind im Projektauftrag festzuhalten. Welche Bedürfnisse haben zu dieser Projektinitialisierung geführt? In welcher Form wird die Befriedigung des Bedürfnisses das Problem verändern und in welchem Umfang ist das Umfeld davon betroffen? Welche Maßnahmen müssen berücksichtigt werden, um eine optimale Umsetzung der gewünschten Forderungen zu erreichen? Der nachfolgende Wunschzettel hilft die Bedürfnisse zu definieren und einer Kategorie zuzuteilen. Die Bedürfnisse die keinen direkten oder nur einen beschränkten wirtschaftlichen Nutzen vorweisen können, werden einer detaillierten Prüfung unterzogen.

Definition der Bedürfnisse und Kategorisierung mittels eines »Wunschzettels«

Wunschtyp	Art des Wunsches	Wünsche, Ziele, Bedürfnisse, Anforderungen	Quantifizierbarer Nutzen	persönliche Bewertung	nicht quantifizierbarer Nutzen
Emotional	Prestige				
	Kompensation				
	»Spielzeug«				
	Konfrontation, Konfliktvermeidung				
Sachlich	Steigerung des Kundenservices				
	Konkurrenzverhalten				
	Anpassungen an Umsysteme				
	Gesetzliche Vorschriften				
	Ökologie				
	Ökonomie				
	Lieferantenunterstützung				
	Verminderung von Fehlern				

Persönlich	Karriereplanung				
	Profilierung				
	Steigerung des persönlichen Marktwertes				
	Bequemlichkeit				
Kollektiv	Teamfähigkeit				
	Teammotivation				
	Redundante Hierarchien und Verarbeitungs-strukturen				
	Kommunikations-kultur				
	Verbesserung der Informationspro-zesse				

Tipp

Der Wunschzettel behandelt nicht die eigentliche Zielformulierung, er wird vielmehr als Ideenschleuder genutzt. Er eröffnet die Möglichkeit, eine Vorarbeit für die Ausarbeitung und Definition der Ziele zu leisten. Damit wird in der Phase der eigentlichen Zielformulierung eine fundiertere Basis für das Projekt selbst und gegenüber Dritten geschaffen.

Aufwand- und Kostenschätzung

Für Kosten und Termine dürfen nur in dem Rahmen Zusagen gemacht werden, die auch vorhersehbar sein können. Bevor das Softwarepaket nicht in seiner Funktionalität, dem Leistungsumfang und den Schnittstellen bekannt ist und bevor nicht Erfahrungswerte bezüglich Einbindung dieser Software in vergleichbaren Unternehmungen vorliegen und das Umfeld, die Rahmenbedingungen und die Umsysteme in der Unternehmung bekannt sind, dürfen keine Aussagen über total anfallende Kosten und Endtermine gemacht werden. Es dürfen nur überschaubare Meilensteine für die weiteren Aufträge, Kosten und Termine geplant werden. Es wird gefährlich, wenn man sich auf das Feld der Spekulationen einlässt. Es wäre nicht das erste Mal, dass Kosten und Termine spekuliert werden und schlussendlich Abweichungen von 50%, 100% oder noch viel mehr vorliegen.

Erwartungen und Kosten

Die Kosten, die im neuen Projekt anfallen, müssen definiert werden und in Projekt-, Betriebs- und Investitionskosten unterteilt werden. Zwingend einzuhaltende Termine müssen bei Projektstart bekannt sein. Dies mag als ambivalentes Verhalten erscheinen. Es handelt sich aber vielmehr um eine Gratwanderung, zwischen Erwartungen des Kunden an eine Offerte und den tatsächlich kalkulierbaren Kosten und Terminen. Fällt die Entscheidung auf eine Standardsoftware, sind die Kosten für das Produkt bekannt. Bekannt ist aber auch die Funktionalität der Software, mit all ihren Vor- und Nachteilen. Dies kann bedeuten, dass für Funktionen bezahlt wird, die in der Unternehmung gar nicht erforderlich sind. Selbstverständlich kann das Produkt in einem begrenzten Rahmen auf die eigenen Bedürfnisse zugeschnitten werden, dies wiederum zieht aber deutliche Mehrkosten nach sich.

Handelt es sich um eine Eigenentwicklung, kann natürlich ähnlich vorgegangen werden wie im Falle einer Standardsoftware. Der Auftraggeber kann entweder die Funktionalität definieren, die er benötigt oder er kann von seinem Budget ausgehen und die Maximalkosten definieren. Aber selbst in dieser Situation ist es schwierig, bereits eine Definition zu finden die alle Betroffenen befriedigt. Es ist nahezu unmöglich, zum Zeitpunkt des Projektstarts die Kosten und die Termine oder die vollständige Funktionalität zu definieren.

Tipp

> Auf welcher Seite man auch immer steht, man muss versuchen einen Kosten- und Terminrahmen zu erarbeiten. Man muss sich aber auch bewusst sein, dass dieser nicht unumstößlich ist, da speziell in der Informatik eine hohe Komplexität vorliegt und die Zeit sehr schnelllebig ist. Zum Zeitpunkt des Projektauftrags ist es nicht möglich alle Einflüsse und Funktionen so detailliert zu erarbeiten, dass über Kosten, Termine oder Funktionen exakte Aussagen über den gesamten Projektverlauf gemacht werden können.

Gründe für Projektstart

Ein Projekt wird aus unterschiedlichsten Gründen lanciert. Nachfolgend sind die häufigsten Punkte, die zu einem Projektstart führen, aufgelistet:

- Optimierung der Arbeitsabläufe,
- quantitative und qualitative Verbesserungen,
- Kundennähe,
- Einsparungen,
- Steigerung der Wettbewerbs- und Leistungsfähigkeit,
- gesetzliche, ökonomische oder ökologische Vorschriften und Vorgaben.

Erwarteter Nutzen

Um die Ziele aus dem Projektauftrag zu erreichen, werden die Kosten und der Nutzen auf die entsprechenden Kostenstellen aufgeteilt. Der Nutzen wird quantifiziert. Kann ein Nutzen nicht quantifiziert werden, wird er unbewertet aufgeführt. Auch ein nicht quantifizierbarer Nutzen im monetären Sinn kann quantifiziert werden! Ähnliche Projekte aus der Vergangenheit können Hinweise geben, in welchem Umfang ein derzeit nicht messbarer Nutzen sich positiv auf die Zukunft auswirken könnte.

Speziell bei technischen Projekten führen Gründe zur Realisierung, die zum Zeitpunkt des Projektstarts und der Einführung nicht bemessen werden können. Der Grund, dass die Konkurrenz eine technische Neuerung eingeführt hat, reicht natürlich nicht aus. Jedes Projekt enthält Nicht-Nutzfaktoren, die zum jetzigen Zeitpunkt nicht bemessen werden können. Nicht quantifizierbarer Nutzen liegt z.B. in folgenden Gründen:

1. Verbesserte Arbeitsbedingungen

Die Verbesserungen der Arbeitsbedingungen können zu einem optimierten Arbeitsablauf führen. Für neu eintretende Mitarbeiter müssen Zutrittsberechtigungen bestellt und erteilt werden. Ein PC-System muss bestellt werden mit der zur optimalen Erfüllung der Arbeit notwendigen Software und den zugehörigen Berechtigungen. Jeder Vorgesetzte muss sich ab und zu mit diesen Punkten auseinandersetzen. Bestünde dafür eine Abteilung, die sich mit diesen Punkten für alle Mitarbeiter der Unternehmung auseinandersetzte, würde für diesen Ablauf eine Koordinationsstelle entstehen, die für diese Prozesse die notwendige Erfahrung hat.

- Prozessdelegation an eine Abteilung,
- Telearbeitsplätze,
- qualitative und quantitative Verbesserung der sanitären Anlagen,
- zentrale und dezentrale Verpflegungsmöglichkeiten.

2. Verbessertes technisches Umfeld

Wartbarkeit der Daten

Eine Umstellung von der seit Jahren bestehenden hierarchischen Datenbanken auf eine relationale Datenbank (z.B. DB2) wird die Wartbarkeit der Daten verbessern. Dieser Nutzen kann direkt quantifiziert werden, da Änderungen schneller durchgeführt werden können. Nicht quantifizierbar ist z.B. der Nutzen, der den Folgeprojekten zugute kommen wird, durch flexiblere Datenstrukturen.

- Umstellung auf eine neue EDV-Technologie,
- Ersetzen von Geräten und Maschinen, die überaltert sind,
- Technologien, die zur erfolgreichen Bewältigung der Anforderung in der Zukunft notwendig sind,

- technische Mittel zur Reduktion von Emissionen,
- Diversifizierung der Unternehmensstrategie.

3. Qualitätssteigerung

Vorsprung vor der Konkurrenz

Eine Verbesserung der Qualität im visionären Sinn, wird gerne mit mangelnder Notwendigkeit abgetan. Dies muss nicht sein. Vielmehr kann es sich um einen Vorsprung gegenüber der Konkurrenz handeln oder eine Vorarbeit für die Zukunft sein. Man muss ja nicht warten, bis das Wasser bis zum Hals reicht. Vor allem, da die Kreativität, Modularität und Qualität unter Zwang und Zeitdruck Abstriche erfährt.

- Förderung des Qualitätsverantwortung der Mitarbeiter,
- Verbesserung der ISO-Normen,
- Einkauf von Präzisionsmaschinen,
- leistungsfähigere EDV-Systeme,
- Vorschlagswesen.

4. Gewinn an Image

Langfristiger Nutzen

Ein Engagement im Umweltbereich führt zum Zeitpunkt des Einsatzes zu erhöhten Kosten, unterstützt aber das Image gegenüber Dritten und führt zu einer verbesserten Wettbewerbsfähigkeit und damit wird als langfristiger Nutzen die Steigerung des Umsatzes erreicht.

- Reduktion von Belastungen durch Strahlung und von chemischen Stoffen,
- Einkauf von strahlungsarmen Bildschirmen,
- ersetzte PC-Systeme an Regionen spenden, die einen Aufholbedarf haben,
- Verwendung von recyceltem Papier.

5. Motivation des Personals

Basispflege

In der Motivation des Personals liegt ein großes wirtschaftliches Potenzial. Auch wenn in der heutigen Zeit schnellere und bessere Lösungen gefordert werden, übersteht die Zukunft nur, wer die Basis erfolgreich pflegt.

- Delegation der Verantwortung an die Basis (Empowerment),
- die Arbeit soll Spaß machen, d.h. Freiräume für Mitarbeiter in ihrer Arbeitsweise schaffen,
- Förderungsmaßnahmen zur Steigerung der Firmenidentifikation,
- Bonussystem (dosiert einsetzen!).

6. Steigerung der Attraktivität für Dritte

Die Attraktivität der Unternehmung bestimmt schlussendlich das Überleben und den Erfolg der Unternehmung. Die Steigerung für Arbeitnehmer, Finanzgeber, Lieferanten und Kunden muss ausgeglichen sein. Sich alleine auf die Attraktivität für Finanzgeber auszurichten auf dem Rücken der Arbeitnehmer (Shareholder-Value, New Market), wird sich genauso rächen wie eine konzentriert, gewinnende Art für die Arbeitnehmer. Ein klassisches Beispiel dazu geschah in England, als die elektrischen Züge die Dampflokomotiven verdrängten und die Gewerkschaften durchsetzten, dass auf den neuen Zügen die Heizer nach wie vor mitfahren mussten/durften, ohne dass sie eine Arbeit zu verrichten hatten.

- Added Values für Arbeitnehmer,
- Transparenz über den Finanzfluss,
- offenes und klares System, damit Lieferanten früher über Aufträge informiert sind,
- Reduktion der Verkaufpreise, um den Marktanteil zu vergrößern.

Grundlagen

Die Beispiele sind zur Anregung gedacht, da jedes Projekt nicht quantifizierbaren Nutzen mit sich bringt. Die folgenden Fragen müssen unbedingt gestellt werden. Was bringt das Projekt mit Sicht auf

- verbesserte Arbeitsbedingungen,
- Verbesserung des technischen Umfeldes,
- Qualitätssteigerung,
- Imageverbesserung,
- Motivation des Personals,
- Attraktivität?

Welches sind die Gründe, die für diesen zurzeit nicht quantifizierbaren Nutzen sprechen? Wo liegen die Nachteile durch die Realisierung oder bei einem Verzicht der Umsetzung?

Tipp

> Erstellen Sie eine Checkliste der nicht quantifizierbaren Faktoren und beschreiben Sie, welchen Nutzen oder Schaden Ihnen daraus erwachsen könnte. Überlegen Sie sich auch, ob aus kurzfristigem, quantifizierbarem Nutzen ein langfristiger Nachteil erwachsen könnte.

Wird ein Projekt nicht realisiert, so entstehen dadurch möglicherweise Nachteile und Verluste. Die Konsequenzen bei einer Nicht-Realisierung müssen frühzeitig ausgearbeitet werden, um sofort vorbeugende Maßnahmen treffen zu können. Welche Einflüsse hat diese Konsequenz auf

- die Wettbewerbs- und Leistungsfähigkeit,
- die Motivation und Identifikation des Umfeldes wie Mitarbeiter, Geldgeber, Kunden, Lieferanten und auf
- organisatorische Absicherungen, Veränderungen und Anpassungen?

Konsequenzen bei Nicht-Realisierung

Wird das Projekt nicht realisiert, kann dies zu Nachteilen führen, die nur mit einem überdimensionierten Aufwand wieder korrigiert werden können. Es ist deshalb wichtig, dass ein Plan ausarbeitet wird, wie der Schaden in Grenzen gehalten werden kann, falls das Projekt nicht realisiert werden kann.

Tipp

Die Konsequenzen im Falle einer Verschiebung der Einführung oder im schlimmsten Fall eines Abbruchs des Projekts müssen im Auge behalten werden und vorbeugende Maßnahmen geplant werden.

Auswirkungen einer Projektrealisierung

Die Realisierung eines Projekts zieht immer Konsequenzen nach sich, die bereits bei der Initialisierung bekannt sein müssen. Für diese Systematik soll auch schon der benötigte Maßnahmenplan ausgearbeitet werden.

Maßnahmenplan

Stichwort	Maßnahmen	Priorität	Termin	Zuständigkeit
Information	Mitarbeiter	Mittel	Laufend	Projektausschuss
	Geschäftsleitung	Hoch	Meilensteine	Projektausschuss
	Lieferanten	Tief	4 Wochen vor Einführung	Einkauf
	Kunden	Hoch	8 Wochen vor Einführung	Verkauf
Organisatorisches	Produktion	Hoch	8 Wochen vor Einführung	Projektleiter
	Bestellung zusätzlicher Software (Lieferfristen beachten!)	Hoch	6 Wochen vor Einführung	Projektleitung
	Schulung auf das neue Produkt	Hoch	6 Wochen vor Einführung	Projektleitung
	Schulung zusätzliche Software	Tief	4 Wochen vor Einführung	Schulungsabteilung

Stichwort	Maßnahmen	Priorität	Termin	Zuständigkeit
	Überarbeiten und beschaffen der Hilfsmittel für die organisatorischen Abläufe	Tief	Laufend	Abteilungsleiter
	Bekanntgabe der neuen Hoch organisatorischen Abläufe		4 Wochen vor Einführung	Abteilungsleiter
	Überarbeiten der personellen Ressourcen	Hoch	Laufend	Projektausschuss u. -leitung
	Beschaffung externer Ressourcen	Hoch	Mindestens 3 Monate vor Einführung	Personalabteilung
	Interne personelle Umschichtungen	Mittel	Spätestens 8 Wochen vor Einführung	Projektausschuss u. Abteilungsleiter
Investitionen u. Sachmittel	Abteilungsabhängiges Sachmittel < 20.000 €	Mittel	Laufend	Abteilungsleiter
	Abteilungsunabhängiges Sachmittel < 20.000 €	Mittel	Laufend	Projektausschuss
	Sachmittel von 20.000 € bis 500.000 € (Lieferfristen beachten)	Hoch	Spätestens 8 Wochen vor Einführung	Bereichsleiter
	Investitionen ab 500.000 €	Hoch	Sofort beim Realisierungsentscheid	Geschäftsleitung

Definition aller Einflussaktoren bei Projektstart!

Welche Konsequenz zieht die Realisierung des Projekts nach sich? Welche Vor- und Nachteile können sich daraus ergeben? Wo liegen die Chancen und die Fallen? Hat die Realisierung des Projekts Folgen auf die personelle Ausstattung, Schulung und Weiterbildung? Welche Sachmittel und EDV-Anwendungen müssen beschafft werden? Stellen sich veränderte räumliche Anforderungen aus der Realisierung? Alle Einflussfaktoren, die in Bezug auf das Projekt standen, stehen und stehen werden müssen bereits bei Projektstart definiert werden. Bereits der Projektauftrag muss einen Vorschlag enthalten, wie das Projekt abgewickelt werden könnte und wer an der Lösungsfindung beteiligt werden muss. Wer muss über das Projekt orientiert werden und welche Personen stehen in welchem Bezug zum Projekt? Es müssen unbedingt Meilensteine für die nähere Zukunft des Projekts gesetzt werden.

Durch den Entscheid, einen Projektauftrag zu verfassen, besteht die Absicht, ein Bedürfnis, eine Idee oder eine Vorgabe zu definieren. Dieser Auftrag bildet für den Projektleiter die Basis, um die Bedürfnisse in Form eines Projekts zu befriedigen. Der Projektauftrag muss sämtliche Informationen enthalten, die es ihm ermöglichen, die initialisierten Phasen vollumfänglich und in sich geschlossen zu erstellen.

Tipp

Stillschweigend vorausgesetzte Annahmen aus Sicht des Auftraggebers und des Projektleiters bilden immer wieder Stolpersteine. Mögen nicht definierte Informationen noch so banal erscheinen – es muss nachgefragt werden und nach Erklärungen gesucht werden.

Meilensteine der Informationspolitik

Personen	Informationen	Termin	Zuständigkeit
Projektmitarbeiter	Ereignisse, die auf die Arbeit innerhalb des Projekts einen Einfluss haben.	Laufend	Projektleiter
Projektleiter	Ereignisse, die auf das Projekt einen mittel- oder unmittelbaren Einfluss haben.	Laufend	Projektausschuss
Projektausschuss	Analog der Informationen des Projektleiters mir erhöhter Notwendigkeit der Kompetenz und Verantwortung.	Bei Bedarf, Monatsrapport und Meilensteine	Projektleiter, Abteilungs- und Bereichsleiter
Abteilungsleiter	Informationen die auf die Arbeit innerhalb seines Zuständigkeitsbereichs einen mittel- oder unmittelbarenEinfluss haben.	Bei Bedarf, Monatsrapport und Meilensteine	Projektleiter, Projektausschuss, Bereichsleiter
Bereichsleiter	Analog der Informationen des Abteilungsleiters mit erhöhter Notwendigkeit der Kompetenz und Verantwortung.	Bei Bedarf und Meilensteine	Projektausschuss, Abteilungsleiter

Personen	Informationen	Termin	Zuständigkeit
Geschäftsleitung	Analog der Informationen des Bereichsleiters mit grösster Notwendigkeit der Kompetenz und Verantwortung, sowie bei strategischen Unternehmenseinflüssen.	Bei Bedarf und Meilensteine	Projektausschuss, Bereichsleiter
Externe Geldgeber	Informationen, welche auf den Geldfluss einen Einfluss hatten, haben oder haben werden.	Bei Bedarf	Geschäftsleitung
Kunden	Informationen, die einen Einfluss haben oder eine kundenspezifische Maßnahme benötigen.	Bei Bedarf	Kundenberater
Lieferanten	Informationen, die einen Einfluss haben oder eine lieferantenspezifische Maßnahme benötigen.	Bei Bedarf	Einkauf

Checkliste

Projektauftrag

Formelles

- ✔ Projektbezeichnung
- ✔ Technische Projektbezeichnung
- ✔ Priorität des Projekts innerhalb der Unternehmung
- ✔ Datum der Auftragserstellung
- ✔ Name des Projektleiters
- ✔ Name, Adresse und Unterschrift des Auftraggebers

Ziele und Erwartungen

- ✔ Ausgangslage und Situationsanalyse: Beschreibung des Problems und wie es erkannt worden ist. Begründen, warum durch das Projekt das Problem behoben werden muss. Sind bereits Vorentscheidungen gefällt worden?
- ✔ Projektaufgabe: Welche Anforderungen werden an das Projekt gestellt? Welcher Nutzen wird vom Resultat erwartet? In welcher Form und wo wird der Nutzen des Projekts erwartet?
- ✔ Abgrenzungen: Welcher Untersuchungs- und Gestaltungsbereich soll untersucht werden? Womit hat sich das Projektteam zu beschäftigen und welche Bereiche sind ausgeschlossen vom Projekt?

Randbedingungen und Organisation

- ✔ Randbedingungen: Welche Auflagen müssen erfüllt werden? Welche angrenzenden Umsysteme und gleichzeitig verlaufenden Projekte sind davon betroffen? Welche Schnittstellen müssen berücksichtigt, untersucht oder erstellt werden?

- ✔ Organisation: Welche Aufgaben und Pflichten obliegen dem Projektausschuss? Erwartungen an die Zieldefinitionsgruppe. Aufgaben, Pflichten und Empfehlungen an die Projektgruppe. Wo ist die Projektgruppe in der Unternehmung eingegliedert?

Meilensteine, Budget und Termine

- ✔ Meilensteine: In welche Phasen ist das Projekt zu zergliedern? Welche Entscheide sollen am Ende der einzelnen Phasen gefällt? Welche Informationen werden für die Entscheidung als Grundlage erwartet? In welcher Form sollen die Informationen präsentiert werden? Welche Informationen, die in der Dokumentation nicht enthalten sind, sollen durch die Projektgruppe beantwortet werden können?
- ✔ Termine: Wann ist der erwartete Projektbeginn und zu welchem Zeitpunkt ist der Endtermin bzw. die Einführung? Welche Zwischentermine werden gemäß der Phasenstruktur definiert? In welcher Phase wird der letztmögliche »No-Go«-Punkt erreicht?
- ✔ Budget: Vorgabe zum Budget, zergliedert in Manpowerkosten, Investitionen und sonstigen Aufwänden. Soweit möglich relativieren zu den Wirtschaftlichkeitsaspekten.

Verschiedenes

- ✔ Know-how
- ✔ Projektrisiko
- ✔ Sicherheitsaspekte
- ✔ Gesetzliche, ökonomische und ökologische Aspekte

Musterformular zum Projektantrag

<table>
<tr><td rowspan="3">Firma:</td><td colspan="2">**Projektantrag/Auftrag**</td><td>Dok.-Nr. :</td></tr>
<tr><td>Projekt:</td><td>Kurzz.:</td><td>Datum:</td></tr>
<tr><td colspan="2">Phase:</td><td>Sachbearbeiter:</td></tr>
<tr><td colspan="2">Auftragsbezeichnung:</td><td>Kurzzeichen:</td><td>Auftrags-Nr.:</td></tr>
<tr><td colspan="3">1. Kurzbeschreibung (Ausgangssituation, Aufgabenstellung, Untersuchungs- und Gestaltungsbereich
2. Zweck/erwarteter Nutzen
3. Grundlagen
4. Form des Ergebnisses
5. Sonstiges</td><td>Projektleiter:

Projektgruppe:

Steuerungsausschuss:</td></tr>
<tr><td colspan="3" rowspan="7"></td><td>Starttermin:</td></tr>
<tr><td>Abschlusstermin:</td></tr>
<tr><td>Kosten:</td></tr>
<tr><td>Verteiler:</td></tr>
<tr><td>Antragsteller:

Datum:</td></tr>
<tr><td>Genehmigt:

Datum:</td></tr>
</table>

3.3 Problemlösungszyklus

Zweck und Ablauf

Die Idee des Problemlösungszyklus beruht auf einer standardisierten Vorgehensweise. Einerseits besteht die Sicherheit, dass die Untersuchungen vollständig und in sich geschlossen sind. Der aktuelle Stand ist jederzeit bekannt, man weiß, was erledigt ist und was noch zu tun ist, um die Phase abzuschließen. Andererseits wird mit dieser konsequenten Vorgehensweise zu den Auftraggebern, den Mitarbeitern und den Kunden eine solide Vertrauensbasis geschaffen. Das ermöglicht allen involvierten Stellen einen steten Überblick über den Stand des Projekts. Die Zielformulierung der vorgängigen Phase bildet die Basis für die Detaillierung und Umsetzung der Ziele in den folgenden Phasen. Dadurch zieht sich ein roter Faden durch das gesamte Projekt.

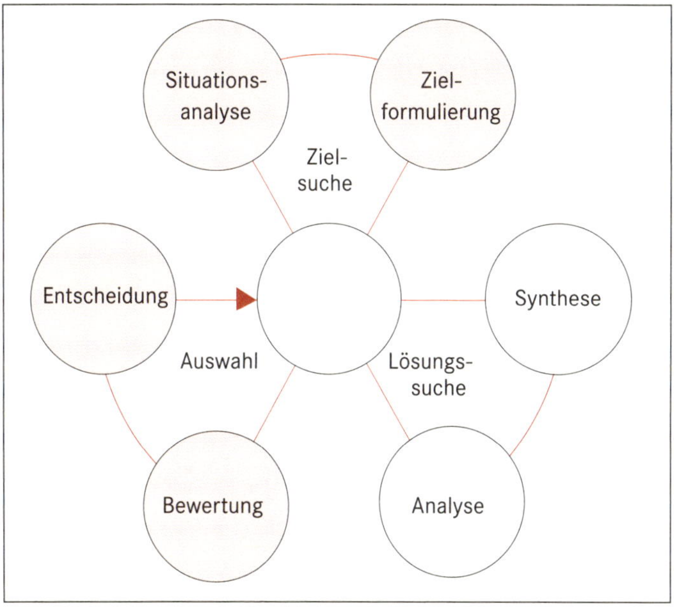

Abb. 9: Problemlösungszyklus

Tipp

Als Basis für die Detaillierung einer Phase dienen die Resultate und Untersuchungen der vorgängigen Phase. Man soll sich immer bewusst sein, welche Punkte der vorgängigen Phase entfallen, welche Aspekte ergänzend dazu kommen und inwieweit die Daten in der aktuellen Phase vertieft werden müssen.

Stellenwert des Problemlösungszyklus

Nachdem das Projektmanagement ursprünglich nach Projektphasen gegliedert wurde, um einen optimalen Projektverlauf zu erreichen (s. Abb. 7), handelt es sich jetzt um den eigentlichen Problemlösungsprozess. Während sich die Gliederung nach Projektphasen auf den Verlauf über das gesamte Konzept konzentriert, befasst sich der Problemlösungszyklus nur mit dem Ablauf in einer einzelnen Projektphase. Was bedeutet dies nun? Im Rahmen des Projektmanagements bedeutet das, dass sich in jeder einzelnen Projektphase der Problemlösungszyklus wiederholt. Die Unterschiede in den einzelnen Projektphasen beruhen lediglich auf den angewandten Mitteln und dem Detaillierungsgrad. Der Prozess als solches bleibt aber immer unverändert.

Tipp

Zu jedem Punkt des Zyklus muss man sich Gedanken machen, in welchem Umfang und welcher Tiefe ein Aufwand notwendig ist. Die Erfahrung zeigt, dass vorschnell Punkte als nicht relevant betrachtet werden und dadurch während der Realisierung oder Einführung die Informationsbasis nicht komplett ist und kosten- bzw. terminintensive Anpassungen notwendig sind.

Relation des Problemlösungszyklus

Abb. 10 zeigt die Abhängigkeit zwischen den einzelnen Projektphasen und dem Problemlösungszyklus. Wird der Zyklus bereits beim Auftrag in quantitativer und qualitativer Weise vollständig durchlaufen, ergibt sich daraus mit zunehmendem Fortschritt des Projekts eine detaillierte und fundierte Projektdokumentation, mit der alle Untersuchungen, Resultate und Entscheidungen immer nachvollzogen werden können.

Tipp

Der Aufwand muss im Verhältnis zur aktuellen Phase stehen. Eine vom Projekt nicht betroffene Stelle kann in Bezug auf die Projektdokumentation wertvolles Feedback geben.

3.3.1 Situationsanalyse

Sinn und Zweck

Bevor der Weg auf der Suche nach den Zielen in Angriff genommen werden kann, ist es notwendig, die aktuelle und zukünftige Situation zu analysieren. Der Zweck der Situationsanalyse (Lagebeurteilung) ist, sich mit der Ausgangssituation und der Aufgabenstellung vertraut zu machen bzw. diese überhaupt erst zu klären, um die Basis für die Formulierung konkreter Ziele zu schaffen. Die Situationsanalyse bedeutet eine systematische Durchleuchtung der Ausgangslage bei Projektstart. Die Situationsanalyse geht aber noch einige Schritte weiter. Bei der Beurteilung der Situation sollen auch die Umstände

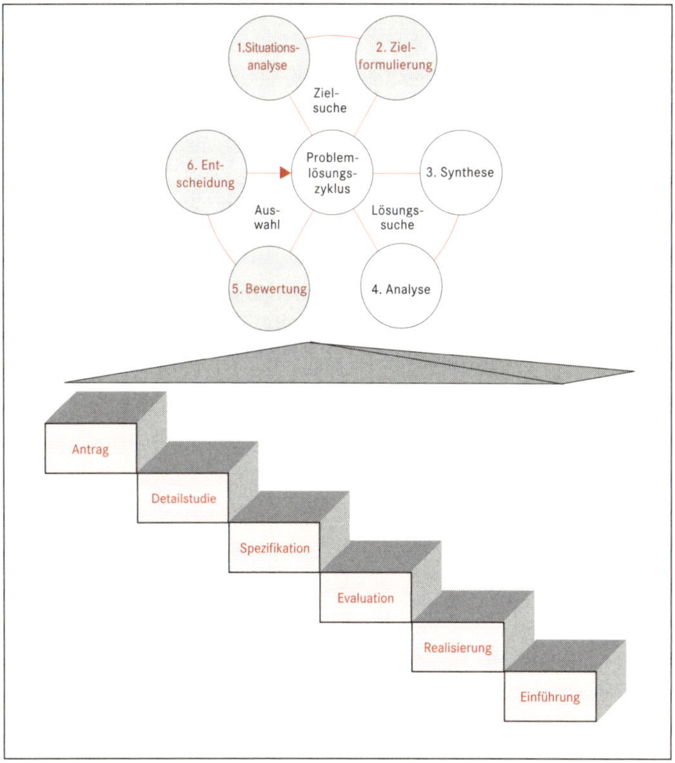

Abb. 10: Projektphasen und Problemlösungszyklus

und vermuteten Veränderungen während des Projektverlaufs mitberücksichtigt werden. Zudem geht es auch darum, die Veränderungen zu analysieren und zu beurteilen, inwieweit sie nach der Projekteinführung Einfluss nehmen könnten.

Grobübersicht

Basierend auf der Theorie von Kepner Tregoe zur Problemlösung und Entscheidungsfindung (Landsberg a. L. 1988), beruht die erfolgreiche Vorgehensweise zur Situationsanalyse auf vier Schritten. Die eigentliche Situationsanalyse ist den anderen drei Schritten vorgelagert und dient dazu, die Situation zu definieren und festzustellen, ob es sich um eine Problemanalyse, Entscheidungsanalyse oder eine Analyse potentieller Probleme handelt. Das Erfassen der Situation ist deshalb so wichtig, weil sich je nach Situation ein völlig verändertes Analyse- und Vorgehensmuster ergibt. Die Situationsanalyse ist so logisch, dass sie eigentlich kaum einer Erwähnung bedürfte. Weshalb dies trotzdem notwendig ist, liegt im Verhalten in Stresssituationen. In extremen Situationen neigt der Mensch dazu, die ihm angeborenen Verhaltensmuster (Automatismen) rein instinktiv anzuwenden, anstatt in einem ersten Schritt etwas auf Distanz zu gehen und zu überlegen, wo die Gründe für die eingetretene Situation zu finden sind und wo die Konsequenzen aus dem Handeln liegen. Eine gute Unterstützung der Situationsanalyse bietet die Beeinflussungsmatrix (s. Kap. 4.5.5).

1. Situation erfassen

Erfassen durch Fragen

Was bedeutet nun aber Situationsanalyse? Bereits der Bergiff »Analyse« deutet darauf hin, dass es sich um eine systematische Vorgehensweise handelt. Das Ziel der Systematik besteht darin, dass eine vorgegebene Aufgabe in sich geschlossen und vollständig untersucht und beschrieben wird. Wenn bewusst wird, dass die Erfassung einer Situation auf der Beantwortung von Fragen beruht, ist es offensichtlich, dass durch den Aufbau eines Fragenbaums die Grundlage für eine vollständige und erfolgreiche Erfassung der Situation geschaffen werden kann. Der Vorteil einer vollständigen Befragung liegt in zwei wichtigen Punkten. Zum einen schafft sie nicht nur einen Überblick – es werden auch vertieftere und detailliertere Informationen bekannt werden. Zum anderen gibt sie den Ansprechpartnern das Gefühl und die Bestätigung, dass ihr Wissen für die Realisierung eines erfolgreichen Projekts benötigt wird.

In einem ersten Schritt soll die vollumfängliche Situation erfasst werden. Es soll ein Überblick über die aktuelle Situation geschaffen werden. Eine fundierte Erfassung der Situation unterstützt das Projektteam und alle Betroffenen in der Zieldefinition und der Lösungssuche. Ein guter Ansatz ist die Fragestellung nach den in den folgenden drei Checklisten dargestellten drei »W-Fragen«.

»W-Fragen« als Basis

Checkliste

Wer ist betroffen?

Mit dieser Frage wird lokalisiert, welcher Personenkreis von der Aufgabe betroffen ist. Zu betrachten ist bei dieser Frage auch, in welcher Abhängigkeit der Personenkreis zu den gestellten Aufgabe steht. Die folgenden Strukturen sollen untersucht werden:

✔ **Personelle Struktur**
- Wer war betroffen und wer wird in Zukunft betroffen sein?
- Wer war der Nutznießer und wer wird es in Zukunft sein?
- Wo liegen für die Betroffenen die Chancen und wo liegt der Nutzen?
- Wo liegt das Motivationspotenzial und wer könnte Interesse haben, das Projekt zu verhindern und warum?

✔ **Technisches Umfeld**
- Ist die Technik von der dargestellten Aufgabe überhaupt betroffen?
- Hatte die Technik einen Nachteil aus der bisherigen Situation?
- Wo liegen die Gefahren, die der Technik einen Nachteil erbringen könnten?
- Welche Veränderungen, Anpassungen oder Erweiterungen haben die Technik in letzter Zeit erfahren? Wo liegen die Chancen und das Potenzial durch Ihre Aufgabe?

✔ **Funktionale Sichtweise**

Oft deckt sich die funktionale mit der organisatorischen Gliederung, dies muss aber nicht so sein. Deshalb sollte man sich darüber klar werden, ob es Unterschiede gibt, die zu berücksichtigen sind.
- Welche funktionale Gliederung besteht in der Unternehmung (z. B. Einkauf, Verkauf, Rechnungsweswesen, Produktion)?
- Deckt sich die funktionale mit der organisatorischen Gliederung?
- Wo liegen die Unterschiede und welche Vor- und Nachteile ergeben sich aus Ihrer Aufgabe?
- Ist es notwendig, aus organisatorischer Sicht Anpassungen vorzunehmen oder an Ihrer Aufgabenstellung etwas zu ändern, um in Zukunft den Anforderungen gerecht zu werden?

✔ **Organisatorische Gliederung**
- Welche Organisationsstruktur besteht zur Zeit im Unternehmen?
- Wurden in letzter Zeit Änderungen an der Struktur vorgenommen?
- Beruht Ihre Aufgabe auf einer organisatorischen Umstrukturierung?
- Wo liegt der Nutzen und das Potenzial für die Organisationsstruktur?
- Trägt Ihre Aufgabe zur Beruhigung oder Unruhe einer kürzlichen Umstrukturierung bei?

Bilden von Interessengemeinschaften

Erfahrungsgemäß zeigt sich immer wieder, dass sehr oft die Gründe des Scheiterns eines Projekts in der fehlenden Einbindung zu finden sind. Es ist verständlich, dass der Projektleiter dazu neigt, das Projekt entsprechend seiner Neigungen und Interessen umzusetzen. Schließlich ist es ja sein Projekt. Dies kann aber dazu führen, dass Auftraggeber, Fachverantwortliche, Kunden usw. sich nicht genügend ernst genommen fühlen und sich aus dem Projekt ausschalten oder aus verletztem Stolz versuchen die Arbeit des Projektleiters zu verhindern.

Tipp

Der Projektleiter und sein Team erbringen eine Dienstleistung. Ideen und Einwände sind gefordert, aber emotionale Wünsche des Dienstleiters haben hier nichts verloren.

Beispiel:
Ein Projektteam erhält den Auftrag, die Datenstruktur auf der bestehenden Plattform anzupassen. Intern findet dieses Team eine Anpassung an eine internetkompatible Plattform viel interessanter. Auf den eigentlichen Auftrag hat es keine Lust, obwohl die Umstellung auf eine Internetplattform für die Unternehmung keinen Sinn macht. Diese unprofessionelle Einstellung wird durch eine Kostenofferte kaschiert, die völlig überzogen ist.

Gründe der Projektauslösung

Das zweite »W«, das »Wie«, lokalisiert die Gründe für die Projektauslösung. Als Antwort zu hören, dass Herr A oder Direktor B mir einen Auftrag erteilt hat, reicht einfach nicht aus. Wie will der Projektleiter substantiell und zuverlässig Fragen beantworten, wenn er die Umstände die zur Projektauslösung durch Herr A oder Direktor B geführt haben, nicht kennt. Je fundiertere Informationen dem Projekt vorliegen, umso größer wird die Fach- und Sozialkompetenz des Projektteams gegen außen sein. Es muss ein erheblicher Aufwand betrieben werden, um dem Kunden das für ihn Beste empfehlen zu können, als Folge wird es sich aber für alle Beteiligten in späteren Phasen auszahlen.

Wie kam es dazu?

Auf der Suche nach dem »Wie« werden die Gründe festgestellt, die zur Auslösung des Projekts geführt haben:

Checkliste

✔ **Personelle Struktur**
- Wo liegen die Informations- und Entscheidungsträger, welche die Auslösung des Projekts ausgelöst haben?
- Wo liegen die emotionalen und die sachlichen Gründe für das Projekt?

✔ **Technisches Umfeld**
- Hatte die Technik einen entscheidenden Einfluss auf die Projektauslösung?
- Liegen qualitative oder quantitative Gründe vor welche die Projektauslösung unterstützt haben?
- Bestehen technische Nachteile im Vergleich zur Konkurrenz?
- Liegen Gründe zur Steigerung der Kundennähe vor? Besteht eine unzureichende Zufriedenheit des Kunden?

✔ **Funktionale Sichtweise:**

Oft deckt sich die funktionale mit der organisatorischen Gliederung, dies muss aber nicht so sein. Deshalb sollten sich klar werden, ob es Unterschiede gibt die zu berücksichtigen sind.
- Hatte die funktionale Gliederung oder künftige Veränderung einen Einfluss auf die Initialisierung?
- Haben Differenzen zwischen Funktion und Organisation einen Einfluss?

✔ **Organisatorische Gliederung**
- Ist eine organisatorische Veränderung geplant, die dazu geführt hat?
- Ist geplant, durch Ihr Projekt einer Veränderung der Organisationsstruktur Nachdruck zu verleihen?
- Soll das Projekt die bestehende Organisation optimieren?

Auch wenn die Vorgabe im Projektauftrag definiert worden ist, gibt es kaum etwas Peinlicheres, als nach der Einführung festzustellen, dass ein sehr gutes Produkt entwickelt und eingebunden worden ist, die eigentlichen Probleme aber überhaupt nicht gelöst worden sind.

Tipp

Sehr oft liegen Gründe vor, die in der Aufgabenstellung aus verschiedenen Gründen nicht vorliegen. Mit Sensibilität soll nach emotionalen oder unklaren Umstände und Voraussetzungen gesucht werden. Dahinter liegt meist viel mehr verborgen als dies im ersten Moment den Anschein erweckt. Ohne dies zu klären, können immer wieder Stolpersteine auf dem Weg auftauchen, welche die Arbeit unnötig erschweren und behindern.

Beispiel:
Ein Produktionsleiter A fordert eine neue Produktionsstraße, um die Kapazität zu verdoppeln. Der Projektleiter stellt fest, dass die Auslastung der heutigen Produktionsstraße 50% beträgt. Trotzdem hat der Produktionsleiter gute Gründe für die Erweiterung. Während den Untersuchungen stellt der Projektleiter fest, dass der Produktionsleiter B bald an seine Kapazitätsgrenzen stoßen wird. Dieser wird bald auf eine Erweiterung angewiesen sein. Durch das Projekt bestünde ein Finanz- und Personalengpass, welcher den Produktionsleiter B in Schwierigkeiten bringen könnte. Abschließende Untersuchungen ergaben, dass es darum ging Produktionsleiter B zu diskreditieren, damit A für die offene Position des Gesamtproduktionsleiter die bessere Ausgangslage hat.

Formale Situation

Bei der Untersuchung der Situation muss auch die formale Seite des Projekts betrachtet werden. Was wird vom Projektleiter, vom Team und ganz generell vom Projekt erwartet? Auch dies ist ein wichtiger Bestandteil eines Projekts zu diesem Zeitpunkt. Die Basis für eine gute Zusammenarbeit kann jetzt gelegt werden. Die folgende Checkliste hilft, diese Basis zu legen.

Checkliste

Was wird von mir/vom Projekt erwartet?

Aufgrund des Projektauftrags ist definiert worden, was vom Projekt erwartet wird. Während des Projekts muss berücksichtigt werden, welche Anforderungen und Bedingungen vom Projektleiter erwartet werden.

✔ **Fachkompetenz**
- Kenntnisse des betroffenen Umfelds und deren Umsysteme;
- Expertenkenntnisse des auszuarbeitenden Projekts mit Unterstützung des gesamten Projektteams.

✔ **Sozialkompetenz**
- Loyalität im Sinne der Unternehmung als Gesamtes;
- Konfliktfähigkeit;

- Probleme hinsichtlich Lösungen, Finanzen oder Terminen müssen so früh kommuniziert werden, damit eine übergeordnete Stelle eine angemessene Zeit für korrigierende Maßnahmen hat;
- Sensibilität, nonverbale oder unterschwellige Bedürfnisse und Anforderungen aufzunehmen;
- Vorausschauend auf Zielkonflikte hinweisen.

✔ **Finanzen und Termine**
- Realistische Offerte bezüglich der Kosten und Termine;
- Termintreue;
- Kostendenken.

✔ **Organisatorische Gliederung**
- Ist eine organisatorische Veränderung geplant, die dazu geführt hat?
- Ist geplant, durch Ihr Projekt einer Veränderung der Organisationsstruktur Nachdruck zu verleihen?
- Soll das Projekt die bestehende Organisation optimieren?

Es kann nicht oft genug wiederholt werden, dass der Auftragsempfänger nicht von seinen Annahmen ausgehen darf und diese schon gar nicht stillschweigend voraussetzen darf. Gelangt man zu Punkten, bei denen Annahmen getroffen werden müssen, muss die verantwortliche Kontaktperson die Unklarheit beseitigen. Ist es aus irgendwelchen Gründen unmöglich, die Situation zu definieren und zu lösen, müssen die Unklarheiten oder Annahmen im Konzept beschrieben werden, damit der Auftraggeber spätestens zu diesem Zeitpunkt dazu Stellung nehmen muss.

Tipp

Annahmen, die im Konzept beschrieben werden müssen, gehören in ein eigenes Kapitel oder in einen eigenen Abschnitt, damit dem Gremium sofort bewusst ist, wo allfällige Unklarheiten bestehen und bereinigt werden müssen.

Um die Situation in seiner vollen Dimension zu erfassen, muss man sich bei den systematischen Überlegungen nicht nur mit der Vergangenheit und der Gegenwart befassen. Viel wichtiger noch ist die Betrachtung der Zukunft und deren Einflüsse auf das entstehende System und Umfeld. Eine sinnvolle Methode, die Situation in der gesamten Konsequenz zu erfassen, ist eine strukturierte Fragestellung. Auf der Suche nach den richtigen Fragen dient die anschließende Checkliste, die in dieser Richtung Unterstützung bieten soll.

Checkliste

Gefahren und Chancen aus der Situation

- ✔ Welche Normen werden nicht erfüllt, erfüllt oder übertroffen?
  Z. B.: Die Speicherkapazität des EDV-Systems ist zu gering, um die Unternehmensziele der nächsten drei Jahre zu decken.
  - Moralische Normen,
  - technische Normen,
  - unternehmerische Normen,
  - gesetzliche Normen.
- ✔ Welche vorhersehbaren Veränderungen bergen ein Risiko- oder Chancenpotenzial?
  Z. B.: Die Umstellung auf den Euro birgt Konsequenzen, die vom heutigen EDV-System nicht abgedeckt werden.
  - Politische Veränderungen,
  - gesetzliche Veränderungen,
  - unternehmerische Veränderungen (z. B. Personalpolitik oder Organisation),
  - technische Veränderungen, Verbesserungen.
- ✔ Wo werden Verbesserungen erwartet?
  Z. B.: Der Positionierung der einzelnen Bearbeitungsabteilungen vom Rohmaterial zur Endmontage des Endprodukts ist geographisch nicht gut und muss optimiert werden.
  - Produktionskapazität,
  - Stärkung der Situation zur Konkurrenz,
  - Sicherheit,
  - ablauf-/aufbauorganisatorisch.
- ✔ Welche Entscheide und von wem müssen getroffen werden, um die Ziele zu erreichen?
  Z. B.: Welche Entscheidungen müssen getroffen werden, um Kundendokumente künftig farbig zu erstellen und auf einer Verpackungsstraße automatisch zu verpacken?
  - Organisatorische Entscheidungen,
  - Typenänderung,
  - personelle Entscheidungen,
  - Investitionen.
- ✔ Welche Maßnahmen müssen eingeleitet werden, damit die Veränderungen ihre Wirksamkeit entfalten können und welche flankierenden Maßnahmen sind zu treffen, um die Realisierung des Projekts sicherstellen zu können?

Z. B.: Um eine neue Buchhaltungssoftware wirkungsvoll einsetzen zu können, ist eine frühzeitige Benutzerschulung durchzuführen.
- Organisatorische Korrekturen oder Erweiterungen,
- Lieferanten-, Kundeninformationen,
- Benutzerschulung,
- Projekt- und Produktdokumentation.

Die Checkliste ist als Anregung gedacht. Einige Fragen werden entsprechend dem Projekt wichtiger, andere wiederum weniger wichtig sein und neue Fragen werden hinzukommen, die speziell auf das Projekt zutreffen. Die Gewichtung und Priorität der Fragen hängt sehr stark von der gestellten Aufgabe ab.

Tipp

Die Gefahren und Chancen werden erfasst und priorisiert. Dies hilft, die Situation der Risiken und Chancen in ihrer Gesamtheit zu betrachten.

2. Situation zergliedern

Wird eine Situation erfasst, scheinen die Maßnahmen oft klar zu sein. Dies mag vielleicht zutreffen, verführt aber dazu, vorschnell eine Aktion einzuleiten, um das Problem zu lösen. Oft stellt sich jedoch heraus, dass der offensichtliche Grund das eigentliche Problem nicht löst, sondern nur ein Symptom bekämpft oder zu neuen Problemen führt.

Beispiel:
Die Firma Superbike, die Fahrräder herstellt, lokalisiert in einer Studie, dass die Lieferfristen länger werden und Kunden zur Konkurrenz abwandern. Sofort erkennen die Verantwortlichen, dass eine neue Produktionsstraße gekauft werden muss, um die Kunden zurückzugewinnen. Nachdem die neue Produktionstraße ein Betrieb ist, stellt die Geschäftsleitung fest, dass die Lager wachsen und die Kunden nach wie vor abwandern. Erst zu diesem Zeitpunkt wird erkannt, dass die Lieferfristen länger wurden, weil in der Qualitätskontrolle ein überdurchschnittlicher Wert an Ausschuss zurückgeschoben werden muss und die Kulanz gegenüber Kunden im Vergleich zur Konkurrenz unterdurchschnittlich ist.

In diesem Beispiel hätte man sich die neue Produktionsstraße vielleicht sparen können. Stattdessen hätte man feststellen müssen, dass einige Einzelteile qualitativ nicht mit den anderen Komponenten Schritt halten können. Dass die Firma Superbike bei Kundenreklamationen keine Kulanz zeigte und Kunden wochenlang warten ließ, bis diese neue Fahrräder erhielten und diese teilweise zudem die gleichen Mängel aufwiesen, wie die bereits reklamierten Fahrräder, ließ die Kunden eigentlich zur Konkurrenz abwandern.

Konsequenz einer unvollständigen Situationsanalyse

Auch wenn es nach einem großen Aufwand aussehen mag, darf die Erfassung der Situation und deren Folgeschritte nicht vernachlässigt und abgekürzt werden. Das Beispiel der Firma Superbike zeigt, welche Konsequenzen diese Unterlassung haben kann. Viele Kunden sind verärgert zur Konkurrenz abgewandert. Um diese Kunden zurückzugewinnen, muss ein enormer Aufwand betrieben werden, ohne dass der Erfolg zu diesem Zeitpunkt beurteilt werden kann. Das Image ist angeschlagen und das Vertrauen in Superbike geschädigt. Aus eigener Erfahrung weiß man, dass dies nicht nur für die betroffenen Kunden gilt. Die Mund-zu-Mund-Werbung zieht weitere Kreise. Im schlimmen Fall kann das Überleben der Firma gefährdet sein.

Zergliederung einer Situation

Firma: **Superbike**	**Situation zergliedern**		Dok.Nr. **1-01-05**
	Projekt: **Kundenrückgang**	Kurzz: **MME**	Datum: **08.03.02**
	Phase: **Situationsanalyse**		Sachbearb. **PDE**

Themenstellung	Zergliederung
Kundenrückgang	**Preise** a) Bargainbike ./.15 % als unsere b) Profibike +18 % c) Universalbike +2 % (ähnliches Segment wie Superbike) **Kundenbetreuung** a) Modell Crosscountry (jedes 5. weist Mängel auf) b) kein Umtausch der Fahrräder mit Mängeln c) Reparaturzeit (3-4 Wochen) - Konkurrenz (2 Wochen) d) Reparaturen müssen ohne Wenn und Aber bezahlt werden
Lieferfristen	**Qualitätskontrolle** a) Personell unterdotiert b) Zeitdruck sehr hoch c) Unstimmigkeiten in den Montageplänen

Tipp

> Sich die Zeit zu nehmen, zu überlegen und zu analysieren, welche Gründe die vorliegende Situation mitverursacht haben könnten, ist der wichtigste Schritt auf dem Weg zur ursachenorientierten Problembekämpfung.

Beweisführung

Nachdem die Situation zergliedert worden ist, wird festgestellt, welche der vorliegenden Situationen Abweichungen aufzeigen, die zum Problem des Kundenverlusts geführt haben. Die geplante Handlung muss bewiesen werden. Es müssen qualifizierte Gründe vorliegen, die unterstreichen, dass die Maßnahmen den gewünschten Erfolg bringen. Die Beweisführung kann mit den folgenden Fragen nachvollzogen werden:

Checkliste

- ✔ Welche Beweise unterstützen die These, dass die definierte Aktion das Problem löst?
- ✔ Gibt es Beweise, die den Schlussfolgerungen widersprechen?
- ✔ Kann das Problem noch weiter zergliedert werden?
- ✔ Warum ist dies so?
- ✔ Gibt es noch etwas anderes, das einen Einfluss hat?
- ✔ Womit kämpfen die Betroffenen sonst noch?
- ✔ Womit kämpft das Projektteam sonst noch?

Das Wissen der Basis

Zur Unterstützung greift man auf das Wissen der direkt Betroffenen zurück. Durch Fragen und den Einbezug der Mitarbeiter in der Produktion, der Monteure, der Kontrolleure und Konstrukteure werden alle Betroffenen in den Prozess miteinbezogen. Mit diesem Vorgehen hätte sich die Firma Superbike viel Ärger und Leerlauf ersparen können.

Der nächste Schritt beschäftigt sich nun mit dem »Wie?«. Wie kann die bestehende Situation verändert bzw. verbessert werden? Auch hier gilt, dass keine voreiligen Entscheidung getroffen werden dürfen, um nicht am Problem vorbei zu korrigieren.

Im Fall von Superbike konzentrieren wir uns auf die Problemstellung der Qualitätskontrolle. Welche Situation besteht in der Qualitätskontrolle bezüglich

- Kompetenzen,
- Verantwortlichkeiten,
- Vorgehen,
- Teamstruktur,
- Arbeitsunterlagen,
- Arbeitsabläufe,
- Administration?

Die zergliederte Situation soll dabei betrachtet und entsprechende Maßnahmen sollen definiert werden, mit denen das Problem gelöst werden kann. Die Situationen dürfen erst bewertet werden, wenn alle möglichen Einflüsse auf eine betrachtete Situation vorliegen. Die Qualitätskontrolle gehört ganz allgemein in den Bereich der Tests. Nicht nur die Einhaltung der Pläne und Vorgaben muss kontrolliert werden, sondern auch die Abläufe und die Funktionalität (s. Checkliste).

Checkliste

- ✔ Halten die Vorgaben und Pläne den zu erwartenden Belastungen stand?
- ✔ Weisen diese generelle Mängel auf oder sind sie durch die Entwicklung in der letzten Zeit überholt?
- ✔ Liegen ablauforganisatorische Möglichkeiten zur Optimierung vor?
- ✔ Können im Zusammenfließen aller Komponenten Optimierungen erreicht werden?

Die Erfahrung der Firma Superbike zeigte, dass die einzelnen Teile oder Funktionen als eigene Komponente den Qualitätsanforderungen entsprechen und erst im Zusammenspiel aller einzelnen Teile zu einer mangelnden Funktionalität führten. Bewiesen werden muss, dass nicht nur die einzelnen Funktionen die Voraussetzungen und Bedingungen erfüllen. Auch das gesamte Zusammenwirken der Komponenten untereinander muss den Qualitätsanforderungen genügen. Vor allem Tests in den Grenzbereichen geben wichtige Aufschlüsse über die qualitative Funktionsfähigkeit des gesamten Produkts.

Aktionsbewertung und Priorisierung

Nachdem zum Thema Qualitätssicherung alle Aktionen definiert worden sind, die zu einer Verbesserung der Situation führen können, besteht der nächste Schritt in der Bewertung und der Priorisierung dieser Aktionen (s. Checkliste). Dabei wird die Reaktionsdauer bewertet.

Checkliste

- ✔ Mit welchem Zeitrahmen muss gerechnet werden, bis die angestrebten Veränderungen greifen und den erwarteten Nutzen bringen?
- ✔ Welche Priorität hat die Aktion?
- ✔ Mit welcher Priorität wird die Situation behandelt?
- ✔ Welche Einflüsse wirken auf die Situation ein?
- ✔ Bestehen Zuständigkeiten bezüglich Überwachungsfunktionen?
- ✔ Wem werden die Verantwortung und die Kompetenz übertragen?

Maßnahmen zu einzelnen Themen

Firma: **Superbike**	**Situation zergliedern**		Dok.Nr. **1-01-05**
	Projekt: **Kundenrückgang**	Kurzz: **MME**	Datum: **08.03.02**
	Phase: **Situationsanalyse**		Sachbearb. **PDE**

Themenstellung	Zergliederung
Qualitätskontrolle	**Personell** a) Personal rekrutieren b) Aus- und Weiterbildung c) Verbesserung des Team- und des Kommunikationsmanagement d) Ablauforganisation überarbeiten, da sehr unterschiedlicher Arbeitsanfall
	Vorgaben a) aktuelle Pläne und Vorgaben? b) Qualitäts- und Testrichtlinien überarbeiten. c) Verbesserung des Team- und des Kommunikationsmanagement d) Administration durch neue PC-Software verbessern e) Protokollierungsrichtlinien an einzelne Abteilungen

Analog der Zergliederung zur Qualitätskontrolle müssen auch die Situationen der Preisstrategie und der Kundenbetreuung untersucht und notwendige Maßnahmen definiert werden. Durch die Untergliederung der Problemsituation werden die Zusammenhänge innerhalb des Bereichs aufgedeckt (s. Checkliste).

Checkliste

- ✔ Welche Faktoren einer bestehenden Situation können generell verändert werden?
- ✔ Welche Faktoren sind unveränderlich?
- ✔ Wo wurde bereits Änderungsbedarf entdeckt?
- ✔ Wurden bereits Maßnahmen eingeleitet?

Gesamtheitliches Denken

Das gesamtheitliche Denken ist zu diesem Zeitpunkt besonders wichtig, weil jetzt die Richtung festgelegt wird, in die das Projekt geleitet werden soll. Im System der Qualitätskontrolle können bereits verschiedene Untersysteme definiert werden, die einen Einfluss auf das bestehende Problem der hohen Fehlerhäufigkeit der Fahrräder haben können. Bei der Betrachtung der vorangegangenen Untergliederung stellte man fest, dass ein sehr unterschiedlicher Arbeitsanfall in der Qualitätskontrolle besteht. Bevor aber neues Personal rekrutiert wird, muss z. B. als erstes die ablauforganisatorische Seite betrachtet werden, um eine regelmäßigere Arbeitsauslastung zu erreichen.

Maßnahmen und Verantwortlichkeit zur Situationsanalyse

Firma: **Superbike**	**Situation zergliedern**		Dok.Nr. **1-01-05**
	Projekt: **Kundenrückgang**	Kurzz: **MME**	Datum: **08.03.02**
	Phase: **Situationsanalyse – Qualitätskontrolle**		Sachbearb. **PDE**
Situation	Zergliederung	Priorität	Zuständ.
Personell	a) Personal rekrutieren	Mittel, Arbeitsmarkt gut, 6-9-monatige Dringlichkeit	Personal
	b) Aus- und Weiterbildung	Niedrig, guter Bildungsstand, bei Bedarf	Abteilung
	c) Verbesserung des Team- und des Kommunikationsmanagements	Hoch, keine T+K-Kultur, sofort beginnen	Produktion, extern (?)
	d) Ablauforganisation überarbeiten, da sehr unterschiedlicher Arbeitsanfall	Hoch, Standort einzelner Abt. schlecht, sofort beginnen	Abteilung
Vorgaben	a) Was sind die aktuellen Pläne und Vorgaben?	Niedrig, gute Pläne und Vorgaben, kleine Korrekturen	Produktion, Abteilung
	b) Qualitäts- und Testrichtlinien überarbeiten	Hoch, uneinheitliche Test- und Qualitätsrichtlinien, sofort	Qualitätsverantwortlicher
	c) Administration durch neue PC-Software verbessern	Mittel, Software Qualipro bringt Erleichterungen in den Routinetätigkeiten, Evaluieren	EDV-Abteilung
	d) Protokollierungsrichtlinien an einzelne Abteilungen	Mittel, Feedback an Abt. ungenügend, überarbeiten	Qualitätsverantwortlicher

Nach Abschluss aller Untersuchungen werden die Maßnahmen in der Studie zusammengefasst und als Projektziele definiert. Wie Ziele definiert und formuliert werden, s. Kap. 3.3.2.

Beispiel:
Die Firma Superbike hat nach Abschluss der Untersuchungen festgehalten, dass die Überarbeitung der Ablauforganisation und der Qualitäts- sowie Testrichtlinien als Sofortmaßnahmen definiert werden und gesondert vom Projekt behandelt werden. Die Einführung eines Team- und Kommunikationsmanagements und die Steigerung der Kundennähe wurden als Muss-Ziele definiert. Kunden, die auf Fahrräder länger als zwei Wochen warten müssen, wird ein Ersatzfahrrad offeriert. Die Fahrräder werden den Zwischenhändlern für deren Kunden zur Verfügung gestellt.

3.3.1.1 Informationsbeschaffung

Vor Beginn der Informationsbeschaffung über komplexe Sachverhalte müssen vor allem folgende Fragen und Zusammenhänge geklärt werden (s. Checkliste):

Checkliste

- ✔ Was und welche Informationen werden benötigt?
- ✔ Welche Informationen sind relevant und tragen zum Verständnis der Situation bei?
- ✔ Wer hat die Informationen?
- ✔ Wo könnten sie am effizientesten erhoben, erfasst, erfragt und nachgeschlagen werden?
- ✔ Wie rasch müssen die Informationen verfügbar sein?
- ✔ Wie detailliert müssen die Informationen sein (exakt, geschätzt, Prognose)?
- ✔ Wie wichtig erscheinen die Informationen in Bezug auf das Projekt?
- ✔ Wie soll das Ergebnis dargestellt werden (Tabelle, Grafik, Schriftstück, Prosa)?
- ✔ Welche Techniken eignen sich am besten für die Erhebung und Darstellung der Informationen?

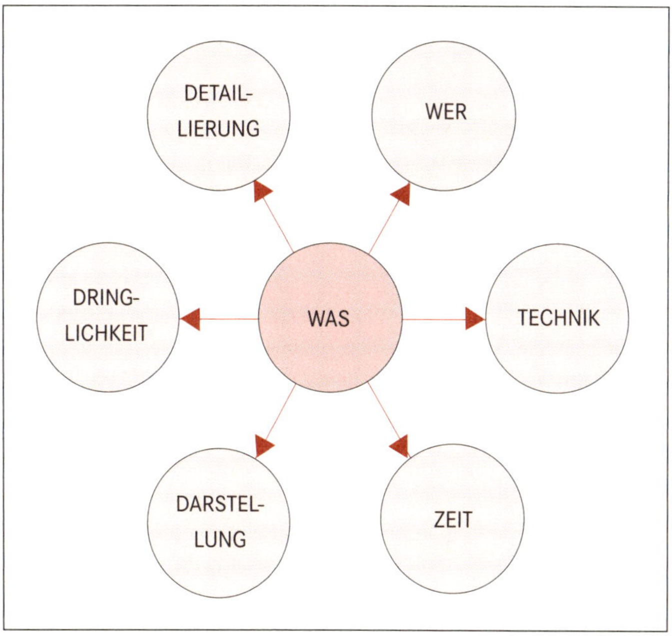

Abb. 11: Informationszusammenhänge

Die Techniken der Informationsbeschaffung helfen bei der Analyse vergangener, gegenwärtiger und künftiger Sachverhalte, die Situation im Allgemeinen zu definieren. Zur Informationsaufbereitung gehören alle Techniken, die zweckmäßig sind, um bestimmte bestehende oder entstehende Gegebenheiten festzuhalten und diese Sachverhalte darzustellen. Die wichtigsten Techniken der Informationsbeschaffung werden im Folgenden beschrieben.

Befragungstechniken

Diese Techniken umfassen alle aktiven Möglichkeiten, um Informationen zu erhalten. Bei den Befragungstechniken werden Auskünfte mit den direkt betroffenen Personen für die zu analysierende Situation ermittelt. Die Stärke der Befragungstechnik liegt im aktiven Einbezug der erweiterten Personengruppe. Der große Teil der Betroffenen wird es zu schätzen wissen, dass ihre Meinung bei der Lösung des Problems gefragt ist. Ihre Erfahrungen werden für die Lösung eines Problems gebraucht. Dies gibt ihnen das Bewusstsein, dass sie nicht nur hier sind, um Anordnungen entgegen zu nehmen. Die Erfahrungen der direkt Betroffenen werden gebraucht, um die Unternehmung vorwärts zu bringen. Es wird aber immer ein paar wenige geben, die sich kontrolliert fühlen werden. Die Skeptiker werden glauben, dass es darum geht, ihre Arbeit zu überwachen, Fehler in ihrer Arbeit zu suchen und zu überlegen, ob ihr Aufgabengebiet nach der Projekteinführung nicht der Optimierung zum Opfer fallen könnte.

Beobachtungstechniken

Bei der Beobachtungstechnik werden die Informationen auf passiver Basis gesammelt. Ohne die Informationen oder Situationen zu hinterfragen, werden sie beobachtet, gesammelt, errechnet usw. Diese Technik stützt sich auf die sachliche Ebene, stellt fest, was in der Unternehmung heute wie läuft. Sie vernachlässigt die Meinungen, Eindrücke und Erwartungen der Betroffenen, wo Verbesserungspotenzial liegt und in welcher Form dies genutzt werden könnte. Die Stärke der Befragungstechniken ist in der Sachlichkeit zu finden. Ohne Berücksichtigung der Emotionen, Hoffnungen und Wünsche werden Situationen festgehalten, wie sie heute abgewickelt werden. Der Nachteil liegt sicherlich in der Verlässlichkeit auf Häufigkeiten, Zeiten und ablauforganisatorischen Abläufen. Um sich bei den Beobachtungstechniken auf verlässliche Informationen stützen zu können, brauchte es Vergleiche über eine größere Zeitspanne.

3.3.1.1.1 Befragungstechniken

1. Der Fragebogen

Bei der Technik mit Einsatz eines Fragebogens versucht man mittels schriftlich gestellter Fragen über Sachverhalte, Probleme, Lösungsansätze, Verbesserungspotenziale etc. Aussagen von Personen zu erhalten, deren Auffassung in einem bestimmten Zusammenhang von Bedeutung erscheinen bzw. die zu bestimmten Sachverhalten kompetent Stellung nehmen können. Die Erhebung mit Fragebogen ist dem standardisierten Interview ähnlich.

Anwendungsbedingung

Der Fragebogen ist eine Möglichkeit, Informationen zu beschaffen. Diese werden ausschließlich auf schriftlichem Weg beschafft, ausgewertet und zu allen Fragebögen und den Unternehmensinformationen in Relation gestellt. Im weiteren Verlauf des Projekts besteht die Möglichkeit, immer wieder auf die erhaltenen Information zurückzugreifen. Mitarbeiter, die im oder für das Projektteam arbeiten, können diese Informationen für ihre weitere Arbeit als Basis verwenden. Damit ist weniger gemeint, dass Informationen vor allem aus Vergesslichkeit nicht mehr zur Verfügung stehen könnten, als vielmehr die Tatsache, dass mündliche Informationen beim Empfänger anders interpretiert werden, als sie vom Sender gemeint waren. Vor allem auf der Kommunikationsebene entstehen viele Missverständnisse, weil jeder Empfänger oder Sender unterschiedlich senden bzw. interpretieren kann. Die Bedingungen und Gründe für den Einsatz und die Anwendung eines Fragebogen sind:

Gründe für den Einsatz eines Fragebogens

- quantitative Sachverhalte (zählen, messen);
- sensitive Inhalte (die Anonymität des Befragten soll gewährleistet sein);
- Erhebungsinhalte sind bekannt;
- viele Personen sind betroffen bzw. die Meinung vieler Personen ist erwünscht;
- Fragen sind eindeutig (nicht erklärungsbedürftig);
- keine persönlichen emotionalen Inhalte;
- Kreis der Befragten ist relativ homogen;
- Erreichbarkeit der Befragten ist schwierig (räumliche Distanz, Abwesenheit).

Durchführung

Der Einsatz eines Fragebogens muss gut überlegt sein. Es besteht kaum die Möglichkeit zu reagieren, wenn Fragen vom Befragten falsch verstanden werden und er diese nicht vollständig beantworten will oder kann. Entscheidet sich der Befragte, bestimmte Fragen nicht vollständig zu beantworten, liegen die Gründe oft im emotionalen Bereich. Auf diese Gründe wird in diesem Kapitel noch detaillierter eingegangen. Wer sich für eine Umfrage mittels Fragebogen entscheidet, sollte sich vorgängig einige Gedanken über das erwartete Resultat machen.

Wer wird befragt?

Für die Selektion der Befragten soll das System nochmals mit den Funktionen, Beziehungen sowie den Unter- und Übersystemen betrachtet werden, damit die gestellte Aufgabe mit dem Fragebogen in Einklang gebracht werden kann. Um ein ausgewogenes Resultat zu erhalten, sollten alle betroffenen Stellen befragt werden. Es ist darauf zu achten, dass die tatsächlichen Verantwortlichen oder von den Verantwortlichen delegierten Stellen den Fragebogen erhalten.

Zudem sollten die Fragebögen in der Menge so gewichtet sein, wie diese für das Projekt relevant sind. D.h., dass jenen Fragebögen ein höheres Gewicht zugeordnet wird, die stärkere Konsequenzen für die Projektarbeit haben.

Inhalt des Fragebogens

Der Fragebogen ist nur aussagekräftig, wenn die Fragen in sich geschlossen und vollständig sind. Wichtige Informationen können bereits dem Projektauftrag entnommen werden, die im inhaltlichen Aufbau des Fragebogens eine Unterstützung sind. Weitere Möglichkeiten sind die bereits vorliegenden Information aus der Projektarbeit, den persönlichen Erfahrungen aus der beruflichen Karriere sowie dem Studium von Dokumentationen über die Erstellung von Fragebögen. Auch Umfragen, welche im vergleichbaren Umfeld oder der Unternehmung früher durchgeführt worden sind, bieten eine gute Unterstützung. Aus diesen können bereits Informationen entnommen werden, die im Fragebogen vertieft oder auf das aktuelle Problem angepasst werden.

Vorgängige Interviews

Durch vorgängige Interviews kann herausgefunden werden, was für das Projekt von Nutzen ist und bei welchen Fragen bei den angeschriebenen Personen auf Unterstützung gezählt werden kann. Emotionale Fragen bergen immer eine gewisse Gefahr. Es ist aber auch verständlich, dass Emotionalität immer vorhanden ist, wenn man sich einen großen Teil des Tages damit beschäftigt. Die Fragen müssen sich auf die sachliche Ebene des Arbeitsumfeldes beschränken.

Tipp

Erfahrungsgemäß können falsche oder falsch formulierte Fragen ein passives Verhalten, Ablehnung oder gar ein destruktives Verhalten auslösen. Vor allem emotionale Fragen mit einem zwischenmenschlichen Hintergrund müssen in einem Fragebogen vermieden werden.

Vorgehensweise und Ablauf

Zu Beginn der Fragebogenaktion steht ein Auswertungskonzept. Die folgenden Fragen (s. Checkliste) sollen vor der Erstellung des Fragebogens beantwortet sein:

Checkliste

- ✔ Was soll mit dem Fragebogen erreicht werden?
- ✔ Welche Ziele werden verfolgt?
- ✔ Welche Erwartungen werden an die Antworten gestellt (qualitativ und quantitativ)?
- ✔ Welche Zielgruppe soll angesprochen werden?
- ✔ Zu welchem Zeitpunkt müssen die Antworten vorliegen?

Daraus gilt es ein Konzept zu erstellen, mit dem die Fragebögen zielorientiert analysiert und ausgewertet werden können. Es sollen nur Fragen einbezogen werden, die für die Arbeit auch tatsächlich von Bedeutung sind. Smalltalk ist auf einem Fragebogen fehl am Platz. Ein zu großer Fragebogen verleitet den Aussteller zur Langeweile und zu zunehmender Unkonzentriertheit.

Auswertungskonzept

Aus dem Auswertungskonzept werden die Fragen in Form eines Entwurfs abgeleitet. Die Fragen werden nach Themen und Zielsetzungsprioritäten gruppiert. Die Fragen müssen so gestellt werden, dass sie klar, eindeutig und leicht zu beantworten sind. Der Fragebogen wird von Personen getestet, die in keinem direkten Bezug zum Projekt stehen. Die Resultate des Fragebogens sowie das Feedback zum Fragebogen sollen helfen, diesen nochmals zu überarbeiten und für die definitive Version aufzubereiten. Beim Versand wird der Termin für den Rücklauf gesetzt unter Berücksichtigung allfälliger Verzögerungen von ein paar Tagen. Sollte der Rücklauf nicht vollständig sein, muss nachgefragt oder eventuell gemahnt werden. Mit der Auswertung wird erst nach Eingang aller Fragebögen begonnen, da vor allem bei ausformulierten Antworten ein besseres Bild entsteht, wenn alle Antworten gleichzeitig ausgewertet werden. Durch den gleichzeitigen Überblick über die eingegangenen Antworten, ist eine objektivere Beurteilung möglich. Wenn möglich sollten Fragebögen von mindestens zwei unterschiedlichen Personen vollständig ausgewertet werden.

Tipp

> Es ist wichtig, immer wieder auf bestehende Dokumente zurückzugreifen. Die Zielsetzungen für das Projekt können dadurch verfeinert werden, um daraus wertvolle Fragen abzuleiten.

Regeln

Bei der Gestaltung und dem Versand des Fragebogens sind folgende technische Regeln zu beachten:

- Aufbau,
- Inhalt,
- Gestaltung und
- der Versand von Fragebögen.

Durch die Berücksichtigung der technischen Regeln kann im Sinne des Fragebogenerstellers ein sinnvolles Ergebnis erzielt werden.

Als Beilage zum Fragebogen muss ein Begleitbrief erstellt werden indem der Empfänger auf den beigelegten Fragebogen vorbereitet und zur Beantwortung stimuliert wird. Den Empfänger auf den Fragebogen vorzubereiten heißt, dass ihm mitgeteilt wird, welche Gründe für die Befragung vorliegen und in welchem Umfang die

Antworten genutzt werden. Handelt es sich um brisante und sehr persönliche Fragen, muss dem Empfänger mitgeteilt werden, dass alle Antworten vertraulich behandelt werden. Ist für das Projektteam der Absender des Fragebogens unerheblich, kann der Fragebogen unpersönlich gestaltet werden. Konsequenz dabei ist aber, dass keine Möglichkeit besteht, ausstehende Fragebögen zu mahnen oder bei Unklarheiten nachzufragen. Für die Behandlung dieses Bereiches benötigt es sehr viel Feingefühl.

Stimulieren der Befragten

Den Empfängern müssen die Vorteile und der Nutzen (persönlich und projektbezogen) dieser Befragung aufgezeigt werden. Die persönliche Meinung des Befragten für die Zukunft und die Entwicklung der Unternehmung ist wichtig und führt dazu, dass der Angesprochene sich stimuliert fühlt, aktiv den Fragebogen auszufüllen. Es ist unumstritten, dass ein persönlicher Einbezug in die Geschicke der Firma, der Abteilung oder des Projekts für den Empfänger sehr motivierend ist. Wenn aber dieses Argument eingesetzt wird, müssen auch entsprechende Taten gezeigt werden. Der Befragte muss erkennen, dass seine Aussagen, Antworten und Argumente auch in der Realität etwas bewegen können. Dies gilt für alle Bereiche des Arbeitslebens - Kontrahenten, Vorgesetzte, Mitarbeiter und Untergebene müssen als seriöse Partner betrachtet werden. Dies muss den betroffenen Personen gezeigt werden. Das erhaltene Vertrauen muss darum mit Taten bestätigt werden.

Was natürlich auch zu den Regeln gehört, ist die Angabe eines Abgabetermins, eventuell sind die Empfänger (Vertraulichkeit!) aufzulisten sowie ein Ansprechpartner bei Rückfragen zu definieren und eine Rückantwortadresse zu bezeichnen (Rückantwortumschlag).

Tipp

Wer entscheidet, ob der Fragebogen persönlich, vertraulich oder unpersönlich sein soll, muss sehr sorgfältig vorgehen. Wie wichtig ist die Person hinter den Antworten für die Projektarbeit und wie wichtig ist den Empfängern eine allfällige Wahrung der Persönlichkeit?

Checkliste

Gestaltungsregeln:

- ✔ übersichtliche Anordnung der Fragen und großzügige Möglichkeit, um detaillierte Antworten zuzulassen (Antwort meist handschriftlich);
- ✔ Gliederung des Fragebogens (optische Trennung von Themen);
- ✔ Nummerierung (Identifikation) der Fragen und Antworten.

Allgemeine Regeln:

- ✔ nur Inhalte, die für den Befragen »zumutbar« sind (Fachkompetenz, Ausbildungsniveau, Sozialkompetenz);

- ✔ möglichst wenig Aufwand für den Befragten (Multiple-Choice, Ja/Nein);
- ✔ nicht zu viele Fragen;
- ✔ Codierungsspalte vorsehen für allfällige EDV-Auswertungen (nur bei Mengen, die schwerlich von Hand ausgewertet werden können).

Hinweise zum Ausfüllen des Fragebogens:

- ✔ Anleitung zum Ausfüllen an der entsprechenden Stelle (nicht als Legende am Ende);
- ✔ Führung des Ausfüllers (wo geht es weiter, wenn eine Frage nicht zutrifft);
- ✔ klare Anleitung, was zu tun ist (ankreuzen, unterstreichen, durchstreichen);
- ✔ bei offenen Fragen genügend Platz für die Antwort offen lassen;
- ✔ wenn Interpretationsschwierigkeiten zu erwarten sind, event. Beispiele aufführen.

Vor- und Nachteile der Informationsbeschaffung

Für die Informationsbeschaffung bestehen einige Vor- und Nachteile die nicht unerwähnt bleiben dürfen.

Vorteile:
- Aufwand für den Beschaffer der Informationen während der Erhebung ist gering;
- Momentaufnahme einer Situation;
- viele Aussagen, Meinungen können eingeholt werden;
- Interviewer als Fehlerquelle entfällt.

Nachteile:
- Zuverlässigkeit der Antworten geringer (Manipulation, Missverständnisse);
- wenig Spielraum für differenzierte Aussagen;
- gemeinsames Ausfüllen durch mehrere Informanten (Manipulation);
- emotionale Ablehnung gegen Fragebögen;
- Aufwand für den Informanten;
- Rücklaufquote meistens relativ gering (Aussagekraft?);
- hoher Vorbereitungs- und Auswertungsaufwand.

Ein Fragebogen eignet sich vor allem bei der Befragung einer großen Menge von Ansprechpartnern, bei denen eine andere Art der Informationsbeschaffung ein bedeutendes logistisches Problem darstellen würde. Es bedeutet aber auch, dass es zeitlich sehr aufwendig sein kann und deshalb möglichst frühzeitig geplant und durchgeführt werden muss, damit man mit der Terminplanung nicht unnötig in Schwierigkeiten gerät. Im Folgenden ist ein Beispiel eines Fragebogens dargestellt.

Fragebogen zum Projekt Überarbeitung Wareneingang

Name:	Firma:............................
Vorname:..........................	Adresse:..........................
Straße:...........................	....
PLZ/Ort:	....
Telefon:	Telefon: ....

	Nein	Selten	Oft
Haben Sie schon an Projektentwicklungen teilgenommen ?	O	O	O

Können Sie sich mit folgenden Aussagen identifizieren?

IT im Wareneingang heißt für mich:	Gut	Befriedigend	Ungenügend
Erleichterung meiner täglichen Arbeit	O	O	O
Zuverlässigkeit des Systems	O	O	O
Optimierung der Koordination zu anderen Stellen	O	O	O
Just-in-time	O	O	O
andere Merkmale:			

Projektentwicklung heißt für mich:	Wichtig	Je nachdem	Unwichtig
Aktive Mitarbeit bei der Umsetzung der Anwenderwünsche	O	O	O
Gute Kommunikation zwischen IT und Anwender	O	O	O
Akzeptanz der speziellen Fähigkeiten der Projektmitarbeiter innerhalb des Teams	O	O	O
Akzeptanz des Teams gegen außen	O	O	O
andere Merkmale:			

Bemerkungen:

2. Das Interview

Das Interview ist eine vom Interviewer gelenkte Gesprächssituation mit dem Ziel, durch Lenkung des Gesprächs benötigte Informationen zu erhalten. Die Form und Art und Weise über den Verlauf und die Steuerung des Interviews liegt dabei in den Händen des Interviewers unter Berücksichtigung der interviewten Person und der vorliegenden Situation.

Interviewformen

Abhängig von den Umständen, den erwarteten Resultaten, der Größe der Befragten sowie der Vergleichbarkeit der Resultate untereinander gibt es verschiedene Möglichkeiten, um eine Gesprächssituation zu gestalten. Unterschieden werden die folgenden Formen:

Standardisiertes Interview

Ein Fragebogen bildet die Basis des standardisierten Interviews. Die Fragen werden dabei in der vorgegebenen Reihenfolge gestellt, wobei die Antwortmöglichkeiten mehr oder weniger im Voraus festgelegt werden. Der Einsatz des Fragebogens mittels Interview hat gegenüber dem Versand den Vorteil, dass Ergänzungen und Präzisierungen im Interview ermittelt werden und in den Fragebogen einfließen können. Zudem besteht die Möglichkeit, die Persönlichkeit des Interviewten wahrzunehmen. Dadurch hat der Interviewer die Chance, in den Prozess einzugreifen, um dem Befragten eine vollständige und korrekte Beantwortung der Fragen zu ermöglichen.

Tipp

Ein standardisiertes Interview eignet sich vor allem bei einer großen Menge von Befragten und bietet die Möglichkeit, die Resultate untereinander zu vergleichen.

Halbstandardisiertes Interview

Dem halbstandardisierten Interview liegt ein fest vorgegebener Themenblock sowie ein flexibel aufgebautes Frageschema zugrunde. Der Interviewer kann das Interview nach eigenem Gutdünken mit eigenen Formulierungen gestalten. Er hält sich dabei nicht an eine vorgegebene Reihenfolge der Fragestellungen, sondern macht diese von der Antwortbereitschaft des Interviewpartners und der Interviewsituation abhängig. Erkennt der Interviewer, dass der Befragte bei der Beantwortung einiger Fragen Mühe bekundet, sei dies aus emotionalen, fachlichen oder sachlichen Gründen, kann er die Frage in anderer Form stellen oder gar auf eine Beantwortung dieser Frage verzichten.

Tipp

Ein halbstandardisiertes Interview eignet sich vor allem, wenn die Resultate untereinander verglichen werden sollen, zusätzlich aber Informationen erwartet und gewünscht werden, die zurzeit noch unbekannt sind.

Nicht-standardisiertes Interview

Beim nichtstandardisierten Interview liegt dem Interviewer lediglich ein Leitfaden vor. Darin sind in Form von Stichworten Merkhilfen enthalten, damit keine wichtigen Fragen vergessen werden. Sowohl die Formulierung als auch die Reihenfolge der Fragen bestimmt der Interviewer spontan. Er entscheidet, ob er alle Fragen stellt, ob sich einiges erübrigt oder ob er zusätzliche Fragen stellen will, weil z.B. neue Sachverhalte auftauchen. Der Vorteil dieser Interviewform liegt in der Spontaneität die Fragen der Situation entsprechend anzupassen. Die Gefahr dieser Form verbirgt sich in der Auswertung und der Vergleichbarkeit zu den anderen Befragungen dieses Themas. Das nichtstandardisierte Interview kann dazu führen, dass bei der Auswertung der Befragten keine Relation unter der Antworten hergestellt werden kann.

Tipp

> Die Form des nichtstandardisierten Interviews eignet sich vor allem für einzelne Befragungen oder kleine Befragungsgruppen, wo die Vergleichbarkeit untereinander unerheblich ist.

Gesprächsformen

Die Art und Weise, wie das Interview geführt wird, kann je nach der Beziehung zwischen dem Befragten und dem Interviewer, dem Grund der Befragung sowie der aktuellen Situation sehr unterschiedlich sein. Gründe für unterschiedliche Gesprächsformen liegen im erwarteten Resultat und den Zielen des Interviews. Um die Form des Interviews festlegen zu können, müssen die folgenden Fragen beantwortet werden:

- Soll ein Kreativitätsprozess in Gang gesetzt werden?
- Müssen Widersprüche aufgedeckt werden?
- Soll Vertrauen zum Befragten aufgebaut werden?

Weiches Interview

Das Ziel des weichen Interviews ist es, eine angenehme Gesprächssituation aufzubauen. Dabei soll der Befragte dazu ermutigt werden, die Fragen aus eigener Initiative nicht nur aus globaler Sicht zu beantworten, sondern auch seine persönliche Meinung und Erfahrung mit einfließen zu lassen. Der Interviewer enthält sich dabei jeglicher Unterbrechung. Er ermuntert den Befragten durch Bemerkungen und zustimmende Gestiken in der Beantwortung der gestellten Fragen.

Tipp

> Beim weichen Interview herrscht eine angenehme Gesprächsatmosphäre, um die Kreativität zu fördern und Vertrauen aufzubauen.

Hartes Interview

Das harte Interview zeichnet sich durch schnelle, suggestive und unter anderem auch durch provozierende Fragen aus. Die Auskunftsperson wird unter ständigen Druck gesetzt, um ihr möglichst keine Chancen zum Nachdenken zu geben. Die schnelle Folge von Fragen verhindert, dass die einzelnen Antworten auf ihre Verträglichkeit mit früheren Aussagen geprüft werden können.

Tipp

> Das harte Interview ist einem Verhör ähnlich. Es sollte nur angewendet werden, wenn Widersprüche vorliegen und diese in einer anderen Form nicht beseitigt werden können.

Neutrales Interview

Das neutrale Interview ist durch eine sachliche Beziehung zwischen den Interviewpartnern gekennzeichnet. Der Interviewer versucht, im neutralen Interview persönliche und emotionale Aussagen und Beweggründe auszuschalten und Informationen auf der rein sachlichen Ebene zu beziehen.

Tipp

> Das neutrale Interview eignet sich vor allem bei Sachfragen, die bei einem emotionalen Einfluss ein verfälschtes Bild geben würden.

Interviewphasen

Auch der Verlauf des Interviews muss geplant werden. Der Verlauf des Interviews soll kontinuierlich sein und dem Befragten die notwendige lockere Atmosphäre zu Beginn des Gesprächs vermitteln. Dadurch teilt sich der Verlauf des Interviews in drei Phasen auf:

1. Einleitungsphase

In der Einleitungsphase gibt der Interviewer die Zielsetzung seiner Befragung bekannt und versucht, eine aufgelockerte Gesprächsatmosphäre aufzubauen.

2. Sachliche Erhebungsphase

Die sachliche Erhebungsphase kann wie folgt gegliedert sein:
- Sammlung allgemeiner Informationen,
- Probleme bzw. Ziele,
- Problemursachen,
- Lösungsansätze,
- Bewertung von Lösungsansätzen,
- Zusammenfassung.

3. Ausgangsphase

In der Abschlussphase wird erneut versucht, eine positive Atmosphäre auf- oder auszubauen. Zusätzlich gibt der Interviewer Informationen über den weiteren Verlauf und sagt dem Befragten bei Bedarf weiteres Feedback zu.

a) Technik der Fragestellung

Verschiedene Fragetypen

- Kurze Fragen stellen:
- Der Interviewer kann das Gespräch gezielter steuern;
- kurze Fragen ziehen tendenziell kurze Antworten nach sich;
- der Befragte wird nicht mit vielen Informationen überhäuft, bevor er zur Beantwortung kommt.

- Redundante Fragen vermeiden:
- Der zeitliche Aufwand der Befragung wird reduziert;
- es kann ein roter Faden eingehalten werden;
- die Beschreibung und Auswertung der Befragung werden erleichtert.

- Offene Fragen stellen:
- wecken der Auskunftsbereitschaft;
- vermeiden von Manipulation und Spekulation;
- fördern neuer Gesichtspunkte;
- weniger Stress für den Befragten erzeugen;
- die geschlossenen Fragen lassen nur Antworten mit Ja oder Nein zu.

- Konkrete Fragen stellen:
- klar verständliche Fragen stellen;
- fördern Verständnis;
- vermeiden Unsicherheiten beim Befragten.

- Unterfragen und Kettenfragen vermeiden:
- Fragen werden vollständig beantwortet (bei Unter- oder Kettenfragen wird häufig nur die letzte Frage beantwortet);
- Interviewer stellt sicher, dass er nicht selbst einzelne Teile der Frage übersieht;
- weniger Verwirrung des Befragten.

- Suggestive Fragen vermeiden:
- der Befragte sagt, was er denkt, nicht was der Interviewer erwartet;
- wecken weniger Widerspruch;
- vermeiden manipulative und suggestive Aspekte.

b) Technische Hinweise zum Interview

Interviewort

Das Interview sollte grundsätzlich in einer vertrauten und in der näheren Umgebung des Befragten stattfinden. Am besten eignet sich dazu der Arbeitsplatz, da der Befragte bei Unklarheiten die Möglichkeit besitzt, die Situation durch seine Arbeitsunterlagen zu erklären. Dabei muss aber auch gewährleistet sein, dass der Befragte nicht unnötig gestört wird. Es ist eine Unsitte, dass ein Mitarbeiter selbst in einem Gespräch an seinem Arbeitsplatz gestört werden darf. Es muss sichergestellt sein, dass der Mitarbeiter weder durch hereinplatzende Kollegen noch durch unnötige Telefonate gestört wird. Ist dies nicht möglich, muss die Besprechung in ein Sitzungszimmer verlegt werden, damit das Interview ungestört durchgeführt werden kann.

Interviewpartner

Die Auswahl der Gesprächspartner wird in der Planungsphase zu den Interviews festgelegt. Die Selektion der Befragten ergibt sich aus der Problemstellung und den erwarteten Resultaten. Die Stärken der einzelnen Mitarbeiter sind:

Geschäftsleitung

- Geschäftsleitung: Die Befragung von Mitgliedern der Geschäftsleitung ist nur sinnvoll, wenn ein Problem vorliegt, das das gesamte Unternehmen betrifft oder einen Einfluss auf die Unternehmensstrategie hat. Wer sich entscheidet, diese Gruppe zu befragen, muss begründen können, dass ohne ein Interview der Geschäftsleitung eine vollumfängliche Aufklärung der Situation nicht möglich ist.

Abteilungsleiter

- Abteilungsleiter: Müssen Situationen geklärt werden, die einen Einfluss auf eine Abteilung haben und in Teilen die Unternehmensstrategie erfüllen müssen, ist der Abteilungsleiter der richtige Ansprechpartner. Er kann kompetent zur Aufklärung von Situationen innerhalb der gesamten Abteilung beitragen sowie die Schnittstellen zu anderen Abteilung und der übergeordneten Geschäftsleitung definieren. Der Abteilungsleiter kann kaum Aussagen zur Problematik der einzelnen Mitarbeiter auf der untersten Hierarchiestufe machen, er hat aber den geeigneten Überblick über das Verhalten in der gesamten Abteilung.

Gruppenleiter

- Gruppenleiter: Wie verhält sich die Gruppe zueinander und gegen außen? Diese Fragen können vom Gruppenleiter kompetent beantwortet werden. Bei ihm sammeln sich die Eindrücke der einzelnen Mitarbeiter und der Gruppen, die mit der Arbeit in einer direkten Verbindung stehen. Aussagen einzelner Mitarbeiter, die untereinander zu einem Widerspruch führen können, werden vom Gruppenleiter erfasst und eventuell begründet. Vorstellungen zur Veränderung können über ihn ausgearbeitet und als Änderungswünsche vorgeschlagen werden.

Langjährige Mitarbeiter

- Langjährige Mitarbeiter: Viel Erfahrung der vergangenen Jahre innerhalb der Unternehmung sammeln sich beim langjährigen Mitarbeiter. Er ist in der Lage zu erklären, warum es immer so lief, welche Veränderungen versucht und durchgeführt wurden. Seine Informationen, was an der Basis geändert werden muss und wo die Erfolge und Niederlagen vergangener Problemstellungen lagen, tragen viel zum Erfolg eines Projekts bei.

Neue Mitarbeiter

- Neu eingetretene Mitarbeiter: Je nach Alter und der Anzahl von Firmen, für die der neu eingetretene Mitarbeiter bereits gearbeitet hat, birgt sich in ihm ein enormes Potenzial zur Lösung der Problemstellung. Während der langjährige Mitarbeiter oft nur auf die Erfahrungen aus dem eigenen Betrieb zurückgreifen kann, ist der neu eingetretene Mitarbeiter in der Lage, auch Erfahrungen aus anderen Unternehmungen einfließen zu lassen und Vorschläge zu bringen, wie man es auch noch machen könnte. Zudem können von ihnen Aussagen gesammelt werden, wo die Probleme für Mitarbeiter liegen, die von der Unternehmung und dem unternehmungsspezifischen Vorgehen noch wenig Wissen haben.

Interviews von Gruppen

Bei personen- oder aufgabenübergreifenden Problemstellungen können gleichzeitig auch mehrere Personen befragt werden. Sobald ein Problem geklärt werden muss, von dem verschiedene Bereiche oder Funktionsstufen betroffen sind, ist es empfehlenswert alle Betroffenen an einen Tische zu bringen. Widersprüche oder ungeklärte Situationen können sofort geklärt und festgehalten werden.

Interviewzeiten

Ein Interview sollte keinesfalls länger als zwei Stunden dauern. Spätestens nach zwei Stunden lässt die Konzentration nach. Gründe für das Nachlassen der Konzentration können Ermüdung sein, ein dringendes Telefon das noch erledigt werden muss, Mitarbeiter die schon lange warten, da ein Problem gelöst werden muss oder der rote Faden, der mit der Zeit verloren gehen kann. Anhand der Energiekurven von Mitarbeitern eignen sich die Zeiten zwischen 9 und 11 sowie 15 und 17 Uhr am besten für Befragungen. Beachtet werden muss auch hier die Persönlichkeit der Befragten. Mitarbeiter, die einen fest definierten Arbeitstag benötigen, um sich wohl zu fühlen, sollten falls möglich auch zu diesen Zeiten befragt werden. Mitarbeiter die immer um 9 Uhr zur Kaffeepause gehen, werden bei einem Interview um 9 Uhr unzufrieden sein. Andere, die immer um 16 Uhr in den Feierabend gehen, werden im Interview ab 16 Uhr zunehmend nervös sein.

Damit nichts vergessen wird, sollten die Notizen aus Interviews gleich anschließend verarbeitet und in die geeignete Darstellung umgesetzt werden. Gleich nach dem Interview können auch noch Gestiken und persönliche Eindrücke vollständig in die Dokumentation einfließen. Das Thema der Informationsaufbereitung wird im Anschluss behandelt.

3. Die Panelbefragung

Mit der Panelbefragung wird eine Technik der Informationsbeschaffung bezeichnet, die bestimmte Sachverhalte (Situationskenntnisse,

Meinungen, Wünsche, Absichten) bei einer vordefinierten Personengruppe (Konsumenten, Stimmbürger, Verkäufer) mit identischen Instrumenten (Befragung, Beobachtung, Fragebogen) zu wiederholten Zeitpunkten erfasst.

Das Zeitproblem

Ein Hauptproblem der Panelbefragung bildet der Zeitfaktor. Um verlässliche Angaben zu erhalten, muss die Umfrage über eine längere Zeit durchgeführt bzw. wiederholt werden können. Der Einsatz dieser Technik ist nur bei Projekten sinnvoll, die eine lange Entwicklungszeit haben. Durch die wiederholte Befragung der gleichen Gruppe während des Verlaufs des Projekts kann der Prozess der Akzeptanz zum Projekt beobachtet werden. Nimmt die Akzeptanz ab, können durch Maßnahmen der Informationspolitik oder des Vorgehens diese wieder aufgefangen und verbessert werden. Das Ziel bei der Einführung muss sein, dass die Anwender Lust und Freude auf den Einsatz des Produkts verspüren. Mit dieser Befragungstechnik besteht die Möglichkeit einer dynamischen Betrachtung und deren Veränderungen im Verlaufe der Zeit. Für diese Technik ist der Fragebogen das geeignete Hilfsmittel.

Beispiel:
Dieselben 600 Personen wurden vor einer amerikanischen Präsidentenwahl sieben Monate lang regelmäßig befragt, um die Auswirkungen politischer Kampagnen zu ermitteln. Ausgewählte Haushalte sammeln Informationen (Führen eines Haushaltsbuches), mit deren Hilfe der Lebenskostenindex laufend berechnet wird.

4. Umfrage

Durch Umfragen werden Situationskenntnisse, Meinungen, Wünsche oder Absichten einer bestimmten Personengruppe (Mitarbeiter, Kunden, Lieferanten, Konsumenten) erfragt. Die Umfrage dient der Aufnahme verschiedener Wünsche und Anforderungen an ein neues Produkt, ohne dass diese Gruppe eine Entscheidungsgewalt auf das Vorgehen oder das Endprodukt ausüben kann. Ziel einer Umfrage im Rahmen eines Projekts sind ergänzende Ideen, Wünsche und Meinungen zur Unterstützung der Zielsetzungsgruppe. Als Methode für die Umfrage bieten sich standardisierte Interviews oder Fragebogen an. Die Persönlichkeit der Befragten haben auf die Umfrage keinen Einfluss.

Beispiel:
In einer Umfrage werden alle Umsysteme wie Kunden, Lieferanten, Unternehmensführung, das betroffene Personal usw. befragt, welche Wünsche und Erwartungen durch die Einführung eines neuen Materialflusssystems erfüllt sein sollen.

5. Aufgabenanalyse durch das Rasterblatt

Die Erhebung der Aufgaben im Rasterblatt und die Verwendung der vier analytischen Fragestellungen fördern die Vollständigkeit der Aufgabenanalyse und verdeutlichen den jeweiligen Untersuchungsstand. Mit der Verwendung des Rasterblattes wird einerseits die konsequente Auseinandersetzung mit der Beschreibung der Situation gefördert. Dies geschieht durch die Aufzeichnung der Arbeits- und Aufgabenabläufe bis ins letzte Detail. Andererseits wird bei der Kontrolle und der Bestätigung auf Vollständigkeit der gesamte Ablauf nochmals überarbeitet, wobei spätestens zu diesem Zeitpunkt Unstimmigkeiten und Unvollständigkeiten entdeckt werden.

Die Fragen beziehen sich auf das Objekt bzw. die Tätigkeit sowie der Verknüpfung der Fragen mit UND bzw. ODER. Durch die folgenden vier Fragestellungen wird die Vollständigkeit und inhaltliche Korrektheit eines Ablaufs gefördert:

Objekt UND

1. Aus welchen Teilobjekten besteht das bearbeitete Objekt? Wie sind die Bezeichnung und die Umschreibung des Objekts und der Teilobjekte. Gibt es noch weitere Teilobjekte, die bisher nicht erwähnt worden sind?

Objekt ODER

2. Welche Objekte werden bearbeitet? Welche vom Objekt abhängigen Fremdobjekte haben auf das beschriebene Objekt einen Einfluss. Gibt es noch andere Objekte, die bisher noch nicht erwähnt worden sind?

Verrichtung UND

3. Welche Tätigkeiten sind zur Verrichtung des Objekts notwendig? Gibt es noch weitere Tätigkeiten, die bisher nicht erwähnt worden sind?

Verrichtung ODER

4. Welche Arten der Tätigkeiten sind zur Verrichtung des Objekts notwendig? Gibt es noch andere Möglichkeiten, wie das Objekt bearbeitet werden kann, die bisher nicht erwähnt worden sind?

Fragestellung zum Rasterblatt

Gliederung	Objekt	Tätigkeiten
UND	• Schalterbesuche	• Persönlich • Vertretung
	• Filetransfer	• Diskette • Kassetten • Bänder
	• Internetaufträge	• Sofort • Auf Valuta
	• Zahlungsauftrag	• Am Schalter abgegeben • Per Post zugestellt
ODER	• Kundendaten	• Aufnehmen • Kontrollieren
	• Auftragsdaten	• Notieren
		• Prüfen
		• Ergänzen
		• Ausführen/Ablehnen
		• Rückbestätigung
		• Weiterleiten

Auf dem Rasterblatt wird dies wie folgt umgesetzt:

- Die Aufgaben werden im Rasterblatt von links nach rechts fortlaufend untergliedert und mit Ordnungsnummern versehen. Dabei sind z.B. die Tätigkeiten Notieren und Prüfen zwei Teilaufgaben des Objekts Auftragsdaten.
- Aufgaben, die nicht weiter untersucht werden sollen, werden abgeblockt (diagonal abgestrichen). Gründe, dass eine Aufgabe abgeblockt wird, können unter anderem sein, dass die Aufgabe vollständig untersucht worden ist oder die Aufgabe auf die Untersuchung keinen Einfluss hat und damit nicht untersucht werden muss.
- Sind alle Aufgaben einer Zeile abgeblockt, wird die zugehörige Oberaufgabe diagonal abgestrichen. Am folgenden Beispiel heißt das, dass die Aufgabe 11 abgestrichen wird, sobald die Teilaufgaben 111–113 erledigt sind (siehe Abb. 12).

3.3.1.1.2 Beobachtungstechniken

1. Dokumentenstudium

Durch das Dokumentenstudium werden Informationen gesammelt, die zu früheren Zeitpunkten erfasst, analysiert und niedergeschrieben worden sind. Die Stärke dieser Technik liegt im Vergleich der eigentlichen Dokumentation mit den Abweichungen, die tatsächlich entstanden sind. Es wird erkennbar, in welchen Bereichen die kritischen Punkte liegen könnten in der Aufnahme eines Zustandes und den zu erwartenden Ereignissen.

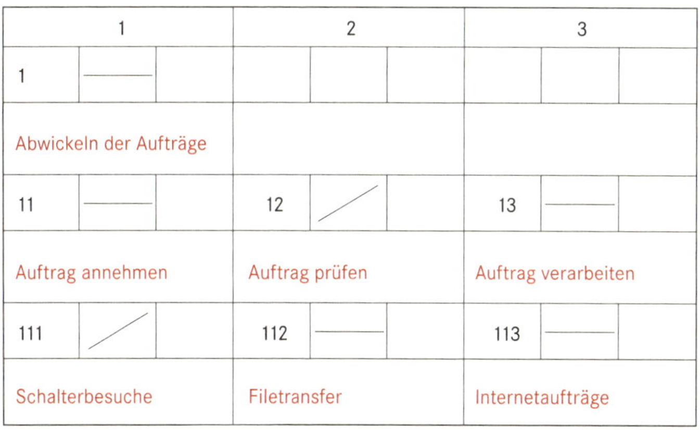

Abb. 12: Rasterblatt

2. Multimomentaufnahme

Bei der Multimomentaufnahme handelt es sich um ein Stichprobenverfahren, bei dem aus einer Vielzahl von Beobachtungen statistisch gesicherte Mengen- und Zeitangaben abgeleitet und auf die aktuelle Situation umgeleitet werden.

Anwendungsgebiete

Die geeignetsten Anwendungsgebiete für die Multimomentaufnahme sind:

- Arbeitsauslastungsstudien,
- Störungsermittlung von Arbeitsabläufen,
- Ermittlung von Teilaufgaben innerhalb eines gesamten Arbeitsaufwandes,
- Studien zur Verteilung von Aufgaben,
- Ermittlung des logistischen Aufwandes für die Bereitstellung eines Produkts zwischen den einzelnen Abteilungen,
- Erstellen von Tätigkeits- und Auslastungsgrafiken in Form der durchschnittlichen Auslastung.

Vorbereitung

Zur Durchführung einer Multimomentaufnahme müssen ein paar Regeln sowie das Vorgehen beachtet werden:

- Die betroffenen Mitarbeiter müssen über den Grund und den Zweck der Aufnahme sowie über die Vorgehensweise während der Studie informiert sein.
- Die ausgewählten Beobachter müssen untereinander und mit dem Auftraggeber bekannt gemacht werden, um damit das nötige Vertrauensverhältnis aufzubauen.
- Den Beobachtern muss der gesamte Standardablauf, die Arbeitsmethodik, die verwendeten Geräte und Hilfsmittel sowie die bekannten Einfluss- und Störfaktoren bekannt sein.

Beobachtungselemente und Zustände

- Abhängig vom Zweck der Aktion können die beobachteten Elemente und Zustände unterschiedlich sein. Es kann sich dabei um Personen, Arbeitsplätze, Arbeitsgeräte, Hilfsmittel und Tätigkeiten handeln. Auch über die Zustände muss informiert werden.

Beispiel:
Es wird die Auslastung der Mitarbeiter und Mitarbeiterinnen in der Abteilung des Call-Centers untersucht. Die Anzahl der Telefonate sowie der durchschnittlichen Bearbeitungszeit pro Anruf werden ermittelt. Festgehalten werden muss auch die Belastung der schriftlichen Bearbeitung von Problemen des Kunden sowie der innerbetriebliche administrative Aufwand der einzelnen Mitarbeiter. Es werden dabei alle 12 Mitarbeiter untersucht. Die Zeiten, in denen die Telefone besetzt sein müssen, sind von 7 bis 19 Uhr. Während der Mittagszeit (11 bis 14 Uhr) werden die Telefonlinien von 12 auf 9 reduziert.

Zeitplan

Um eine große Häufigkeit der Untersuchungen zu erreichen, die untereinander in Relation gesetzt werden können, muss ein Zeitplan festgesetzt werden. Die Intervalle der Beobachtungen sind dabei von den zu überwachenden Elementen abhängig. Die Art der Untersuchung hat auf das Intervall aber keinen Einfluss. Die Untersuchungen müssen zu verschiedenen Tageszeiten durchgeführt werden. Einerseits kann das Resultat der zu untersuchenden Elemente innerhalb eines Tages stark schwanken und andererseits verunmöglicht es den beobachteten Personen, sich auf die Untersuchungen vorzubereiten und durch atypisches Verhalten die Untersuchungen zu beeinflussen und zu verfälschen.

Beispiel:
Für die Untersuchung des Call-Centers ist es wichtig, die Auslastung über verschiedene Zeiträume des Tages zu beobachten um feststellen zu können, ob die Verfügbarkeit der Mitarbeiter am Telefon eingeschränkt oder erweitert werden muss. Würde die Untersuchung immer um 9 Uhr und um 15 Uhr stattfinden, können sich die Mitarbeiter darauf vorbereiten und Aus- bzw. Überlastung demonstrieren, während diese in den übrigen Zeiten eher unterbeschäftigt sind.

Reihenfolge und Aufnahme

Für die Aufnahme der Untersuchungen wird den Beobachtern ein Formular zur Verfügung gestellt, um eine einheitliche Aufnahme und Auswertung gewähren zu können. Für die Auswertung der Situationen wird eine Reihenfolge der zu beobachtenden Situationen festgelegt, die immer eingehalten werden muss.

Beispiel einer Multimomentaufnahme

Rundgang			Anzahl der Tätigkeiten			
Nr.	Datum	Zeit	Telefone	Bearbeitung	Administration	Total
1	01.03.	10.00	8	3	1	12
2	02.03.	14.15	6	2	4	12
3	03.03.	15.45	10	2	0	12
4	04.03.	09.00	6	5	1	12
5	05.03.	10.45	7	4	1	12
6	08.03.	16.00	5	3	4	12
7	09.03.	07.00	3	6	3	12
8	10.03.	18.00	2	6	4	12
9	11.03.	12.00	4	5	3	12
Total			**51**	**36**	**21**	**108**

3.3.2 Zielformulierung

Ein Ziel stellt eine Vorgabe oder Bedingung dar, die bei Erreichen eines bestimmten Zeitpunkts erfüllt sein muss. Beim Erreichen des Meilensteins muss unabhängig davon kontrolliert werden können, ob das Ziel in quantitativer und qualitativer Hinsicht erfüllt worden ist oder auf den Endzeitpunkt hin erreicht werden wird.

Die Zielformulierung bildet die Grundlage für die nachfolgenden Konzeptions- und Spezifikationsschritte. Sie enthält deshalb alle für die Lösungssuche relevanten Aspekte. Neben den Beschreibungen, was erreicht werden soll, enthält es auch Informationen, welche Aspekte oder Vorgaben als Rahmenbedingungen gesetzt sind. Für die Zielformulierung sollten die folgenden Grundsätze berücksichtigt werden:

Grundsätze

- Ziele sollen lösungsneutral formuliert sein und keinesfalls Lösungen vorgeben oder mögliche Lösungen ausschließen. Die Ziele dürfen auch keine Produkte, Lieferanten oder Konkurrenten bevor- oder benachteiligen.
- Wird für einen Bereich oder eine Funktion kein Ziel formuliert, lässt man damit der Projektgruppe die volle Freiheit in der Gestaltung und Interpretation, deshalb muss die Zielformulierung in sich geschlossen und vollständig sein.
- Wenn alle positiven Ziele definiert worden sind, müssen auch die negativen Ziele definiert werden. Legen Sie auch Ziele fest, die festhalten was vermieden werden muss und welche negativen Auswirkungen auf das Firmenimage, die Ökologie, Ökonomie oder bestimmte Arbeitsabläufe zu berücksichtigen sind.
- Definieren Sie operationale Ziele. D.h., die Ziele müssen verständlich, klar, eindeutig, beurteilbar und messbar sein.
- Auch wenn die Lösung noch nicht ersichtlich ist, müssen die Ziele realistisch sein. Es sollen keine Ziele, die nach dem heutigen Ermessen nicht oder nur schwerlich erreichbar sind, definiert werden.

Zielkategorien und Zielgewichtung

Bei der Zielformulierung ist es oft schwierig, eine eindeutige und unmissverständliche Zieldefinition zu umschreiben. Es gibt selbstverständlich auch Ziele, welche nicht unter allen Umständen erreicht werden müssen. Für die Zielsetzungsgruppe muss auch nicht jedes Ziel mit der gleichen Priorität erreicht werden. Dazu ist der Aspekt zu betrachten, dass nicht alle Ziele miteinander in Relation gesetzt werden können, da es sich um verschiedene Zieltypen handelt. Es ist deshalb unabdingbar, die Ziele verschiedenen Kategorien zuzuteilen und in Ziele zu unterteilen, die erreicht werden müssen und bei welchen Zielen eine Erreichung wünschenswert wäre.

Muss-Ziele

Wird ein Ziel als zwingend definiert, muss man sich bewusst sein, dass ein Scheitern dieses Ziels gleichzeitig ein Scheitern des Projekts bedeutet. Vorschriften, Normen, Gesetze sind immer Muss-Ziele, da ein Projekt nur dann sinnvoll ist, wenn die vorgegebenen Punkte erfüllt werden. Welche nachteiligen Folgen können durch die Erreichung eines Muss-Ziels auftreten und in welcher Form kann diesen entgegengetreten werden? Enthält die Firma Superbike z.B. die gesetzliche Auflage, dass Halogenlampen verwendet werden müssen, kann dies unter Umständen bedeuten, dass der bisherige Lieferant für die Fahrradbeleuchtung nicht mehr berücksichtigt werden kann. Besteht ein Lieferantenvertrag, der zuerst gekündigt werden muss? Das ist ein Beispiel eines Nachteils aus den gegebenen Muss-Zielen. Ein weiterer wichtiger Punkt, der überprüft werden muss, ist die Prüfung auf Zielkonflikte. Muss-Ziele können sich widersprechen und dadurch zum Scheitern des Projekts führen. Handelt es sich um Wunschziele, müssen entsprechende Korrekturen vorgenommen werden, damit alle Ziele erreichbar bleiben.

Ziele	Z1	Z2	Z3	Z4	Z5	Z6	Z7	Z8
Z1								
Z2	u							
Z3	g	u						
Z4	i	z	i					
Z5	i	g	g	i				
Z6	u	i	i	i	z			
Z7	z	i	i	g	i	g		
Z8	u	i	u	z	i	i	i	

Legende:
u = unterstützend
i = irrelevant
g = gegenläufig
z = Zielkonflikt

Abb. 13: Zielverhältnis

Behandeln von Zielkonflikten

Ein besonderes Augenmerk muss auf die Zielkonflikte gerichtet werden, da es sich um Ziele handelt, die mit einem anderen Ziel in Widerspruch stehen. Auch wenn es sich um Wunschziele handelt, sollten die betreffenden Ziele überdenkt und neu definiert oder aus den Anforderungen gestrichen werden. Bei Muss-Zielen versteht es sich von selbst, dass diese geändert werden müssen, da sie andernfalls das Projekt bereits beim Start vereiteln.

Beispiel:
Eine Fluggesellschaft entscheidet sich aus Kosten- und Gewichtsgründen, bei der Anschaffung ihrer Flugzeuge auf die Schubumkehr zu verzichten. Dieselbe Fluggesellschaft hat in ihrem Flugplan eine Flugdestination aufgenommen, die den Anflug von Flugzeugen ohne Schubumkehr verbietet. Es handelt sich dabei um einen Zielkonflikt, der die Anschaffung dieser Flugzeuge verhindert, weil sie trotz des publizierten Flugplans die erwähnte Destination nicht mehr gewährleisten können.

Gegenläufige Ziele

Die gegenläufigen Ziele müssen in Hinsicht auf eine Optimierung betrachtet werden. Es handelt sich dabei um eine Zielrelation die in gegensätzliche Richtungen weisen. Sollte kein Optimierungspotenzial gefunden werden, können die Ziele sehr wohl stehengelassen werden. Im Verlaufe des Projekts sollte das Augenmerk verstärkt auf diese Ziele gerichtet werden, da sich darin ein Risikopotenzial verbirgt.

Beispiel:
Die Geschäftsleitung der Firma Superbike beschließt, die Kundennähe zu verbessern, indem den regionalen Zwischenhändlern ein persönlicher Kundenbetreuer zugeteilt wird. Gleichzeitig setzt die Verkaufsabteilung das Ziel, dass die Kundenbetreuer die größten Kunden kennen und damit überregional beratend eingesetzt werden können. Es muss sich dabei nicht um einen Zielkonflikt handeln, sondern lediglich um ein gegenläufiges Ziel. Besteht die Forderung der Verkaufsleitung nur darin, in Krisensituationen Verkäufer aus Abteilungen zu beziehen, die anderen Regionen zugeteilt sind, können diese Ziele in dieser Form bestehen bleiben, sofern die Bedingungen einer Krisensituation klar definiert sind.

Unterstützende Ziele

Die unterstützenden Ziele, bieten das Potenzial, um für die Zielforderungen einen verstärkten Rückhalt zu geben. Diese Ziele unterstreichen in der Argumentation gegenüber Dritten den Sinn und die Zweckmäßigkeit der Ziele und betonen die Synergien, die aus den Zieldefinitionen entstehen.

Beispiel:
Der IT-Bereich der Firma Superbike setzt das Ziel, eine neue Software einzukaufen, um der Abteilung für Qualitätssicherung die Arbeit zu erleichtern. Die Qualitätsabteilung fordert, dass die Mitarbeiter für den Einsatz der Software in eine externe Schulung geschickt werden.

Schließen zwei Muss-Ziele sich gegenseitig aus, besteht bereits bei der Zielformulierung die Basis, die das Projekt vereitelt. Mit der Definition von Muss-Zielen muss sehr selektiv umgegangen werden und sollte auf Ziele beschränkt werden, welche auch tatsächlich keine Alternative zulassen.

Tipp

Auf lange Frist gesehen ist es von Vorteil, sehr wichtige Ziele nicht als Muss-, sondern als Wunschziele mit höchster Priorität zu behandeln.

Alle anderen Ziele, die nicht Muss-Ziele sind, werden als Wunschziele definiert. Um dem Projektteam den Handlungsspielraum einzuschränken, müssen die Wunschziele priorisiert werden. Die Priorisierung der Ziele unterbindet zudem die Gefahr, dass Unklarheiten vorliegen und stillschweigend Annahmen getroffen werden können. Die Ziele müssen unterschieden werden in Kategorien, welche nur erfüllt werden müssen, wenn entscheidende Tatsachen oder Umstände vorliegen, die eine Realisierung unsinnig machen. Eine weitere Gruppe bilden die Nice-to-have-Ziele. Die Wunschziele sind noch zu unterteilen in Wünsche, die nicht unbedingt notwendig sind und solchen, die in einer späteren Phase ergänzt werden können. Damit keine Zielkonflikte entstehen, müssen die betreffenden Ziele mit unterschiedlichen Zielgewichtungen versehen werden, damit für die Projektgruppe der Handlungsspielraum, welche Ziele zu priorisieren sind, eingeschränkt wird.

Sensibilisierung der Wunschziele

Um eine vollständige Zieldefinition zu erreichen, ist es sinnvoll, die Ziele bestimmten Funktionen zuzuteilen. Die Erstellung einer Zielhierarchie bestätigt die Umschreibungen innerhalb des Wunschzettels, bei dem bereits vorgängig eine grobe Bestimmung vorgenommen wurde, um die Basis der Wünsche oder Forderungen ergründen zu können. Auf der sachlichen Ebene unterstützt die Zielhierarchie die vollständige und systematische Abdeckung der Anforderungen. Mit der Erstellung einer Zielhierarchie besitzt man ein Instrumentarium, das die Gewissheit gibt die Bedürfnisse vollständig betrachtet zu haben.

Sinn einer Zielhierarchie

Die Abb. 14 stellt den Ansatz eines Beispiels einer systematischen Zielhierarchie dar. Ausgehend von den Grobzielen wird eine Unterteilung in Systemziele und Vorgehensziele vorgenommen. Die Vorgehensziele definieren, mit welchen Mitteln, welchem Vorgehen und welchen Rahmenbedingungen die Grobziele erreicht werden sollen. Die Systemziele definieren die aus den Grobzielen abgeleiteten notwendigen Ziele, welche für ein erfolgreiches Projektmanagement erreicht werden müssen.

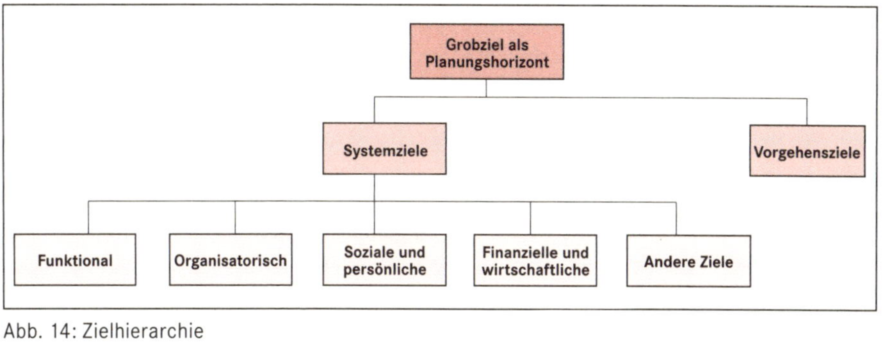

Abb. 14: Zielhierarchie

Beispiel eines Zielschemas

Das folgende Beispiel eines Zielschemas für betriebsinterne Projekte ist der Schulung für Projektmanagement, Teamführung und Methodik der Stiftung BWI in Zürich, 1994 entnommen:

Zielschema

1. Zu berücksichtigende Unternehmensziele

- Unternehmensform (rechtlich),
- Führungsprinzip, Organisationsform,
- Unternehmensbereiche, Funktionsbereiche, Linienbereiche (Organigramm),
- Geschäftsphilosophie (Umsatz, Gewinn, Qualität, Image, Finanzierung, Unabhängigkeit etc.).

2. Markt- und kommerzielle Ziele

- Produkte- und Dienstleistungssortiment,
- Kundenkategorien,
- Absatzmärkte (geographisch),
- Absatzmengen, Marktanteile für einzelne Produkte und Dienstleistungen,
- Vertriebswege und Vertriebsorganisation, Serviceorganisation,
- Preispolitik (Hochpreis, Tiefpreis, Stellung gegenüber Konkurrenz),
- zulässige Lieferfristen für die einzelnen Produkte,
- Qualitätsziele.

3. Anwendungstechnische und funktionale Ziele

- Gewünschte Funktionen (technische, organisatorische etc.),
- Leistung,
- Funktionsgenauigkeit, Qualität,
- Gewicht, Volumen, Dimension,
- Lebensdauer,
- Störanfälligkeit, Verfügbarkeit,
- Sicherheit, Schutz (Vorschriften),
- Personalbedarf,
- Bedienung, Komfort, Ergonomie,
- Energieverbrauch,
- Umweltverhalten (Verträglichkeit, Normen, Gesetze, Ver-/Entsorgung),
- Aussehen, Ästhetik,
- Wartung, Reparatur, Service,
- Raumanforderung und Raumprogramm.

4. Produktionsziele

- Produktionsorte (geographisch),
- Produktionstiefe (Anteil Eigenproduktion und Zukauf),
- Produktionstechnik, Technologie (konventionell, neu, automatisiert etc.),
- Organisation der Produktion (Organigramm),
- Kapazität und Auslastung,
- Produktionsmengen (Produktionsprogramm pro Jahr, Losgrößen etc.),
- Personal, Arbeitsplätze (Anzahl, Anforderungen etc.),
- Raum- und Flächenbedarf, Reserven,
- spezielle Einrichtungen.

5. Logistikziele

- Materialbeschaffung (Einkaufs- und Lieferantenpolitik etc.),
- Lagerhaltung (geographisch, eigene Miete, in Zusammenarbeit, zentral etc.),
- Lagerarten (Rohmaterial, Fremdteile, Halbfabrikate, Fertigprodukte etc.),
- Gebindearten: Paletten, Fässer, Stangen, Sperrige Güter (Mengen),
- Auftragsabwicklung und Kommissionierung (Anforderungen, Organisation etc.),
- Materialfluss und Warenverteilung (intern und extern),
- Informationsfluss und Datenstrukturen (Mengengerüst),
- Lagerbedingungen (Temperatur, Feuchte, Korrosionsschutz etc.).

6. Forschungs- und Entwicklungsziele

- F + E intern oder extern,
- Patente, Lizenzen,
- Know-how Beschaffung und Benützung.

7. Finanzielle und wirtschaftliche Ziele

- Finanzierung (eigene, fremde etc.),
- Projektkosten, Investitionen,
- Produktkosten,
- Wirtschaftlichkeit (Betriebskosten pro Jahr, Herstellkosten, Paybackzeit, ROI, interner Zinssatz, Gewinn, Ertrag, Überschuss etc.).

8. Terminziele

- Phasentermine,
- Endtermine.

9. Übrige Ziele

Die Priorisierung der Wunschziele ist eine wichtige Grundlage der Zielsetzungsgruppe. Auf der Basis der Zielpriorisierung wird das Projektteam das Projekt aufsetzen und in die geforderte Richtung steuern.

Musterformular zum Zielkatalog

<table>
<tr><td rowspan="5">Firma:</td><td colspan="2">Zielkatalog</td><td>Dok.-Nr.:</td></tr>
<tr><td>Projekt/Systemkomponente:</td><td>Kurzz:</td><td>Datum:</td></tr>
<tr><td colspan="2">Phase:</td><td>Sachbearbeiter:</td></tr>
<tr><td colspan="2">Zielobjekt:</td><td>Seite Nr.:</td></tr>
<tr><td colspan="2">Allgemeine Zielformulierung:</td><td></td></tr>
</table>

Zielklasse/Zielunterklasse	Zielformulierung unter Verwendung der Maßstäbe	Bedingung/ Restriktion	Priorität	Beilage

Checkliste

Zielkatalog

Finanzziele:

- ✔ Wirtschaftlichkeitserfordernisse
  Ziele, welche die Kosten und die finanziell messbaren Erträge beinhalten. Sie werden z. B. ausgedrückt in Kennziffern wie laufende Kosten, Kosteneinsparungen, Return on Investment, Payback-Periode u. a.;
- ✔ Beanspruchung der Liquidität (z. B. Investitionsbetrag).

Funktionsziele:

- ✔ Leistung bzw. Funktionalität eines Systems;
- ✔ Sicherheitsaspekte;
- ✔ Qualitätsaspekte;
- ✔ Flexibilität hinsichtlich der Bewältigung kurzfristiger Belastungsspitzen oder Anpassungsfähigkeit bei Eintritt unvorhersehbarer Veränderungen;
- ✔ Schnittstellengestaltung, um ein System mit einem oder mehreren anderen verbinden zu können;
- ✔ Service- und Unterhaltsaspekte;
- ✔ Autonomie- bzw. Abhängigkeitsaspekte u. a. m.

Personalziele:

Alle Ziele, welche gewünschte oder unerwünschte personelle Auswirkungen zum Inhalt haben, wie z. B.

- ✔ Personalunabhängigkeit,
- ✔ Bedienungsfreundlichkeit, Ergonomie, Arbeitsbedingungen,
- ✔ Personalqualifikation.

Soziale und gesellschaftliche Ziele:

- ✔ Ziele, die sich auf die Beachtung ökologischer Auswirkungen richten (Umweltbelastung/Entsorgungsfreundlichkeit);
- ✔ Ziele allgemeiner sozialer Natur.

Projektablaufziele/Vorgehensziele:

- ✔ Terminmeilensteine;
- ✔ Budgetziele;
- ✔ Ziele betr. Beanspruchung von Personal;
- ✔ unternehmenspolitische Ziele.

3.3.2.1 Synthese-Analyse

Sinn einer Zielhierarchie

Aufgabe der Synthese und Analyse

Die Synthese und die Analyse sind Bestandteile des Problemlösungszyklus. Die Schrittfolge Synthese und dann Analyse ist der zentrale und kreative Teil des Problemlösungszyklus. Sie soll Lösungsvarianten erbringen, deren prinzipielle Tauglichkeit hinsichtlich Kosten, Nutzen und Durchführbarkeit geprüft wurden und über deren Vorzüge und Priorisierung im Schritt Bewertung und Entscheidung entschieden wird. Die Aufteilung des Vorgehens in Synthese und Analyse fördert den Kreativitätsprozess. Ansonsten besteht die Gefahr, dass Ideen sofort analysiert und bewertet werden, was den Kreativitätsprozess unterbricht. Vergleichbar mit der Meditation wird die Dynamik und der Fluss der Energien unterbrochen. Ein Unterbruch des Energieflusses führt nämlich dazu, dass die Stimulierung, d.h. die Vorarbeit auf die emotionale Sensibilisierung und den Fluss dieser Energien unterbrochen wird und im Anschluss wieder von neuem aufgenommen werden muss. Dadurch werden unnötige Energien verschwendet und stehen der Kreativität nicht mehr zur Verfügung.

In der Synthese-Analyse können die folgenden Schritte unterschieden werden:

- Lösungsfindung,
- Optimierung von Lösungen,
- Analyse von Lösungen.

Synthese

Ziel der Synthese

Die Synthese beruht auf der Verbindung aller bestehenden Informationen, die beschafft worden sind, um im kreativen Sinne Veränderungen herbei zu führen und die bestehende Situation zu optimieren, Probleme zu lösen oder zu verhindern und Wünsche einfließen zu lassen. Sie hat den Zweck, auf den Ergebnissen der Situationsanalyse (vor allem Situationskenntnis, Problemverständnis, Problem-Ursachen-Analyse) und der Zielformulierung aufbauend, Lösungsvarianten zu erarbeiten, die den Detaillierungsansprüchen der jeweiligen bearbeiteten Projektphase entsprechen. Die Synthese ist der konstruktive, kreative Schritt im Problemlösungszyklus.

Kreativität

Bei der Generierung von Lösungsvarianten verlässt man den Bereich des abstrahierenden und neutralen Denkens und macht sich auf den Weg der Lösungssuche. Unabhängig von Begabung, Ausbildung oder Charakter steckt in jedem Menschen die Fähigkeit, kreativ zu sein bzw. Neues zu entdecken. Da in unserer Gesellschaft vermehrt das Denken mit dem Kopf gelernt worden ist, also Situationen rational zu betrachten, sind die Fähigkeiten, spontan und unvoreingenommen aus dem Bauch zu entscheiden, eher verkümmert. Um diese Möglichkeiten zu aktivieren, bedienen wir uns heute Kreativitätsmethoden. Diese zielen darauf ab, das spielerische Moment zu wecken und rationale Prozesse zu minimieren oder im optimalen Fall auszuschalten. In diesem Buch werden die drei heute gebräuchlichsten Ansätze vorgestellt. Für weitere und fundiertere Informationen gibt es heute ein weites Segment an Fachliteratur. Zu diesem Thema sind im Literaturverzeichnis einige Beispiele aufgeführt.

3.3.2.1.1 Brainstorming

Ziel des Brainstormings

Beim Brainstorming handelt es sich um die wohl bekannteste und am häufigsten praktizierte Methode. Dabei wird die Kreativität angeregt, um möglichst spontane Ideen hervorzubringen, ohne irgendeine Bewertung vorzunehmen. Diese Ideen werden für alle Teilnehmer aufgelistet. Durch die Visualisierung wird erreicht, dass andere Teilnehmer durch die niedergeschriebenen Ideen neu inspiriert werden und dadurch wiederum neue und unkonventionelle Ideen zu Tage treten. Auf dem Weg vom Brainstorming zur Kreativität liegen drei Ebenen, die einen maßgeblichen Anteil an der Erreichung einer möglichst großen Bandbreite von Lösungsvorschlägen haben. Im Brainstorming müssen zwingend einige elementare Regeln eingehalten werden.

Grundregeln

- Es sind keine verbalen oder nonverbalen Gesprächskiller erlaubt (z.B. Kopfschütteln, Abwinken, ab- oder einschätzende Bemerkungen).
- Der Phantasie soll freien Lauf gelassen werden (unkonventionelle Ideen sind erwünscht).
- Quantität ist entscheidend, Qualität ist zu diesem Zeitpunkt unbedeutend.

Aufgaben des Leiters

- Zusammenstellen einer heterogenen Gruppe (keine Querschläger und Besserwisser);
- Moderator und Sekretär bestimmen (Der Moderator und Sekretär protokolliert nur, sie beteiligen sich nicht aktiv am Prozess und entscheiden auch nicht, welche Ideen notiert werden und welche nicht);
- für den Prozess wird eine Zeitdauer festgelegt (erfahrungsgemäß liegt dieser etwa im Bereich von 20–30 Minuten);
- vor dem Beginn muss das Problem klar formuliert sein und alle Teilnehmer müssen sich des Problems bewusst sein;
- die Ideen werden laufend für alle sichtbar aufgeschrieben;
- geäußerte Ideen werden nicht diskutiert oder kritisiert;
- bei einer ersten Ermüdung neue Impulse liefern;

- ist die Entstehung neuer Ideen erschöpft, den Negativitätsprozess einleiten;
- wird entschieden, dass die Phase Brainstorming beendet ist, werden die Ideen gruppiert;
- die gruppierten Ideen werden bewertet und unbrauchbare ausgeschieden;
- die brauchbaren Ideen werden weiterverfolgt.

Negativität

Erfahrungen zeigen, dass jeder Mensch ein bestimmtes Potenzial an Schadenfreude besitzt. Dieses birgt eine ungeahnte Kreativität, um zerstörerisch, behindernd oder verhindernd Einfluss zu nehmen. Werden während des Brainstormings Ideen gesammelt, wie eine gestellte Aufgabe »sabotiert« werden kann, treten Ideen auf, die durch die Umkehrung ins Positive völlig neue Blickwinkel ergeben können.

Beispiel:
In einer Brainstorming-Sitzung werden Ideen gesucht, wie die Lebensdauer eines Automotors verlängert werden kann. Nachdem die Ideen versiegt sind, leitet der Moderator die Negativität ein. Als Impuls sucht er Ideen, wie die Lebensdauer eines Motors verkürzt werden kann. Eine Idee lautet, dass er auf der Autobahn im fünften Gang in den Rückwärtsgang schalten würde. Daraus entsteht die Idee, dass als vorbeugende Maßnahme zur Verringerung der Laufzeit eine Sperre eingeschaltet wird und nur im Stillstand der Rückwärtsgang benutzt werden kann. Ein Zweiter hat die Idee, dass er so lange mit einem Hammer auf den Motor einschlagen würde, bis dieser nicht mehr funktionstüchtig wäre. Daraus folgte die Ableitung, dass der Motor frei schwingend aufgehängt werden soll, damit Schläge und Erschütterungen die Lebensdauer des Motors nicht unnötig verkürzen.

Grobablauf

In einer ersten Phase werden in Workshops oder Ad-hoc-Teams Ideen gesammelt. Durch die Sammlung der Ideen in einer Gruppe werden Synergieeffekte erzielt. Durch die Möglichkeit, dass alle die bereits notierten Ideen im Blickpunkt haben, können sich aufgrund der bereits notierten Ideen weitere Ideen entwickeln. Ist die Ideensammlung erschöpft, kann diese durch neue Impulse wieder neu aufgefrischt werden oder durch den Prozess der Negativität kann versucht werden, aus einer konträren Sicht die Sammlung der Ideen zu vervollständigen. Abschließend werden aus diesen kreativen Ideen die Lösungsvorschläge ausgearbeitet und zusammengestellt.

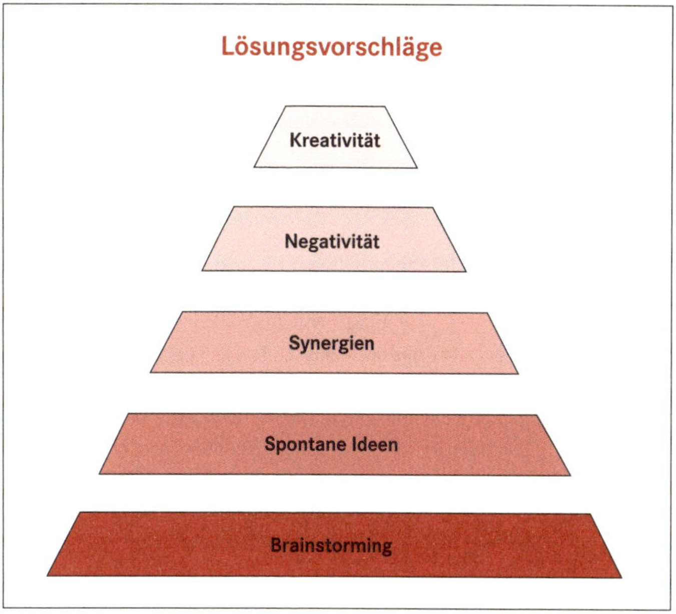

Abb. 15: Brainstorming-Pyramide

3.3.2.1.2 Brainwriting

Von der Grundidee her entspricht das Brainwriting dem Brainstorming. Der Gegensatz liegt in der Form. Die Ideen werden von allen Beteiligten für sich alleine notiert und formuliert. Zur Anregung und Ergänzung werden die Ideen an die anderen Beteiligten verteilt oder verschickt. Tendenziell kommen weniger Ideen aufs Papier als beim Brainstorming, die Ideen als solches werden jedoch dafür meistens konkreter ausformuliert. Ein Vorteil ist, dass die Angst, sich vor einer Gruppe eine Blöße zu geben, kleiner ist.

3.3.2.1.3 Synektik

Ziel der Synektik

Bei der Synektik geht man von Funktionen und Problemstellungen aus, versucht diese zu vereinfachen und entsprechend umzuformulieren. Mit dieser verallgemeinerten Funktion geht man in einen völlig fremden Bereich als dem eigentlichen Problembereich (z. B. Natur oder Biologie) und sucht dort nach Lösungen für die verallgemeinerte Situation. Werden Lösungen gefunden, müssen diese wiederum mit einigen Stichworten verallgemeinert werden, um dann in den eigentlichen Problemkreis zurückzukehren und nach allgemeinen, analogen oder ähnlichen Lösungen zur Umschreibung des Problems zu suchen.

Beispiel:
Ein klassisches Beispiel der Synektik bildet die Fliegerei. Um herauszufinden, wie ein Flugzeug fliegen kann, löste man das Problem der Tragfläche aus dem Problembereich heraus, vereinfachte es und wandte sich den Vögeln zu, um ganz allgemein zu definieren, warum die Vögel fliegen können. Klassisches Beispiel dabei sind die ersten Fluggefährte, deren Flügel sich auf- und niederbewegten.

3.3.2.1.4 Morphologischer Kasten

Sinn des morphologischen Kastens

Die Morphologie wurde vom Schweizer Forscher F. Zwicky zur Problemlösungstechnik abgewandelt. Mit dieser soll das unvollständige fixierte Denken vermieden werden. In der Tabelle können alle logisch denkbaren Formen und Möglichkeiten zur Lösung eines Problems abgeleitet werden. Durch die Verwendung dieser Technik entsteht ein gesamtheitlicher Überblick aller möglichen Lösungsvarianten sowie deren Vor- und Nachteile. Mit dem morphologischen Kasten sollen Priorisierungen einzelner Varianten festgelegt werden, ohne dass bereits definitive Entscheide gefällt werden.

Vorgehen

- Das Problem wird als Stichwort umschrieben und dient als Überschrift des morphologischen Kastens.
- Alle Funktionen, die für das Problem eine Bedeutung haben, werden systematisch gesucht und aufgelistet. Die Funktionen dürfen sich nicht überschneiden und müssen voneinander unabhängig sein.
- Zu jeder aufgeführten Funktion werden mögliche Lösungen gesucht. Es soll sich oder kann sich um Lösungen mit qualitativem oder quantitativem Charakter handeln. Nicht jede Funktion muss die gleiche Anzahl mögliche Lösungen beinhalten.
- Mögliche Alternativen zu gesamtheitlichen Lösungsvarianten werden ausgearbeitet.
- Die definierten Alternativen werden bewertet.

Rein theoretisch ergäbe sich die Variante 1 (vgl. Abb. 16) als die richtige Lösung. Nur hält diese Variante einer näheren Betrachtung nicht stand. So kann ein Sieben-Tage-Betrieb nicht mit einer Schicht durchgeführt werden. Die Aufgabe ist jetzt, aus den ausgearbeiteten Alternativen die vernünftigste und optimalste Alternative zusammenzustellen.

3.3.2.1.5 Analyse

Vorgehen

Die Analyse ist der kritische, analytische Schritt im Problemlösungszyklus. Zweck der Analyse ist es zu prüfen, ob die kreativen Lösungsansätze aus der Synthese die an das Konzept gestellten An-

<table>
<tr><th colspan="14">Problem: Hotline ist überlastet</th></tr>
<tr><th>Funktionen</th><th colspan="13">Lösungsalternativen</th></tr>
<tr><td>Arbeitszeit</td><td colspan="3">7 Stunden①</td><td colspan="4">7,5 Stunden③</td><td colspan="3">8 Stunden②</td><td colspan="3">8,5 Stunden④</td></tr>
<tr><td>Tage pro Woche besetzt</td><td colspan="3">4③</td><td colspan="4">5②</td><td colspan="3">6④</td><td colspan="3">7①</td></tr>
<tr><td>Öffnungszeit</td><td colspan="2">8-17 Uhr①</td><td colspan="4">9-16 Uhr</td><td colspan="2">7-18 Uhr③</td><td colspan="3">6-20 Uhr④</td><td colspan="2">24 Stunden②</td></tr>
<tr><td>Schichten</td><td colspan="5">1①</td><td colspan="4">2③④</td><td colspan="4">3②</td></tr>
<tr><td>Mitarbeiter</td><td>5</td><td colspan="4">7③</td><td colspan="2">8①</td><td colspan="2">10</td><td colspan="3">12④</td><td>15②</td></tr>
<tr><td>Alternative</td><td colspan="4">①</td><td colspan="3">②</td><td colspan="3">③</td><td colspan="3">④</td></tr>
</table>

Abb. 16: Morphologischer Kasten

forderungen erfüllen bzw. ob wesentliche Schwachstellen vorliegen, die bestimmte Lösungsansätze relativieren oder gar ausschließen. Dies ermöglicht, auf der sachlich analytischen Ebene Verbesserungen an den Lösungskonzepten anzubringen. Für die Entscheidungsträger ist es zudem wichtig, dass eine Auswahl besteht. Nur eine mögliche Lösung zu präsentieren und vorzuschlagen, führt zu erweiterten Kosten, da niemand glaubhaft darstellen kann, dass nur eine Lösung durch den vorgegebenen Rahmen möglich ist. Natürlich wird eine Lösung zur weiteren Vertiefung oder Realisierung vorgeschlagen. Für den Entscheidungsträger ist es aber wichtig zu sehen, welche Möglichkeiten weiter untersucht worden sind, wo deren Vor- und Nachteile liegen und welche Gründe dazu führen, dass eine vertiefte Untersuchung oder gar der Ausschluss bestimmter Varianten nahegelegt wird.

Die Grundlagen für die Beurteilung der Lösungsvarianten bilden vor allem:

- die Muss-Ziele;
- wichtige Kann-Ziele;
- Rahmenbedingungen, Restriktionen.

Lösungsvarianten

Halten Lösungsvarianten den Prüfungen nicht stand, dürfen diese in der weiteren Bearbeitung nicht mehr berücksichtigt werden und entfallen aus der weiteren Konzeptarbeit. Sie müssen aber im Konzept als untersuchte Lösungsmöglichkeiten festgehalten werden mit der Angabe der Gründe, die zum Ausschluss aus der weiteren Konzeptarbeit geführt haben. Wie bereits erwähnt, ist es in der Verantwortung der Entscheidungsträger wie Auftraggeber oder Projektausschuss, welche Lösungen in der nächsten Variante weiterverfolgt werden sollen oder welche Lösung letztendlich zur Realisierung gelangt. Mögliche Anwendungstechniken in der Phase der Analyse werden in Kap. 4.4 detaillierter beschrieben.

3.4 Evaluation

3.4.1 Die Grundlage

In der Evaluationsphase bildet die Erstellung des Pflichtenhefts in Form eines Anforderungsprofils die Basis des Evaluationsprozesses. Auf dieser Basis kann die Ausschreibung (Einholen der Offerten) vorgenommen werden. Nachdem die Offerten eingegangen sind, kann die Auswahl der Angebote durchgeführt und die Entscheidung gefällt werden, welche Offerte den Zuschlag erhält.

Worum geht es?

Eine Evaluation beinhaltet die Arbeitsschritte des Grobkonzepts oder Projektauftrags, die Beurteilung und Bewertung der Offerten und die Selektion des Angebots, das auf das Grobkonzept am geeignetsten und wirtschaftlichsten zugeschnitten ist. Je nach der Beziehung zum Lieferanten fällt die Ausarbeitung der Verträge auch darunter. Grundsätzlich lassen sich alle Arbeitsschritte, von der Bedürfnisaufnahme bis zur rechtlichen Festlegung des Anbieters oder der Erstellung der Evaluation, darunter zusammenfassen.

Ziel der Evaluation

Das Ziel der Evaluation soll die Voraussetzung schaffen, welches die vollständigen, verständlichen und vor allem messbaren Anforderungen an das Projekt und die Evaluation sind. Der Projektauftrag soll noch die folgenden Voraussetzungen erfüllen, um eine sachliche Evaluation zu ermöglichen.

- Der Auftraggeber soll sich Klarheit verschaffen, wo seine Bedürfnisse und wo die Grenzen seiner wirtschaftlichen, finanziellen und personellen Ressourcen sind.
- Keine Lieferanten sollen übersehen oder vor Offertenerstellung ausgeschlossen werden.
- Alle Anbieter sollen eine faire und gleiche Ausgangslage für die Offertenerstellung haben.

Faktoren	Große Vorhaben	Mittlere Vorhaben	Kleine Vorhaben
Investitionskosten	Hoch	Mittel	Klein
Betriebskosten	Hoch	Mittel	Klein
Tragweite für das Unternehmen	Hoch	Mittel	Gering
Nutzen	Schwer definierbar	Definierbar	Bekannt
Neuigkeitswert	Hoch	Mittel	Klein (Standardprodukt)
Bestehende Alternativen	Viele	Einige	Wenige
Erfahrungen	Klein	Wenig	Viele
Aufwand Know-how-Transfer	Groß	Mittel	Klein
Supportangebot	Direkt	Direkt/Telefon	Telefon

- Alle eingegangenen Offerten müssen an den gleichen Kriterien und Maßstäben gemessen werden.
- Die Bewertung soll objektiv, transparent und nachvollziehbar sein, um die eingegangenen Angebote untereinander vergleichbar zu machen.

Evaluationsarten

Durch den Bedarf der externen Beschaffung von Lösungen, Produkten oder Dienstleistungen muss die Evaluation kategorisiert werden. Am geläufigsten werden die Vorhaben in große, mittlere und kleine Vorhaben unterteilt. Auf dieser Basis können die Konsequenzen der entsprechenden Vorhaben bestimmt werden.

Grundlage für eine Evaluation

Eine Evaluation soll durchgeführt werden, wenn die Beschaffung oder Investition der Gesamtlösung Teile der Lösung, Produkte oder Dienstleistungen innerhalb eines Projekts von externen Anbietern beschafft werden sollen. Die Gründe für eine externe Beschaffung können vielschichtig sein, wie zum Beispiel fehlendes Know-how, finanzielle Faktoren, fehlende personelle Ressourcen, externe Auflagen oder Terminvorgaben.

3.4.2 Vorgehen bei der Evaluation

Die Vorgehensweise einer Evaluation von externer Standardsoftware entspricht generell dem Vorgehen der Projektabwicklung. An erster Stelle steht ein abgeschlossenes Sollkonzept, das von den Entscheidungsträgern für den Evaluationsprozess freigegeben worden ist. Anhand dieses Konzepts wird ein Anforderungskatalog erstellt, der dem Auftraggeber erlaubt, die möglichen Lieferanten des Produkts zu eruieren. Dem Offertsteller dienen diese Informationen, um die Lösung zu offerieren, die es dem Auftraggeber wiederum ermöglicht, den Entscheid für die Auftragsvergabe zu fällen. Als Entscheidungsgrundlage wird auf der Basis des Anforderungskatalogs ein Kriterienkatalog erstellt, mit dem eine objektive Beurteilung der eingegangenen Offerten möglich ist. Sobald der Entscheid gefallen ist, wird dem gewählten Kunden der Vertrag zugestellt und den Offertstellern, die nicht berücksichtigt werden konnten, eine Absage erteilt.

Einbettung in das Phasenmodell

Bezogen auf das Phasenmodell wird eine Evaluation gestartet, wenn alle Informationen vorliegen, die für das zu evaluierende Produkt benötigt werden. Bei kleineren Projekten kann ein vorliegender Projektauftrag bereits ausreichen. Bei größeren Projekten kann dies auch erst nach Abschluss der Systemspezifikation der Fall sein. Gründe dafür, dass ein Produkt gekauft wird, können in den Bereichen der Kosten, der Ressourcen oder der Zeit liegen.

Kosten

Der Kostenfaktor bei einer internen Realisierung hat immer etwas nicht definitiv Greifbares zum Zeitpunkt der Freigabe. Wird das Produkt extern eingekauft, ist zum Zeitpunkt des Auftrags bereits definiert, wie

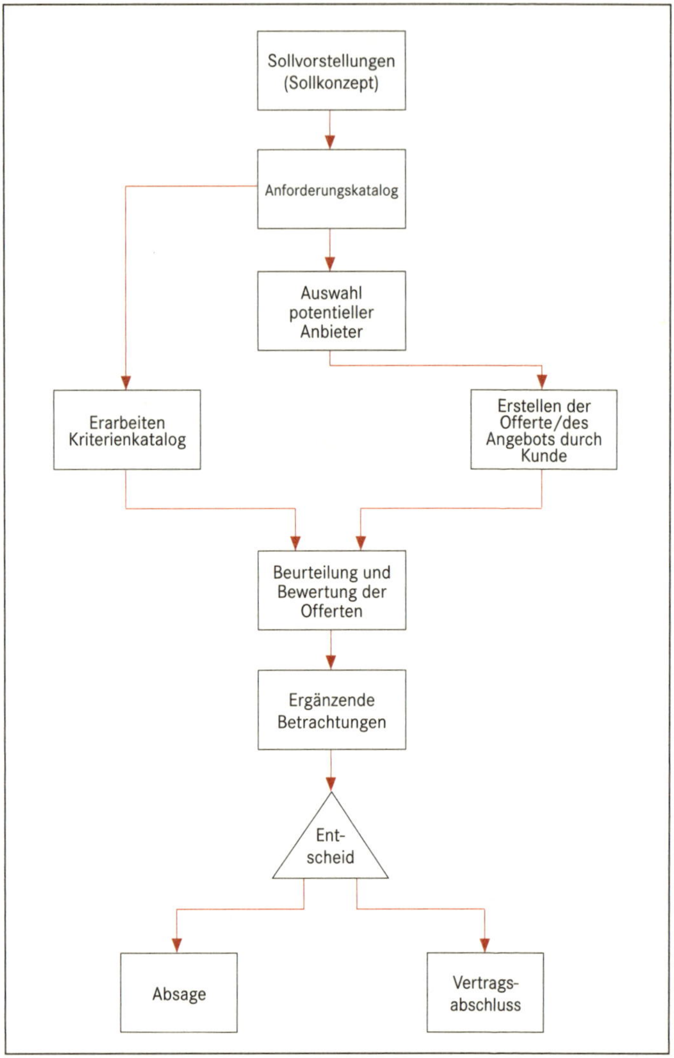

Abb. 17: Vorgehen bei der Evaluation

hoch die Kosten schlussendlich sein werden. Eine Ausnahme bilden die Schnittstellen, die intern für die Standardsoftware aufgebaut werden. Die Kosten sind nur dann definitiv, wenn keine Anpassungen am Standardsoftwarepaket vorgenommen werden müssen.

Manpower und Know-how

Soll eine Software intern realisiert werden, sind ausreichende personelle Ressourcen und Know-how wichtige Faktoren, die über Erfolg und Misserfolg entscheiden werden. Ist bei Erstellung des Projektauftrags bekannt, dass diese Ressourcen oder Know-how fehlen, wird bereits der Projektauftrag die Basis für die Evaluation bilden.

Termine

Sind die unveränderlichen Termine bekannt, die durch die Realisierung in eigener Regie nicht mit Sicherheit eingehalten werden können, kann das Einkaufen einer Standardsoftware die sicherste Lösung sein, um die Termine halten zu können. Aber auch hier dürfen die Schnittstellen und die Anpassungen nicht übersehen werden und müssen in der Terminierung großzügig mitberechnet werden.

Sollkonzept

Basis des Sollkonzepts oder der Hauptstudie bilden die Grundlagen, welche für die Erstellung des Pflichtenhefts benötigt werden. Man setzt sich dabei zum Ziel, die angestrebte Lösung so detailliert wie möglich zu definieren. Die folgenden Anforderungen und Funktionen müssen im Sollkonzept beschrieben werden:

- Arbeitsabläufe,
- Sachmittel,
- EDV-Hardwarekonfiguration,
- Informationen,
- Informationsverarbeitung,
- aufbauorganisatorische Maßnahmen.

Beschreibung des Sollkonzepts

Die Beschreibung muss lösungsneutral und unabhängig von Produkten oder Anbietern sein. Sie sollte durch eine Beschränkung der Neutralität oder einer Einschränkung von Produkten oder Lieferanten nicht mögliche Lösungen verbauen. Das Sollkonzept muss zu einem Zeitpunkt abgeschlossen werden, bei dem potentielle Anbieter noch nicht vorselektiert sind. Es besteht die Gefahr, dass man sich während des Sollkonzepts bereits Gedanken macht, wer die gewünschten Lösungen anbietet und das Konzept bewusst oder unbewusst darauf ausrichtet. Abgesehen davon, dass es Konkurrenten benachteiligt, beschränkt es die Qualität und Quantität des Konzepts und verunmöglicht dadurch eventuelle Lösungen, die optimaler auf die Unternehmung abgestimmt sind, mehr Effizienz oder einen besseren Kosten-Nutzen-Effekt erbringen würden.

Tipp

> Die Detaillierung des Sollkonzepts soll so präzise sein, dass alle notwendigen Informationen vorliegen, um ein vollständiges Pflichtenheft zu erstellen. Es muss ein Weg zwischen oberflächlicher Beschreibung und einer übertriebenen Detaillierung gesucht werden.

3.4.3 Pflichtenheft

Sinn und Zweck des Pflichtenhefts ist es, eine Grundlage zu schaffen, auf der Offerten eingeholt und beurteilt werden können. Mit dem Pflichtenheft sollten die folgenden Ziele verfolgt werden:

- Der Auftraggeber soll sich Klarheit verschaffen, welche Anforderungen erfüllt werden müssen, die an die zukünftige Lösung gestellt werden. Die Anforderungen in schriftlicher Form zwingen den Ersteller, seine Gedankengänge zu präzisieren und in analytischer und konzeptioneller Form aufzubereiten und ein ganzheitliches Bild zu schaffen.
- Durch das Pflichtenheft soll der Anbieter erkennen können, was von ihm erwartet wird. Er wird zudem aufgefordert, zu offenen Punkten oder Fragen konkret Stellung zu nehmen. Es ist darauf zu achten, dass das Pflichtenheft so formuliert ist, dass der Anbieter unangenehmen Fragen nicht ausweichen kann.
- Es soll die Basis geschaffen werden, um die erhaltenen Offerten auf einer einheitlichen Basis beurteilt und vergleichen werden können.

Aufbau und Inhalt des Pflichtenhefts

Die nachfolgende Tabelle beinhaltet systematisch aufgebaut die Information, die in einem Pflichtenheft enthalten sein müssen:

Inhaltlicher Aufbau des Pflichtenhefts

Die Firma »Muster« (Überblick, Zusammenfassung)		
Das Informatikprojekt (Überblick)		
Die EDV-Lösung	EDV-Einsatzgebiete (Überblick) Standardsoftware Individualsoftware Basissoftware	Betriebssoftware Netzwerksoftware Datenschutz und Datensicherheit
	Hardware (Überblick)	Server Arbeitsstationen Drucker Netz
Mengen und Häufigkeiten		
Anforderungen an die Offerte	Kosten	Hardwarekosten Basissoftware Standardsoftware Vertragliches Diverses
Terminplan		
Offertabgabe		

Tipp

> Der inhaltliche Aufbau ist flexibel. Er soll als Grundlage und Gedankenstütze dienen, um ein Eingehen auf und eine Anpassung an unternehmungsspezifische Anforderungen zu ermöglichen.

3.4.3.1 Anforderungen

Zusammenfassung

Die Zusammenfassung bietet einen Überblick für den eiligen Leser, für Leser, die nur für einen Teilbereich verantwortlich sind und, für Leser, für die die Aufgaben und Entscheidungsgrundlagen eine gewisse Relevanz aufweisen.

Einleitung

Beschreibung allgemeiner Aspekte des Kunden wie z. B.:

- Branche,
- Unternehmensart, Geschäftsform,
- Aufbauorganisation,
- Umsatz,
- Größe,
- geographische Lage,
- Produkte,
- Absatzgebiete,
- Kunden.

Ausgangslage/Anstoß für das Vorhaben

Kurzbeschreibung des Projektanstoßes

Situationsanalyse

Überblick über die heutige Situation bezüglich:

- Aufbauorganisation/Organigramm,
- Ablauforganisation/wichtige Arbeitsabläufe/Schlüsselprozesse,
- Informationsflüsse,
- Materialflüsse,
- technische Einrichtungen,
- Mengen und Häufigkeiten,
- Mängel und Schwachstellen etc. (Zusammenfassung der wesentlichsten Aussagen aus den Projektschritten Situationsanalyse, Erhebung/Analyse/Würdigung).

Zielsetzungen

Überblick über die Ziele für die Lösungssuche, z. B.:

- generelle Ziele (strategische Ziele),
- organisatorische Ziele (Aufbau-, Ablauforganisation),

- funktionale Ziele,
- Ziele zur Einführungsstrategie,
- Vorgehensziele,
- Wirtschaftlichkeitsziele,
- Einzelziele für jedes Arbeitsgebiet.

Sollkonzept

Detaillierte Beschreibung der Anforderungen (Auszug aus dem Sollkonzept). Insbesondere folgende Teile sollten enthalten sein:

- Überblick über das Lösungskonzept,
- Integrationsaspekte,
- zu erfüllende Aufgaben/Funktionen im Detail (Funktionen, Eingaben, Ausgaben, Daten, Informationsflüsse, Materialflüsse etc.),
- Prioritäten, Wichtigkeit der Funktionen (Muss-, Wunsch-, Sollanforderungen),
- Einführungsreihenfolge (z. B. Versionenkonzept),
- event. Nummerierungssysteme, Ablagesysteme, Klassierungsmerkmale, Q-Aspekte.

Mengen und Häufigkeiten

Überblick über die zu verarbeitenden, produzierenden Mengen und Häufigkeiten heute und in Zukunft, z. B.:

- Anzahl der Kunden,
- Anzahl der Lieferanten,
- Anzahl der Produkte,
- Anzahl der Arbeitsplätze,
- Anzahl der Geschäftsfälle.

Allgemeine Anforderungen

Beschreibung von allgemeinen und grundsätzlichen Anforderungen wie z. B.:

- Einsatz von Standardprodukten,
- Hard- und Software aus einer Hand,
- Einführungsunterstützung,
- Unterstützung im Betrieb,
- Schulungsunterstützung,
- Gewährleistung von minimalen Ausfallzeiten,
- Zusicherung von Ausweichmöglichkeiten im Störungsfall,
- Dokumentation der Systeme.

Lösungskonfiguration

Beschreibung von denkbaren Konfigurationen und Anforderungen aus Sicht des Kunden wie z. B.:

- Raumanforderung,
- Klima,
- Anzahl der Bedienungsstationen,
- Gerätetypen,
- Ausbaustufen der Systeme.

Terminplanung

Überblick über den zeitlichen Verlauf des Projektes mit bspw. folgenden Eckterminen:

- Offertabgabe,
- Entscheidungspunkte,
- Abschluss Detailkonzepte,
- Installationstermin,
- Testbeginn,
- Produktionsübernahme,
- Schulung/Ausbildung.

Beilagen/Fragenkatalog

- Fragenkatalog zum Produkt/Offertsteller,
- technische Merkmale der Lösung,
- Softwaremerkmale,
- Unterstützungsleistungen,
- Kosten,
- Vertragsbedingungen,
- Angaben über den Offertsteller,
- Anforderungen an den Aufbau der Offerte.

3.4.3.2 Erstellung des Kriterienkatalogs

Mit einem detaillierten Kriterienkatalog wird die Grundlage geschaffen, um eine objektive und unvoreingenommene Beurteilung der Varianten zu ermöglichen und die effiziente Beschaffung von Informationen über das offerierte Objekt und den Offertsteller sicherzustellen.

Hierarchischer Aufbau

Der Kriterienkatalog wird hierarchisch über mehrere Stufen aufgebaut. Das Zielsystem gilt als übergeordnete Leitlinie für die Evaluation. Dies führt dazu, dass die erforderlichen Ziele, die für die Gesamtlösung relevant sind, die Wirkung und die daraus entstehenden Konsequenzen entfalten. Zur Übersicht wird ein genereller Kriterienkatalog erstellt, der die grundlegenden Anforderungen der einzelnen Varianten berücksichtigt. Als Beispiel werden die folgenden Punkte berücksichtigt:

Kriterien	Anforderung	Variante 1	Variante 2	Variante 3
Speicher Hardisk	Mind. 2 GB			
Schulung	< 2 Tage pro MA			
Service, Wartung	Mo-Sa. 7.00-18.00 Uhr			
Investitionen	<15.000 pro Arbeitsplatz			
Marketing	Konzept anpassen			
Verkauf	Schulung auf das neue Projekt 1 Tag			

Die Kriterien können auch in verschiedene Anforderungen unterteilt werden. Das ist vor allem dann sinnvoll, wenn einzelne Kriterien in der Übersicht zu wenig Aussagekraft erhalten oder eine exakte Bewertung nicht vorgenommen werden kann. Die Kosten spielen in der Projektierung eine tragende Rolle. Um zu entscheiden, welche Investitionen vorgenommen und finanziert werden sollen, müssen alle relevanten Aspekte untersucht und zu den verschiedenen Varianten in Relation gestellt. Das folgende Beispiel behandelt die Kostenfaktoren:

Kostengruppe	Kostendetail	Anforderung	Variante 1	Variante 2	Variante 3
Investitionskosten	Kauf von Systemen (Hard-, Software)				
	Beratungskosten				
	Transportkosten				
	Installationskosten				
	Infrastrukturkosten				
Betriebskosten	Miet-, Leasing-kosten				
	Wartungskosten				
	Reparaturkosten				
	Verbrauchsmaterial				
	Personalkosten				

Ein wichtiges Kriterium bei der Beschaffung von Standardsoftware sind die Anforderungen an die Hardware bzw. die Anforderungen an das Softwarepaket und die bestehende Hardwareumgebung. Sie entscheidet sehr oft über den Erfolg beim Einsatz von betriebsfremder Software. Die Untersuchung der Hardwaregruppe auf ihre Leistungsfähigkeit in Bezug auf die zu wählende Variante ist deshalb wichtig, weil bei einer ersten Betrachtung der Aufwand kleiner scheint als er sich schlussendlich erweist.

Beispiel:
Eine Erweiterung der Hardware bezüglich des Arbeitsspeichers erscheint notwendig oder ist gar vom Lieferanten empfohlen oder vorgeschrieben, um einen reibungslosen Ablauf der Software gewährleisten zu können. Im Betrieb stellt sich heraus, dass verschiedene Arbeitsplätze noch mit alten Prozessoren arbeiten, so dass die Antwortzeiten nach einer Prüfung nicht mehr den Anforderungen an moderne Arbeitsplätze genügen und für die alten Prozessoren keine Speichererweiterungen mehr erhältlich sind.

Hardwaregruppe	Hardwaredetail	Anforderung	Variante 1	Variante 2	Variante 3
Zentraleinheit	Zugriffszeit				
	Speicherkapazität, Ausbaumöglichkeit				
	Prozessor				
	Taktfrequenz				
	Ausbaubarkeit				
	Maximale Anzahl Arbeitsplätze				
Bildschirm	Auflösung				
	Größe				
	Strahlung				
	Platzangebot				
Drucker	Geschwindigkeit				
	Auflösung				
	Farbe/SW				
	Echtheit der Dokumente				
	Drucktechnik				
Disk	Kapazität				
	Geschwindigkeit				
Technische Details	Maus				
	Tastatur				
	Scanner				
	Ext. Speicher-medium				

Softwaregruppe	**Softwaredetail**	**Anforderung**	**Variante 1**	**Variante 2**	**Variante 3**
Betriebssystem	Produkt, Release, Version				
	Interner Speicherbedarf				
	Anwender-freundlichkeit				
	Netzwerkfähigkeit				
	Mehrplatzfähigkeit				
Hilfsprogramme	Sicherungssystem				
	Systemutilities				
Anwender-programme	Anwendungen				
	Abdeckungsgrad zum Pflichtenheft				
	Zusatzaufwand für Anpassungen				
	Benutzerfreundlich-keit				
	Dokumentation				
	Schulungsaufwand				
	Kosten				
	Verfügbar ab				

Tipp

Diese Untersuchungen sind sehr wichtig und dürfen in keinem Fall unterschätzt werden. Selbst wenn alles offensichtlich erscheint, muss man sich die Zeit nehmen und diese Untersuchungen durchführen.

Der Kundendienst ist ein wichtiger Faktor in der Evaluation. Viele Probleme, Anforderungen und Anpassungen treten erst im produktiven Betrieb auf. In diesen Situationen ist der Kundendienst im weitesten Sinn von entscheidender Bedeutung. Stimmt in solchen Situationen dies nicht, werden finanzielle, personelle und terminliche Situationen erzeugt, die weit reichende Konsequenzen für die Unternehmung aufweisen können. Je wichtiger ein Produkt für den täglichen Betrieb ist, umso größer und wichtiger ist der zur Verfügung stehende Kundendienst.

Kundengruppe	Kundendetail	Anforderung	Bedingung
Technische Aspekte	Anzahl Techniker und Ausbildungsstand		
	Verfügbarkeit, Wartezeit bei Problemen		
	Methoden der Fehlerbehebung		
	Lieferfristen für Ersatzteile		
	Abhängigkeit des Lieferanten von Unterlieferanten		
	Vorbeugende Wartung (Häufigkeit und Zeitpunkte)		
Organisatorische Aspekte	Firmenstruktur		
	Anzahl Personen		
	Erfahrung der Mitarbeiter		
	Ausbildungsangebot, -ort und -bedingungen		
Dokumentations-standards			
Programmierstandards und -werkzeuge			

3.4.3.3 Auswahl potentieller Anbieter

Um geeignete Anbieter zu selektieren, benötigt man eine mehr oder weniger umfassende Marktübersicht der potentiellen Anbieter. Der Detaillierungsgrad der Marktübersicht muss auf die Größe des Vorhabens abgestimmt werden. Mögliche Informationsquellen sind:

Informationsquellen zur Marktübersicht

- Branchenverzeichnis,
- Messebesuch,
- Studium von Fachliteratur,
- sammeln von Zeitungsinseraten,
- eigene Erkenntnisse und Erfahrungen,
- Umfragen bei bekannten oder befreundeten Firmen,
- persönliche Beziehungen zu Lieferanten.

Mit den gesammelten Informationen ist es jetzt möglich, eine Vorselektion der Anbieter durchzuführen und den Anbietern eine Ankündigung zuzustellen, welche die minimalen Grundvoraussetzungen beschreibt. Mit Hilfe des Zielkatalogs können die Produkte oder Anbieter ausgeschieden werden, welche bereits grundlegende Anforderungen nicht erfüllen. Kriterien können u. a. sein:

Auswahlkriterien

- Produkt ist nicht kompatibel mit dem System;
- Produkt ist technisch veraltet;
- Service- und Unterstützungsnetz ist ungenügend;
- unsichere Finanzsituation eines Anbieters;
- schlechtes Image des Lieferanten (Vorsicht! Die Beurteilung eines Images ist eine subjektive Empfindung);
- geschäftspolitische Kriterien;
- staatliche Auflagen etc.

Anfrage

Mit einem Kurzbrief und einer Zusammenfassung des Vorhabens sollte bei den potentiellen Lieferanten angefragt werden, ob sie in der Lage bzw. interessiert sind, das Pflichtenheft zu erhalten und eine entsprechende Offerte auszuarbeiten. Der Inhalt der Ankündigung sollte mindestens folgende Punkte enthalten:

- Kurzvorstellung des Auftraggebers;
- Kurzvorstellung des Projekts;
- Vorgehen und Terminplan des Projekts;
- genaue Firmenadresse und Kontaktperson;
- an wen und bis wann die Offerte abzuliefern ist etc.

Aufgrund der Rückantworten können eventuell weitere Anbieter ausgeschieden werden. Gründe dazu können sein:

- kein Interesse an der Erstellung einer Offerte;
- die Antwort kam zu spät oder gar nicht;
- die Unterlagen sind nicht vollständig;
- die Preise sind nicht transparent;
- unvollständig beantworteter Fragenkatalog;
- Verletzung der Vertraulichkeit;
- Abmachungen wurden nicht eingehalten;
- die Spielregeln wurden nicht eingehalten;
- das Erscheinungsbild wirkt nicht seriös etc.

Projektpflichtenheft

Nachdem durch die Bewertung der Rückantworten weitere Anbieter ausgeschieden sind, bleiben jetzt die Anbieter übrig, die sich für die Zustellung des Projektpflichtenhefts qualifiziert haben. Mit der Zustellung des Projektpflichtenhefts sollte auch ein Begleitschreiben ausgearbeitet werden, welches mindestens die folgenden Punkte enthält:

- Vertraulichkeit des Pflichtenhefts;
- das Pflichtenheft darf nur mit Zustimmung des Auftraggebers an Dritte weitergegeben werden;
- Terminvorschlag zur Besprechung von Fragen bezüglich des Pflichtenhefts;

- Terminvorschlag für eine persönliche Besprechung, um den Offertenentwurf zu besprechen;
- Termin für die schriftliche Offertabgabe;
- Termin für das weitere Vorgehen im Zusammenhang mit der Evaluation;
- genaue Adresse der Kontaktperson etc.

3.4.3.4 Erstellung einer Offerte/eines Angebots

Aufgrund der Bedingungen und des Pflichtenheftinhalts erstellt der Lieferant die Offerte. Die Offerte muss einen durch den Auftraggeber vordefinierten Aufbau enthalten, damit der Auftraggeber eine objektive und einheitliche Beurteilung vornehmen kann.

3.4.3.5 Beurteilung und Bewertung der Offerte

Drei Schritte bei der Beurteilung der Offerte

Die Bewertung der Offerten erfolgt in drei Schritten. In einem ersten Schritt werden in einem Vorfilter Angebote ausgesondert, die ohne intensives Studium den Anforderungen bereits nicht genügen können. Es handelt sich dabei um Angebote, die z.B. gegen folgende Anforderungen verstoßen:

- Vollständigkeit der Offerte;
- Offertentransparenz;
- Entsprechung der Anforderungen;
- Entsprechnung der konkreten Fragestellungen;
- pünkliche Offertenabgabe etc.

In einer zweiten Stufe werden die Offerten auf die Tauglichkeit der Muss-Ziele analysiert. Die Muss-Ziele sollen den Anbietern nur soweit bekannt gegeben werden, wie diese für sie zur Erstellung einer vollständigen Offerte von Nutzen sind. Kostenziele, interne organisatorische Maßnahmen oder Rationalisierungsziele sollen dem Anbieter nicht bekannt gegeben werden. Die notwendigen Informationen für die Erfüllung der Muss-Ziele werden aus der Offerte herausgesucht und mit dem Kriterienkatalog verglichen. Varianten, die gegen Muss-Ziele verstoßen, müssen aus den Lösungsvarianten gestrichen werden.

In der letzten Stufe werden die übrigen Varianten verglichen, welche die Muss-Ziele vollumfänglich erfüllen. Die Analyse und Bewertung der Varianten findet mit Hilfe der Nutzwertanalyse (s. Kap. 4) statt. Ziel dieses analytischen Schrittes ist es, die Variante zu finden, die den Bedürfnissen am meisten entspricht.

3.4.3.6 Ergänzende Betrachtungen

Überprüfung Sollkonzept

Bevor aber der definitive Entscheid gefällt werden kann, ist es sinnvoll, noch einige Zusatzbetrachtungen zu berücksichtigen. Die Varianten müssen dem Sollkonzept gegenübergestellt werden. Dabei stehen folgende Betrachtungen im Vordergrund:

- Grad der Abdeckung der Anforderung,
- Konsequenzen für Funktionen, die nicht bzw. nur teilweise abgedeckt sind,
- Konsequenzen für Funktionen und Optionen, die im Angebot enthalten sind, an die aber während der Sollkonzeption nicht gedacht wurde (Sicherheitsaspekte und Integrationsaspekte).

Kosten- und Nutzen-Relation

Gegebenenfalls muss das Sollkonzept an die Möglichkeiten der angebotenen Produkte angepasst oder müssen entsprechende Ergänzungen vorgenommen werden. Das überarbeitete Sollkonzept bildet die Grundlage für die nächsten Projektschritte. Zu jedem Projekt gehört eine betriebswirtschaftliche Argumentation, welche helfen soll, Fehlinvestitionen zu verhüten. Die gebräuchlichsten Verfahren sind:

- Kostenvergleichsrechnung,
- Rentabilitätsrechnung,
- Amortisationsrechnung,
- Barwertmethode,
- Wirtschaftlichkeitsrechnung.

Bei allen Verfahren steht eine quantitative Aussage über die zu erwartenden Kosten und deren Nutzen im Vordergrund.

Bei der Ermittlung der nachteiligen Auswirkungen von Lösungen werden rechtzeitig potentielle Gefahren erforscht. Diese Technik wird in der Regel als ergänzende Betrachtung im Abschnitt Bewertung/Entscheidung angewendet. Die Suche nach nachteiligen Auswirkungen entspricht der Forschung nach vergessenen Zielen. Die Vorgehensweise ist identisch mit den Arbeitsschritten 1 und 2 der Risikoanalyse (s. Kap. 4).

3.4.3.6.1 Einholen von Referenzen

Erstellung eines Fragebogens

Es empfiehlt sich, über die angebotenen Produkte und den Anbieter Referenzen einzuholen, entweder telefonisch oder im persönlichen Gespräch mit einem Kunden des Anbieters. Als Vorbereitung für das Einholen der Referenzen muss eine Checkliste (Fragebogen) mit folgenden Punkten erstellt werden:

- Referenzfirma, Kontaktperson,
- Grund der Anfrage,
- Kurzvorstellung der Firma,
- Absicht (Projekt),
- Erfahrungen mit den Produkten,
- Erfahrungen mit dem Lieferanten,

- Gesamturteil,
- Empfehlungen,
- Zusammenfassung,
- Dank für die Auskunft.

Bonitätsgruppe	Anforderung	Bedingung
Charakteristiken der Firma		
Größe		
Gewinn		
Anzahl Vertretungen		
Anzahl Kunden		
Persönlicher Eindruck		
Referenzen		

3.4.3.6.2 Referenzbesichtigung

Je nach Situation kann es zweckmäßig sein, eine Referenzbesichtigung durchzuführen, entweder beim Lieferanten oder bei einem Kunden (ggf. in Verbindung mit dem Einholen der Referenzen). Bei der Besichtigung soll man sich nicht irgendwelche Dinge zeigen lassen, sondern Antworten auf konkrete Fragestellungen suchen und allenfalls eigene Beispiele und Fälle mitbringen. Eine Referenzbesichtigung muss minuziös vorbereitet werden, wobei die Vorbereitung u.a. folgende Punkte beinhalten sollte:

Vorbereitung

- Referenzfirma, Kontaktperson;
- was möchten wir sehen;
- konkrete Fragen;
- eigene Beispiele und Lösungsmöglichkeiten dazu;
- evtl. Testdaten.

Probeinstallation

Auch wenn beim Lieferanten vor Ort die Software demonstriert wurde und Tests aus der Unternehmung funktioniert haben, darf keine Software eingekauft werden, bevor diese nicht beim Kunden in Form einer Probeinstallation ausgetestet worden ist. Im IT-Bereich sind die Systeme heute derart anfällig, dass nie mit Sicherheit gesagt werden kann, dass das Produkt funktioniert, nur weil es beim Lieferanten oder einem anderen Kunden funktionierte.

Miete/Leasing

Die Angebote, eine Software zu mieten oder zu leasen, sind sehr breit und werden heute auch sehr intensiv genutzt. Abklärungen, ob diese Möglichkeiten im Vergleich zum Verkauf nicht Vorteile bringen könnten, müssen vorgenommen werden. Eine zeitliche Nutzung des Produkts kann vorteilhafter sein als der Kauf des Pakets.

Vertragsabschluss

Nach Abschluss der Evaluation müssen mit dem Lieferanten Verträge abgeschlossen werden. Erfahrungsgemäß lohnt es sich, ein umfassendes Vertragswerk auszuarbeiten, insbesondere wenn es sich um die Erstellung von Software und Dienstleistungen handelt. Grundsätzlich gibt es folgende Vertragsmöglichkeiten:

Kaufvertrag

Der Kaufpreis entspricht in der Regel ca. 40–50 Monatsmieten. Zum Kaufvertrag empfiehlt es sich, zusätzlich einen Wartungsvertrag abzuschließen. Die Wartungskosten betragen üblicherweise ca. 5–10% des Kaufpreises pro Jahr. Bei einem Wechsel des Produkts ist der Lieferant nicht zu einer Rücknahme verpflichtet (Sondervereinbarung). Der Käufer kann das Produkt an Dritte weiterverkaufen, muss aber allfällige Ausfuhrbestimmungen und Lizenzrechte respektieren.

Mietvertrag

Bei einer Miete fallen monatliche Kosten von ca. 2–3% des Kaufpreises an. Die Wartungskosten sind nicht immer im Mietpreis eingeschlossen. Dazu kommen ggf. Zusatzkosten für die Nutzung von Produkten, z.B. über eine übliche Betriebszeit oder über die vereinbare Nutzungsdauer hinaus. Ein Tausch des Produkts ist jederzeit möglich (die Kündigungsfristen und die Mindestmietdauer müssen beachtet werden). Bei einer Umwandlung eines Mietvertrags in einen Kaufvertrag werden in der Regel ca. 70% der angefallenen Mietkosten angerechnet.

Leasingvertrag

Beim Leasingvertrag werden Nutzungsdauern vereinbart (1–5 Jahre). Nach einer einmaligen Abschlussgebühr von ca. 2% des Kaufpreises betragen die monatlichen Kosten zwischen 1,5 und 5% des Kaufpreises. Oft sind die Wartungskosten im Leasingbetrag eingerechnet. Ein Tausch des Produkts ist nur im Rahmen der vereinbarten Kündigungsfristen und -bedingungen möglich.

Wartungsvertrag

Der Wartungsvertrag beinhaltet alle Aspekte, die für die erfolgreiche Weiterführung des Produkts nach der Einführung von Bedeutung sind. Die wichtigsten Punkte eines Wartungsvertrages sind:

- Gegenstand des Vertrages,
- Pflichten und Rechte der sich verpflichtenden Vertragsparteien,
- Kosten,
- Zahlungsbedingungen,
- Gewährleistung und Haftung,
- Laufzeit (Kündigung, Verlängerung),
- rechtliche Grundlagen.

3.4.3.7 Absage an Offertsteller

Lieferanten, die nicht zum Zuge kommen, müssen informiert werden (schriftlich und/oder mündlich). Wenn möglich sollen

- die Gründe für die Absage genannt und
- das Angebot in Relation zur getroffenen Wahl gestellt werden.

Vertragsgruppe	Anforderung	Bedingung
Lieferumfang		
Wartung		
Rücktrittsrechte		
Zahlungsbedingungen		
Garantieleistungen		

Eine ehrliche Begründung der Absage beruht auf Fairness und gegenseitigem Respekt und hilft dem Offertensteller und dem Auftraggeber weiter. Der Offertsteller hat die Möglichkeit, entsprechende Korrekturen für spätere Offerten anzubringen und dem Auftraggeber kann dies in Form von Mund-zu-Mund-Propaganda oder bei einer nächsten Offertanfrage weiterhelfen. In jedem Fall muss man sich für die erbrachten Leistungen (Offertenerstellung) bedanken. Je nach Vereinbarung müssen die Kosten für die Offertenerstellung beglichen werden.

3.4.3.8 Checkliste zur Vertragsdurchführung

Zweck der Anleitung ist es, den Verantwortlichen des Auftraggebers bei der Ausarbeitung einer Checkliste zu unterstützen, die er für die Überwachung einer korrekten Vertragsdurchführung mit einem Lieferanten zu erstellen hat. Der Vertrag unterteilt sich in der Regel in die beiden folgenden, zeitlich gestaffelten Bereiche:

Entwicklung, Realisierung

- **Entwicklung und Realisierung:** Wenn das Projekt nicht vorzeitig abgebrochen wird (z.B. wegen massiver Verspätung durch den Lieferanten oder weil eine Abnahmeprüfung zum dritten Mal gescheitert ist), endet das Projekt und damit der Projektvertrag mit der erfolgreichen Endabnahme und dem Ablauf der Garantieperiode.

Wartungsvertrag

- **Wartung:** Das erfolgreich abgeschlossene Projekt mündet in der Regel in einen Wartungsvertrag mit dem gleichen Lieferanten. Normalerweise wird der Wartungsvertrag zusammen mit dem Projektvertrag ausgehandelt und unterzeichnet. In Einzelfällen verzögert sich der Abschluss des Wartungsvertrages über den Zeitpunkt des Abschlusses des Projektvertrages hinaus; der Wartungsvertrag wird aber dennoch vor dem Projektende abgeschlossen. Die Checkliste muss auch die Phase der Wartung bis zu deren Beendigung umfassen.

Checkliste

Checkliste zur Vertragsdurchführung

- ✔ Einleitung
- ✔ Vertragsbestandteile
- ✔ Projektorganisation
- ✔ Umfang der Lieferung und Leistung des Lieferanten
- ✔ Subunternehmer des Lieferanten und deren Einsätze
- ✔ Mitwirkungspflicht des Kunden
- ✔ Terminplan
- ✔ Folgen bei Verspätung
- ✔ Zahlungsbedingungen
- ✔ Abnahme und Übernahme des Produkts/der Leistung
- ✔ Nutzungsrecht von eingesetzter Standardsoftware
- ✔ Garantieleistungen
- ✔ Rechtsgewährleistung für das Produkt bzw. die Leistung
- ✔ Haftungsbegrenzung
- ✔ Geheimhaltung und Datenschutz
- ✔ Schlussbestimmungen

Change Management

Die Checkliste hat sich auch mit Fällen der Anpassung des Vertrages an geänderte Verhältnisse sowie der Vertragsstörung zu befassen. In den seltensten Fällen wird ein Projekt genau so durchgeführt, wie es vertraglich vereinbart wird. Jeder Vertrag enthält Klauseln über das Änderungsverfahren (Change Management), die einzuhalten sind. Des Weiteren kommen nicht selten Störungen bei der Vertragsabwicklung vor. Wichtig ist, dass solche Störungen frühzeitig erkannt werden und dass der Auftraggeber richtig darauf reagiert.

Der Vertrag enthält Rechte und Pflichten beider Vertragspartner. Die Überwachung des Vertrags hat somit auch die Funktion, dass der Auftraggeber nicht nur die Rechte aus dem Vertrag wahrnimmt, sondern auch alle Pflichten korrekt erfüllt (z.B. Zahlungen, Mitwirkungspflichten). Die Einhaltung der eigenen Pflichten unterstreicht insbesondere den Respekt, den man gegenüber dem Vertragspartner aufbringt und schafft zudem Vertrauen.

3.4.3.9 Grundsätze zur Überwachung

Folgende Grundsätze der Überwachung sind zu beachten:

- Prüfen Sie, ob der Vertrag den im Vorfeld getätigten Abmachungen entspricht.
- Halten Sie sich an seinen Inhalt und machen sie dies dem Auftragnehmer/Auftraggeber transparent.
- Schulen Sie alle betroffenen Mitarbeiter, die für die Durch-

führung verantwortlich sind, bezüglich der:
- Mitwirkungspflichten,
- Abnahmeprüfungen etc.
- Überwachen Sie die Einhaltung der Pflichten des Vertragspartners.
- Lesen Sie den Vertrag und ändern Sie ihn sach- und zeitgerecht, wenn es nötig ist (in der gleichen Form wie beim Abschluss).

3.5 Systemspezifikation

Ganzheitliche Definition des Systems

Durch die Systemspezifikation wird das System gesamtheitlich definiert. Während in den vorgängigen Phasen die Funktionen, die das System enthalten muss, grob spezifiziert worden sind, wird in der Systemphase der Anforderungskatalog detailliert ausgearbeitet. Die Funktionen stellt man in Relation zum ursprünglichen Problem, die zur Auslösung des Projekts geführt haben und der daraus abgeleiteten Anforderungen des Anwenders. Auch während der Systemspezifikation wird der Phasenzyklus angewandt und durchlaufen. Aufbauend auf der vorgängigen Phase werden jetzt alle Details abgeklärt, analysiert und definiert. In diesem Zusammenhang müssen die folgenden Punkte ermittelt werden:

Vor Beginn der Spezifikation

Noch bevor mit der Spezifikation begonnen werden kann, muss noch einmal sorgfältig geprüft werden, ob für die bevorstehende Spezifikation alle Bedingungen gegeben sind, um auch die Systemspezifikation erfolgreich durchführen zu können (s. Checkliste):

Checkliste

- ✔ Sind alle personellen, organisatorischen und technischen Mittel beschafft worden?
- ✔ Wurden alle Stellen über allfällige Aufwände informiert?
- ✔ Liegt für die abgeschlossene Phase ein vollständiges Konzept vor?
- ✔ Wurde das Konzept von den Entscheidungsträgern abgenommen?
- ✔ Haben die Entscheidungsträger den Auftrag zur Systemspezifikation freigegeben?
- ✔ Sind die Termine und die Kosten gemäß der ursprünglichen Schätzungen realistisch zu erreichbar?
- ✔ Wurden Meilensteine für die Spezifikation festgelegt?

Priorität der einzelnen Funktionen

Die Spezifikation muss in einzelne Funktionen unterteilt werden. Anschließend werden die einzelnen Funktionen mit den involvierten Stellen priorisiert. Zur Unterstützung der Priorisierung stehen Softwaretools zur Verfügung (z.B. Projektmanager von Microsoft). Unzureichende Vorarbeiten führen leicht zu Verzögerungen, wenn die Ablauforganisation nicht im vollen Umfang durchdacht ist. Beachten Sie daher folgende Checkliste:

Checkliste

- ✔ Der Auftraggeber bestimmt, welche Funktionen für ihn die höchste Priorität haben.
- ✔ Die eingebunden Bereiche bestimmen die Priorität durch ihre Terminplanung und den daraus abgeleiteten Terminen für Funktionen, die an die involvierte Abteilungen abgegeben werden müssen.
- ✔ Das Projektteam definiert die Priorität der Funktionen, damit alle nachfolgenden Funktionen alle Informationen und Daten zur Verfügung haben, um reibungslos spezifiziert werden zu können.
- ✔ Alle Funktionen werden auf ihren Einfluss innerhalb des Projekts überprüft.
- ✔ Die ursprünglichen Anforderungen des Benutzers und die daraus abgeleiteten Zielsetzungen werden überprüft.
- ✔ Hat die Funktion einen veränderten Einfluss auf die Ausgangslage?
- ✔ Werden die Anforderungen an das neue System vollumfänglich erfüllt?
- ✔ Können Ziele nicht oder nur teilweise erreicht werden? Lösungen und Alternativen ausarbeiten!
- ✔ Was geschieht, wenn die Funktion nicht umgesetzt werden kann oder auf die Umsetzung verzichtet wird?
- ✔ Mit welcher Priorität ist die Funktion zu behandeln aus technischer und organisatorischer Sicht?

Lösungswege

Zu diesem Zeitpunkt geht es nicht mehr um die generelle Lösung, die erarbeitet werden soll. Bevor mit der Systemspezifikation begonnen wird, sollten sich alle beteiligten Entscheidungsträger auf eine endgültige Lösung festlegen. Innerhalb dieser Lösung gibt es viele Lösungswege (s. Checkliste):

Checkliste

- ✔ Können für die Funktionen sinnvolle Lösungen definiert werden?
- ✔ Betrachten die vorgeschlagenen Lösungen die Aspekte der Anwenderforderungen sowie die Risiken, die ein neues Softwarepaket in sich bergen?
- ✔ Bestehen Lösungswege ohne Realisierung der Funktion?
- ✔ Bestehen Möglichkeiten, das Problem durch organisatorische Maßnahmen zu reduzieren oder zu lösen?
- ✔ Welche Lösungswege bestehen aus Sicht des Anwenders?
- ✔ Welche technischen Mittel stehen zur Verfügung, um die Funktion zu erfüllen?

Anforderungen

Während der Systemspezifikation werden bereits alle Maßnahmen definiert, die für den Schritt des Systembaus notwendig werden. Bei der Betrachtung der Anforderungen geht es nur um die zukunftsorientierte Betrachtungsweise. Die Anforderungen an die Systemspezifikation werden bereits im ersten Schritt »Vor Beginn der Spezifikation« geklärt und definiert (s. Checkliste):

Checkliste

- ✔ Welche Mittel müssen bei welchem Lösungsweg beschafft werden, um die Funktion umsetzen zu können?
- ✔ Welche Stellen müssen Unterstützung zur Verfügung stellen, um den Lösungsweg umzusetzen und in welchem Umfang ist dieser Support notwendig?
- ✔ Müssen Ressourcen beschafft werden, die für die Realisierung noch fehlen?
- ✔ Stehen Lösungswege im Konflikt zur Termin- und Kostenplanung?
- ✔ Soll bei Termin- und Kostenkonflikten der Lösungsweg überdacht werden?
- ✔ Müssen durch den Umstand eines Termin- oder Kostenkonflikts finanzielle Mittel oder personelle Ressourcen beschafft werden?
- ✔ Kann der Termin verschoben werden?

Rahmenbedingungen

In diesem Schritt müssen alle Einflussfaktoren beobachtet werden, welche von der Spezifikation nicht beeinflusst werden können, im Gegensatz aber einen uneingeschränkten Einfluss auf das Projekt nehmen (s. Checkliste):

Checkliste

- ✔ Bestehen Abhängigkeiten zu fremden Systemen oder Funktionen?
- ✔ Welche Anpassungen müssen realisiert werden, um die Funktion umsetzen zu können?
- ✔ Zu welchem Zeitpunkt müssen die betroffenen Funktionen, Elemente oder System bereit sein?
- ✔ Sind die Kosten- und Terminschätzungen aufgrund der Systemspezifikation für den Systembau noch realistisch?
- ✔ Müssen bereits während der Spezifikation die Termine neu definiert werden?
- ✔ Sind noch finanzielle Mittel für den Systembau notwendig?

Tipp

Mit der abgeschlossenen Systemspezifikation ist der Entwickler befähigt, den Systembau durchzuführen, ohne dass er spezielle Kenntnisse des Projekts oder der Problemstellung haben muss.

3.6 Systembau

Realisierung erst bei Bewilligung

Zweck des Systembaus ist der eigentlich physische Bau des Systems. In der Realisierung werden die ausgearbeiteten Teillösungen, die als Ganzes ein Gesamtlösungskonzept ergeben haben und von den Entscheidungsträgern zur Realisierung freigegeben worden sind, umgesetzt. Wichtig ist vor allem, dass nur realisiert werden darf, was auch bewilligt worden ist. Die Erfahrung hat immer wieder gezeigt, dass mit der Realisierung begonnen wurde, bevor das entscheidende Gremium die Freigabe erteilt hat. Dies hat einerseits die Konsequenz, dass die bereits realisierten Teilfunktionen bei der Freigabe noch angepasst werden müssen. Dabei kann es sich um kleine Änderungen handeln, es kann aber auch bedeuten, dass bestimmte Teilfunktionen nicht mehr der freigegebenen Lösungen entsprechen und somit neu gestaltet werden müssen, was zu einer erheblichen Steigerung der budgetierten Kosten führen kann. Auf der anderen Seite führt es aber auch dazu, dass das Gremium sich nicht ernst genommen fühlt unter dem Aspekt, dass Lösungen umgesetzt werden, bevor dieses die Freigabe zusagt. Zudem entlastet es die Entscheidungsträger vom Druck des Sich-entscheiden-müssen. Sie bekommen den Eindruck, dass die Realisierung bereits begonnen hat und ihnen damit mehr Zeit für die Entscheidung eingeräumt wird. Bei der Realisierung handelt es sich um die

- Herstellung von Anlagen,
- Erstellung einer Software und

- Festlegung oder Überarbeitung von organisatorischen Sachverhalten, Regelungen, Weisungen etc.

Ergebnisse der Realisierung können z. B. sein:
- Produkte,
- installierte, betriebsbereite Systeme,
- Wartungskonzepte, -verträge,
- Benutzerdokumentationen,
- Schulungs- und Instruktionskonzepte und -pläne sowie
- Einführungsplanung.

Einen wichtigen Teil des Systembaus bildet, abgesehen von der eigentlichen Realisierung der Programme, Komponenten und Abläufe, die Dokumentation. Folgende Dokumente müssen in der Realisierungsphase erstellt werden:

Dokumentation

Benutzer- und Produktdokumentation

Gemäß DIN-Norm 12 119 handelt es sich bei der Benutzerdokumentation um die Gesamtheit aller Dokumente, die für die Anwendung des Produkts vorgesehen und zugleich Bestandteil des Produkts sind. Dabei ist es unerheblich, ob es sich um gedruckte oder nicht gedruckte Dokumente handelt. Die Benutzerdokumentation entspricht der allerorts bekannten Gebrauchs- oder Bedienungsanweisung.

Programmdokumentation

- **Programmvorgaben**
  Die Programmvorgabe beschreibt alle Bedingungen in Bezug auf die Anwenderforderungen, die technischen Anforderungen und die in der Unternehmung vorgegebene Vorgehensweise der Programmerstellung.
- **Datei- und Filebeschreibung**
  Die Datei- und Filebeschreibung deklariert alle logischen und physischen Namenskonventionen. Im Weiteren beschreibt sie in Textform die auf der Datei oder dem File abgelegten Daten und bestimmt die Dateninhalte bezüglich der Positionen und der Attribute eines jeden einzelnen Files. Hier liegt der wunde Punkt, weil zum Zeitpunkt der Übergabe die entsprechenden Programmdokumentationen noch nicht vollständig vorliegen. Ist die Einführung erfolgreich durchgeführt, kümmert sich meistens niemand mehr.
- **Umwandlungs- und Einbindungslisten**
  Die Listen werden mit dem Zweck abgelegt, dass der Programmcode, der durch Generatoren erzeugt worden ist oder durch Module aufgerufen wird, auf Papier sichtbar wird. In der Programm-

dokumentation sollen immer die letzten Umwandlungen abgelegt werden, die vor Übergabe in die Produktion erstellt worden sind.

- **Fehlerkatalog mit Hinweisen und Status**
  Die gesamte Historie, die in den Programmen nachgeführt oder angepasst worden ist, muss dokumentiert sein. Inhalt der Einträge müssen sein:
  - Antragsteller;
  - Datum des Antrags;
  - welches Basisdokument beinhaltet den Auftrag zu Änderung;
  - was ist die Anforderung an die Änderung;
  - Name des ausführenden Programmierers;
  - Datum der Änderung und der Übergabe in die Produktion.
- **Testdaten und die Testergebnisse**
  Um Anfragen schneller beantworten zu können, müssen die Testdaten und die sich daraus ergebenden Resultate in der Dokumentation abgelegt sein. Es bietet einen schnellen Überblick, mit dem geklärt werden kann, ob die Meldung von Fehlern zuvor getestet worden ist. Zudem können neue Testfälle ergänzt werden, ohne dass alle möglichen Testkonstellation neu erarbeitet werden müssen.

3.7 Einführung

Zweck der Einführung

Zweck der Systemeinführung ist, ein formell abgenommenes und funktionstüchtiges Projekt dem Betrieb zu übergeben. Durch die Übergabe des Projekts und deren Abnahme wird aus dem Projekt ein System. Im Sprachgebrauch sind für die Einführung auch die Begriffe Implementierung und Inbetriebnahme geläufig.

Basis

Für die Einführung müssen verschiedene Ergebnisse vorliegen, damit der Projektleiter, der Antragsteller, die Benutzer und der Betreiber des neuen Systems (Wartungsteam) dieses auch als produktionswürdig betrachten und der Einsatz auch als reibungslos vorausgesetzt werden kann. Die Resultate, die vorliegen müssen, sind:

- Die Datenübernahmen muss abgeschlossen und fehlerfrei sein.
- Das alte System muss außer Betrieb gesetzt sein.
- Alle Benutzer müssen geschult worden sein.
- Die Unterstützung der Benutzer muss gewährleistet werden.
- Der Abnahmetest wurde erfolgreich durchgeführt und abgenommen.
- Das Abnahmeprotokoll wurde erstellt.
- Die Projektdokumentation ist vollständig und dem Wartungsteam übergeben worden.

Vor der Einführung kann nie eine Garantie abgegeben werden, dass alle Funktionen und angrenzenden Systeme ab dem ersten Tag fehlerfrei laufen werden, da die Tests in der Testumgebung nie mit der produktiven Umgebung verglichen werden können. Dies bedeutet, dass verschiedene vorbeugende Maßnahmen getroffen werden müssen (s. die beiden folgenden Tabellen).

Einführungsstrategien

Die Einführung neuer Lösungen ist oft mit Widerständen und Risiken verbunden und muss deshalb frühzeitig vorbereitet und geplant werden. Folgende Aspekte sind dabei zu beachten:

Komponenten, welche die Einführung fördern

- Die Betroffenen sollten möglichst während des gesamten Projektverlaufs beteiligt werden.
- Betroffene, die nicht am Projektverlauf beteiligt sind und direkt oder indirekt vom neuen System betroffen sind, müssen laufend über Projektziele und den Projektfortschritt informiert werden.
- Die Ziele der Betroffenen und Anwender müssen im Projekt berücksichtigt werden.
- Für das Projekt sollten Sponsoren im materiellen und immateriellen Sinne gewonnen werden.
- Jedes Projekt zieht Veränderungen nach sich. Diese Veränderungen müssen so früh wie möglich kommuniziert werden, um über Unklarheiten oder Unsicherheiten zu beseitigen.

Vorbereitung der Einführung

- Erarbeiten eines Schulungskonzepts (Adressaten, Themen, Inhalte, Art der Vermittlung, Termine);
- Zuordnen der Verantwortung für die Einführungsaktivitäten;
- Vorgehenskonzept (vgl. Art der Einführung).

Schlagartige Einführung

- Die Umstellung vom alten auf ein neues System erfolgt mit allen Funktionen zu einem festen Termin;
- hohes Risiko, keine Übergangslösungen, weniger Bindung von Kapazitäten.

Stufenweise Einführung

- Teillösungen und Funktionen werden nacheinander, d.h. gestaffelt eingeführt oder die neue Lösung wird schrittweise in verschiedenen Organisationseinheiten in Betrieb genommen;
- geringeres Risiko, evtl. Schnittstellenprobleme alt-neu, Redundanzen, mehr Bindung von Kapazitäten.

Parallellauf

Die alte und neue Lösung werden während einer gewissen Zeit gleichzeitig nebeneinander betrieben. Das führt zu einem minimierten Risiko, bedeutet aber, dass erhebliche Schnittstellenprobleme, ein hohes Maß an Redundanz und ein hohe Bindung von Kapazitäten gefordert sind.

Prüffragen	**Antwort**		
Welche Adressaten	benötigen Information über		
	was	warum	wie
Öffentlichkeit	✗		
Lieferanten/Kunden	✗		
»Entlastete«	✗	✗	
Alle nicht direkt Betroffenen	✗	✗	
Management allgemein	✗	✗	
Management betroffener Bereich	✗	✗	✗
Anwender (»Betroffenheit« beachten!)	✗	✗	✗
Wartungs-/Unterstützungsmitarbeiter	✗	✗	✗

Terminplanung

Das Betreuungskonzept muss während der Einführung erstellt werden. Alle betroffenen und in die Einführung involvierten Stellen müssen über ihre Verantwortlichkeiten und Kompetenzen informiert werden. Nichts ist ärgerlicher, als während der Einführung an Grenzen zu stoßen oder von Unkalkulierbarem gestoppt zu werden, weil die entsprechenden Stellen nicht anwesend oder erreichbar sind. Ein paar grundsätzliche Punkte, die in einer Einführung berücksichtigt werden müssen, sind:

- Die Benutzer dürfen nicht überfordert werden.
- Es darf nicht zu viel auf einmal eingeführt werden.
- Für Mitarbeiter und die Organisation müssen verkraftbare »Portionen« geplant werden. Während einer Einführung darf nie mit einer 100%-Auslastung kalkuliert werden. Es entstehen immer wieder unvorhergesehene Situationen, die zusätzliche Kapazität erfordern.
- Persönliche Betreuung vor Ort durch die Projektmitarbeiter ist sehr wichtig, um unvorhergesehene Situationen und auftretende Probleme rasch beseitigen zu können.
- Durch Demonstrationen muss den Betroffenen geholfen werden, um sich mit dem neuen System so schnell wie möglich vertraut zu machen.

- Einrichten einer Hotline für Probleme und Anfragen über Verlauf und Stand der Einführung;
- die Möglichkeit schaffen, dass jede Person jederzeit Zugang zu einer helfenden Stelle hat (Telefon, E-Mail, Mail-Box etc.);
- alte Regelungen, die durch das neue System hinfällig werden, müssen außer Kraft gesetzt werden;
- Stabilisieren des Systems durch das Führen von Problem- und Mängellisten sowie kontinuierliche Nachbesserungen über einen definierten Zeitraum. Probleme oder Mängel, die zu einer Fehlverarbeitung führen, müssen sofort korrigiert werden. Die anderen Punkte werden prioritär auf einer Liste erfasst und in den nachfolgenden Releases bearbeitet.

Die Übergabe der Lösung in den Produktionsbetrieb und das Wartungsteam

Abschluss der Einführung mit Betriebstüchtigkeit der Lösung

Die Einführung gilt als abgeschlossen, wenn der Nachweis erbracht worden ist, dass die neue Lösung betriebstüchtig ist. Betriebstüchtig bedeutet, dass das System den grundlegenden Anforderungen des Systems Genüge leistet. Die Grundlagen der Geschäftstätigkeit über das neue System müssen abgewickelt werden können. Das System muss alle Buchungen vollständig und korrekt ausführen. Alle Daten müssen korrekt und vollständig erstellt werden, sie müssen abgefragt, gelöscht und gespeichert werden können. Der Abschluss sollte mit

- der formellen Übergabe an den Betrieb,
- einem Abnahme/Übergabeprotokoll,
- einer Manöverkritik im Projektteam und mit den Beteiligten und
- der Auflösung des Projektteams abgeschlossen werden.

Projektabschlussbericht

Der offizielle Abschluss gegenüber den Auftraggebern, der Unternehmung und den Vorgesetzten im Speziellen bildet der Projektabschlussbericht. Der Inhalt dieses Berichts soll die folgenden Punkte enthalten:

Ausgangslage

In der Ausgangslage werden in kurzen Zügen die Gründe erwähnt, die zu dem Projekt geführt haben und in welchem aktuellen Status das Projekt sich zum Zeitpunkt der Übergabe (z.B. offene Punkte) befand.

Checkliste zur Einführung

Träger	• Mitarbeiter im Projekt • Mitarbeiter Aus- und Weiterbildung • Koordinationsstellen im Fachbereich • Vorgesetzte
Form	• nur schriftlich • nur mündlich • Dokumentation und Schulung/Information
Zeit	• schlagartig • stufenweise • zeitlich beschränkter Parallellauf • unterstützende Personen gewinnen/einsetzen • Betroffene sollen projektbegleitend informiert werden
Betroffene gewinnen	• Benutzeranforderung ermitteln • See and sell to everyone • Hintergründe und Zusammenhänge darstellen • Begründungen geben • Einwände akzeptieren • Unterstützung vor Ort • Belastbarkeitsgrenze beachten
Stabilisieren	• betreuen und unterstützen • Fehler beheben • Lösungen anpassen

Beurteilung der Zielereichung und der Projektdurchführung

- Übersicht der Zielerreichung,
- Wirtschaftlichkeits- und Nutzenbeurteilung,
- Ablauf der Projektdurchführung,
- Risiko-Management.

Termine

Alle durch den Projektausschuss gesetzten Termine werden aufgelistet und in Relation zu der effektiven Termineinhaltung gesetzt.

Kosten

Die geschätzten und freigegebenen Kosten werden aufgeführt und mit den letztendlich benötigten Kosten verglichen. Die Historie der Kosten soll ersichtlich sein, d.h. Kosten, die während der Projektphasen erhöht wurden, müssen erkennbar sein.

Beteiligte

Auflisten aller Beteiligten während des Projekts mit deren Zuständigkeiten.

Abweichungen zu den IT-Vorgaben
Prozesse, Vorgehensweisen oder Technologien, die vom Unternehmensstandard abweichen, werden aufgeführt. Falls möglich, soll eine kurze Begründung der Abweichung erwähnt werden.

Angewandte Technologien
Welche Technologien wurden im Verlaufe des Projekts angewandt und wie werden diese in Hinblick auf das Projekt beurteilt?

Erkenntnisse
- Negative Erfahrungen,
- positive Erfahrungen.

Weiteres Vorgehen
- Projektwartung,
- Wartungsteam,
- Releaseplanung,
- organisatorische Rahmenbedingungen.

4 Von der Kontrolle zum Controlling

4.1 Was bedeutet Controlling?

Controlling ist mehr als »Kontrollieren«

Controlling ist die Steuerung und die Regelung eines Unternehmens zum Erreichen der vereinbarten Ziele und Pläne. Controlling ist mehr als nur ein »Kontrollieren«, es muss auch gelenkt werden. Ein Steuerrad ist vielfach das Zeichen für Controlling. Die Steuerung kann nur vom Management, sprich von den Entscheidungsträgern, vorgenommen werden. Im Internet findet sich eine Web-Seite, die alle im Umgang mit dem Controlling im weitesten Sinne gebräuchlichen Begriffe durch leicht verständliche Definitionen und teilweise mit Schaubildern erklärt (www.steuernetz.de/controllerlex/).

In größeren Unternehmen werden zur Unterstützung und zur Entscheidungsvorbereitung auch Controller eingesetzt, deren Aufgabe es ist, als Navigator Informationen und Daten zu sammeln und auszuwerten.

Als Werkzeug des Controllers gibt es Anwendungssoftwaresysteme wie z.B. von SAP, BaaN, PSI-Penta, Navison, Damgaard, Sesam, Abacus, Simultan, KHK, Wilken und weitere kleinere Softwareanbieter, die aber meistens nur eine branchenspezifische Software anbieten. Hierzu gehören auch viele IBM-AS400-Software-Lösungen.

Tipp

> Das Controlling beschäftigt sich mit dem wirtschaftlichen Steuern und Regeln einer Unternehmung, eines Projekts oder eines Vorgangs. Für jeden Aufwand der einen zeitlichen Verlauf in Anspruch nimmt, müssen Controllingfunktionen eingesetzt, verwendet und durchgesetzt werden.

4.2 Warum überhaupt Controlling?

Ein Unternehmen hat die Auflage, wirtschaftlich zu handeln, d.h. die Absicht der Unternehmung muss es sein, Gewinn zu erzielen. Dass dies nicht immer möglich ist, bewies die Vergangenheit zu Genüge. Trotzdem muss immer die Absicht im Vordergrund stehen, das Überleben der Firma kurz-, mittel- und langfristig zu sichern. Um wirtschaftlich erfolgreich zu sein, braucht es:

- ein Rechnungswesen mit seinen Ergebnissen,
- eine Unternehmensplanung, um die Ziele zu definieren und zu planen sowie
- ein Management, um die definierten Ziele auch zu erreichen.

Mit Hilfe dieser drei Systeme können jederzeit Abweichungen ermittelt und erkannt und kann in eine andere Richtung gesteuert werden.

Ohne ein Controlling würde der Unternehmer sein Unternehmen blind steuern. Erst nach einem Geschäftsjahr könnte er feststellen, ob ein Gewinn erzielt wurde - nur dann ist es bereits zu spät.

Tipp

> Ohne Controlling findet ein wirtschaftlicher Blindflug statt. Erst nach Abschluss eines Geschäftsjahres kann kontrolliert werden, ob die Aufwendungen und erbrachten Leistung von Erfolg gekrönt waren. Um diese Situation zu vermeiden, muss mit Unterstützung des Controllings nach vordefinierten Meilensteinen die Entwicklung analysiert, kontrolliert und allenfalls korrigiert werden können.

4.3 Ausflug in die Theorie

Bedeutung des Rechnungswesens

Das Rechnungswesen ist eines der wichtigsten Informationssysteme des Unternehmens. Es gibt mengen- und wertmäßige Beziehungen zwischen dem Unternehmen und den Produktions-, Beschaffungs-, Absatz- und Finanzmärkten sowie dem Staat wieder und dokumentiert die Einkaufs-, Lagerungs-, Produktions-, Investitions- und Finanzierungs- sowie Vertriebsvorgänge. So wird das Unternehmen einerseits zahlenmäßig dargestellt und andererseits kann damit auch eine problemorientierte Analyse und Auswertung durchgeführt werden.

Tipp

> Das Rechnungswesen dient zur Kontrolle der Wirtschaftlichkeit und des Erfolges der betriebswirtschaftlichen Funktionen. Es liefert die Grundlagen für aktuelle und künftige Entscheidungen.

Bei kleineren und mittleren Unternehmen (auch KMU genannt) spielt das Rechnungswesen zunehmend immer mehr eine wichtige Rolle. Durch die Globalisierung der Märkte, aber auch durch den zunehmenden Konkurrenzdruck reifer Märkte sowie dem immer größer werdenden Sortimenten werden quantitative und auch qualitative Informationen abverlangt.

Diese Informationen gehen dann sowohl an unternehmensinterne Empfänger (Management, Geschäftsführung) als auch an unternehmensexterne Empfänger (Aktionäre, Staat). Die Qualität der präsentierten Informationen entscheidet über das Vertrauen, die Sicherheit und zukünftige Entwicklungsmöglichkeiten.

Tipp

> Das Rechnungswesen hat externe und interne Informationsempfänger, die sich anhand der präsentierten Informationen ausrichten.

4.4 Projektcontrolling

Widerstände, die aufgetreten sind, können ohne Maßnahmen zur Erfassung und Lösung der Situation nicht mehr aus der Welt geschaffen werden. Andernfalls wird später ein Konflikt ausgelöst, der mit der Zeit an Aggressivität zunimmt und im schlimmsten Fall zur Eskalation führt. Tritt dieses Stadium ein, können Konflikte nur noch mit analog aggressiven Maßnahmen beseitigt werden. Dabei werden Unsicherheiten und neue Probleme hervorgerufen, die wiederum zu Konflikten eskalieren können. Widerstände und Konflikte müssen deshalb angegangen werden, sobald diese erkannt werden.

4.4.1 Aufgaben des Projektcontrollers

Projektidee

Klassische Aufgaben im Bereich des Projektcontrollings, während die Projektidee entsteht und festgehalten wird, sind:

- Moderation von Kreativitäts-Workshops,
- Festlegung der Art, Bedeutung und der Zweckmäßigkeit des Projektvorhabens,
- Definition und Umschreibung der Projektkriterien,
- grundsätzliche Überlegungen zur groben Beschreibung der Kosten und des Nutzens.

Auftrag und Konzept

Während der Beschreibung des Auftrags und der Ableitung zum Konzept sind die Aufgaben des Controllings schwergewichtig im finanziellen Segment angesiedelt. Es handelt sich dabei vor allem um die Funktionen der

- Kostenschätzung nach der Top-Down-Methode,
- grobe Festlegung der Budgetansätze,
- Projektabwicklung im Aufbau- und ablauforganisatorischen Sinne,
- Bestimmung von Bewertungsmethoden (z.B. Investitionsrechnung).

Detailspezifikation

Während der detaillierten Spezifikation werden die in der Konzeptionsphase bestimmten und eingesetzten Methoden auf der unteren Detaillierungsebene eingesetzt. Grundsätzlich handelt es sich um die gleichen Funktionen wie in der Konzeptphase. Zum jetzigen Zeitpunkt werden die groben Schätzungen aus der Konzeption auf die einzelnen Funktionen, Aufgaben, Aufgabenträger, Investitionen und Elemente im Generellen verteilt. Dabei müssen die folgenden Punkte berücksichtigt werden:

- Erstellung des verfeinerten Budgets verteilt auf das gesamte Projekt.
- Unterteilen des Budgets in Projekt bzw. Teilprojektkosten sowie Neben- und Investitionskosten.
- Zu welchem Zeitpunkt müssen Bestellungen ausgelöst werden, um die terminliche Projektplanung einhalten zu können?
- Welche Verpflichtungen in welchem Rahmen können oder müssen eingegangen werden, um die finanzielle Projektplanung gewährleisten zu können?
- Zu welchen Zeitpunkten werden Zahlungen aufgrund von Bestellungen und Investitionen fällig?
- Abstimmen des Projekt- und Teilprojektbudgets mit dem gesamten Vorhaben, dem Jahresbudget und den mittelfristigen Planungen.
- Bestimmen der Berichtsebenen und Berichtsintervalle.

Realisierung

Während der Realisierung konzentrieren sich die Aufgaben des Controllers auf die Einhaltung der in den vorgängigen Phasen festgelegten Maßnahmen und Entscheidungen. Treten Abweichungen zwischen Soll- und Ist-Zustand auf, legt der Controller die korrigierenden Maßnahmen fest. Die folgenden Punkte bestimmen die Arbeiten des Controllers während der Realisierung:

- Generelles Überwachen des Projektverlaufs,
- Kontrolle und Abwicklung des Budgets,
- Vergleichsanalysen im Rahmen der Soll-Ist-Vergleiche erstellen,
- Erstellen von Abweichungsanalysen,
- Definieren und Einleiten korrigierender Maßnahmen auf der Basis des Soll-Ist-Vergleichs,
- Prognosen zur zukünftigen Entwicklungen erstellen,
- Berichterstattung.

4.5 Methoden und Werkzeuge des Projektcontrollers

4.5.1 ABC-Analyse

ABC-Analyse = Pareto-Analyse = Lorenz-Kurve

Mit der ABC-Analyse (Pareto-Analyse, Lorenz-Kurve) werden Kenngrößen von Massenphänomenen ermittelt, mit dem Ziel, Wichtiges von weniger Wichtigem zu unterscheiden bzw. Sachverhalte oder Probleme in der Reihenfolge ihrer Bedeutung zu ordnen. Durch die ABC-Analyse kann erkannt werden, wo die Bereiche liegen deren Einfluss auf das zu lösende Problem gravierend sind. Bevor eine ABC-Analyse erstellt wird, muss geklärt werden, welches die kritischen Bereiche sind, auf die das Schwergewicht der Untersuchung gelegt werden muss.

Beispiel:
Eine Bank untersucht die Mengenverteilung der Kunden im Zusammenhang mit den investierten Kapitalien. Dabei stellt sich heraus, dass 5% der Kunden Private-Banking-Kunden sind, die ein Kapital von mehr als 250.000 € besitzen. Die restlichen 95% der Kundschaft gehören dem traditionellen Kundenstamm mit weniger als 250.000 € an. Die Private-Banking-Kunden tragen 80% des Kundenkapitals bei, während die traditionelle Kundschaft nur 20% zum Kapital beiträgt. Abhängig davon, ob es sich um eine Anlagebank oder eine Volksbank handelt, wird die ABC-Analyse unterschiedlich ausgerichtet sein. Die Anlagebank wird sich auf die kapitalstarken Kunden ausrichten, während sich die Volksbank auf die Kundenanzahl konzentrieren wird.

Ermitteln der Menge

In jeder betrachteten Menge abgesetzter Produkte, beschaffter Materialien, vorrätiger Lagerartikel, aufgetretener Mängel, durchgeführter Aufgaben etc. findet sich stets eine relativ kleine Anzahl von Objekten/Vorgängen, die bereits mehr als 50% des Gesamten ausmachen (A-Kategorie). Demgegenüber gibt es eine relativ große Anzahl von Objekten/Vorgängen, deren Einfluss mit weniger als 15% relativ gering ist (C-Kategorie). Dazwischen liegt die Gruppe deren Einfluss zwischen den A- und C-Kategorien mit 15–50% liegen (B-Kategorie).

Das Ergebnis der Datenerhebung (vgl. dazu Informationsbeschaffung) kann in folgender Tabelle dargestellt werden:

Nr.	Kunden-kontakt	Menge pro Jahr	Menge Anteil in %	Umsatz pro Jahr in Mio.	Umsatz Anteil in %
1	Schalter	131.570	12,57%	201,6 €	12,37 %
2	Giro/Post	240.500	22,98%	489,5 €	30,04 %
3	Filetransfer	77.050	7,36%	8,5 €	0,52 %
4	Internet	185.000	17,68%	55,0 €	3,38 %
5	Zahlungsauftrag	412.500	39,41%	875,0 €	53,70 %
	Total	1.046.620	100,00%	1.629,5 €	100,00 %

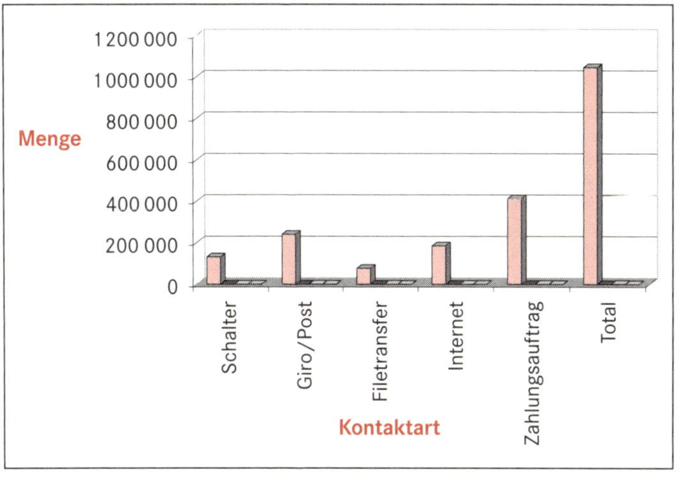

Abb. 18: Grafische Mengenanalyse

Um eine geordnete Übersicht zu erreichen, werden die Objekte nach ihrem prozentualen Anteil in absteigender Reihenfolge geordnet.

Ordnen der Ergebnisse

Nr.	Kunden-kontakt	Menge pro Jahr	Menge Anteil in %	Umsatz pro Jahr in Mio.	Umsatz Anteil in %
5	Zahlungsauftrag	412.500	39,41%	875,0 €	53,70%
2	Giro/Post	240.500	22,98%	489,5 €	30,04%
1	Schalter	131.570	12,57%	201,6 €	12,37%
4	Internet	185.000	17,68%	55,0 €	3,38%
3	Filetransfer	77.050	7,36%	8,5 €	0,52%
	Total	1.046.620	100,00%	1.629,5 €	100,00%

Darstellen der Ergebnisse

In der ABC-Analyse werden die Situationen und Probleme in Bezug auf ihre Gewichtung einer Gruppe A mit höchster Priorität, einer Gruppe B mit mittlerer Priorität und einer Gruppe C mit geringer Priorität zugeteilt. Der Sinn der Priorisierung liegt darin, dass man sich während des Verlaufs eines Projekts oder einer Aufgabe auf die wesentlichen Punkte konzentriert. Andernfalls besteht die Gefahr, dass die wichtigen Punkte nicht mit der notwendigen Dringlichkeit berücksichtigt werden oder die Priorität aus verschiedenen Gesichtspunkten beurteilt wird und durch Missverständnisse Ziele verfolgt werden, die untergeordnet hätten behandelt werden sollen.

ABC-Analyse

Nr.	Kunden-kontakt	Menge pro Jahr	Menge Anteil in %
5	Zahlungsauftrag	412.500	39,41 %
2	Giro/Post	240.500	22,98 %
4	Internet	185.000	17,68 %
1	Schalter	131.570	12,57 %
3	Filetransfer	77.050	7,36 %
	Total	1.046.620	100,00 %

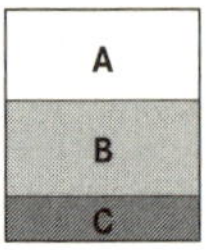

Nr.	Kunden-kontakt	Menge pro Jahr	Menge Anteil in %
5	Zahlungsauftrag	875,00 €	53,70 %
2	Giro/Post	489,50 €	30,04 %
4	Internet	201,60 €	12,37 %
1	Schalter	55,00 €	3,38 %
3	Filetransfer	8,50 €	0,52 %
	Total	1.629,50 €	100,00 %

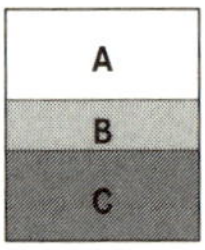

Abb. 19: Darstellung der ABC-Analyse

Diese Werte können nun grafisch z.B. durch ein Säulendiagramm abgebildet werden, um die Übersichtlichkeit zu verbessern. Je nach Bedarf kann die Gewichtung unter verschiedenen Gesichtspunkten beurteilt werden. Im folgenden Beispiel werden die Werte aus der Sicht der Mengen und des Betrages dargestellt. Dadurch können entscheidende Abweichung festgestellt werden. Die Entscheidungsgremien haben dadurch eine Grundlage, um zu entscheiden, welche Betrachtungsweise die größere Priorität erhalten soll.

Gewichtung nach Menge und Betrag

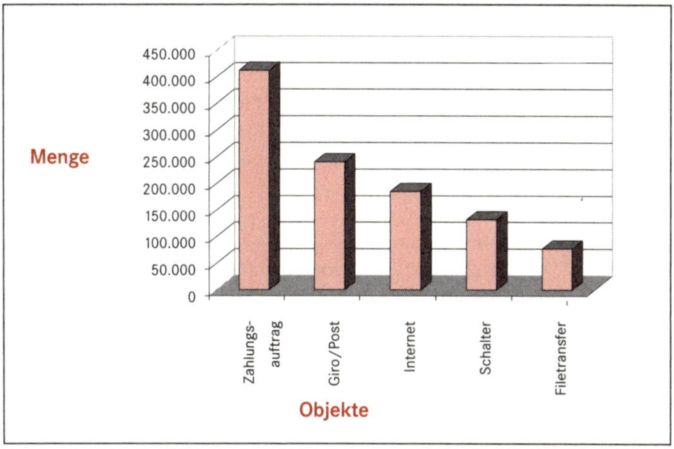

Abb. 20: Gewichtung nach Menge

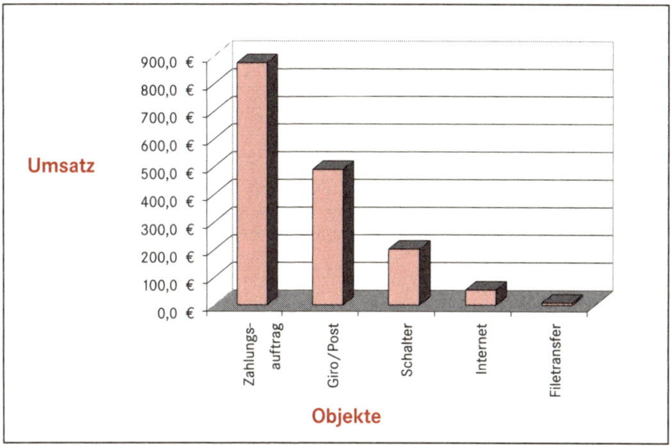

Abb. 21: Gewichtung nach Betrag

4.5.2 Exponentielle Glättung

Kurzfristige Prognosen

Die exponentielle Glättung ist ein Verfahren zur Erstellung von kurzfristigen Prognosen. Der Hauptanwendungsbereich liegt nicht in der Ermittlung von Planungsgrundlagen für die Systementwicklung (Innovationsprozess), sondern im Rahmen der Nutzungsphase (z.B. routinemäßige Wiederholung von relativ kurzfristigen Prognosen im Produktions- oder Absatzbereich).

Die exponentielle Glättung ist ein Spezialfall der Mittelwertbildung. Praktisch handelt es sich um einen gewichteten gleitenden Durchschnitt. Im praktischen Fall bedeutet dies, dass für Umsatzpro-

Mittelwertbildung

gnosen und Marktanalysen die Situationsanalyse zu Rate genommen werden, um auf deren Basis eine Gewichtung aufgrund des Marktes und der Unternehmung zu ermitteln und eine Tendenz zu prognostizieren und auf grafischer Ebene umzuleiten. In der folgenden Tabelle wird der Umsatz der Regionen Nord und Süd angenommen bzw. prognostiziert, um daraus einen exponentiell geglätteten Gesamtumsatz zu ermitteln (Abb. 22).

Prognostizierte Werte in €

	Umsatz gesamt	Umsatz Süd	Umsatz Nord
1999	0	0	0
2000	575.000	250.000	325.000
2001	1.000.000	400.000	600.000
2002	1.125.000	475.000	650.000
2003	1.235.000	525.000	710.000
2004	1.300.000	575.000	725.000
2005	1.325.000	590.000	735.000
2006	1.347.000	605.000	742.000
2007	1.357.000	610.000	747.000
2008	1.362.000	612.000	750.000
2009	1.366.000	614.000	752.000

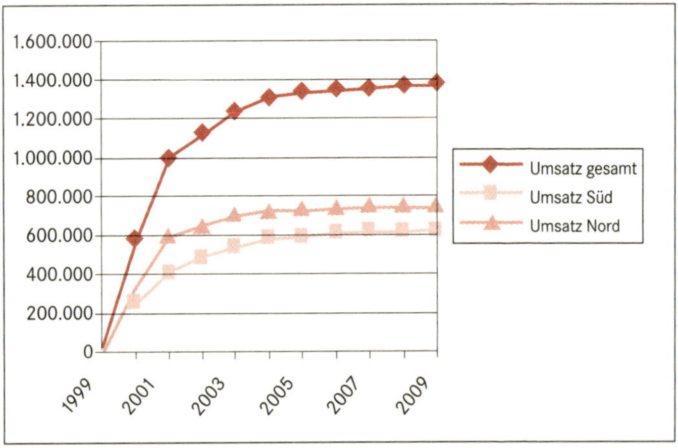

Abb. 22: Exponentielle Glättung, Werte in €

4.5.3 Hochrechnungsprognosen

Hochrechnungsprognosen werden angewendet, wenn kurzfristige Vorausschätzungen aus Teilergebnissen erfolgen sollen, die nicht nur zufällige Stichproben sind, und die entsprechenden vergleichbaren Vergangenheitsdaten vorliegen.

Dies ist vor allem in Unternehmen der Fall, in denen ausgeprägte saisonale Schwankungen vorhanden sind. Ferner versucht man, bei neuen Produkten aus den Anfangsverkäufen mittels Hochrechnungsprognosen auf den weiteren Absatz zu schließen.

Die Hochrechnungsprognosen sind vor allem als Wahlprognosen bekannt und für diesen Zweck weiter entwickelt worden. Ein Einsatz ist vor allem dann sinnvoll, wenn Produkte lanciert werden, die eine breite Personenschicht betreffen und aufgrund der Resultate kurzfristig Anpassungen und Veränderungen vor der Einführung vorgenommen werden können.

Beispiel:
Ein neues Parfum soll lanciert werden. Durch eine Hochrechnungsprognose in der Bevölkerung wird das erwartete Image abgeklärt. Auf diesen Resultaten können Werbemittel, Werbebotschaft, Preissegment und Verpackung festgelegt werden.

4.5.3.1 Regressions- und Korrelationsanalyse

Die Regressionsanalyse und die Korrelationsanalyse als wichtige Teilgebiete der mathematischen Statistik befassen sich mit der Untersuchung der Abhängigkeiten zwischen zwei oder mehreren Zufallsvariablen. Die Regressionsanalyse befasst sich mit der Art des Zusammenhangs zwischen den Variablen, während die Korrelationsanalyse den Grund oder die Intensität des Zusammenhangs untersucht. Regressionsanalyse

Die Korrelationsanalyse ist ein statistisches Verfahren, bei dem es darum geht, den Grad oder die Stärke der Abhängigkeit von Zufallsvariablen zu untersuchen (Korrelationskoeffizient). Sie ergänzt damit die Regressionsanalyse durch die Angabe eines Streuungsmaßes. Korrelationsanalyse

Anwendungsbeispiele:
- *Bremsweg in Abhängigkeit zur Fahrgeschwindigkeit,*
- *physikalische Eigenschaften eines Gusses in Abhängigkeit von den Zutaten,*
- *Ausbeute in einem chemischen Prozess in Funktion von z. B. Temperatur, Konzentration und Druck,*
- *Verkaufsvolumen in Abhängigkeit von wirtschaftlichen Kenngrößen wie z. B. Bruttosozialprodukt, Lebenskosten etc.*

4.5.3.2 Sättigungsmodelle

Prognosen auf der Basis von Sättigungsmodellen werden für mittel- und langfristige Voraussagen eingesetzt. Sie werden dann angewendete, wenn Grund zur Annahme besteht, dass sich Entwicklungen nach einer raschen Wachstumsperiode allmählich einem Grenzwert (Sättigungsgrenze) nähern. Die Anwendung der Sättigungsmodelle

Sättigungsgründe

eignet sich vor allem bei Produkten, die im Verlaufe des Absatzes einer Sättigung unterliegen. Der Grund einer Sättigung kann sehr vielseitig sein. Selbst Grundnahrungsmittel können einer Sättigung unterliegen. Neue Ernährungserkenntnisse führten zum Beispiel dazu, dass im europäischen Raum der Konsum von Fleisch deutlich zurückging, während Alternativen wie Gemüse, Fisch, Soja usw. an Nachfrage zu nahmen. Im Gegensatz aber zu den Nahrungsmitteln lebt die Informatikbranche von einer schnellen und kurzfristigen Sättigung durch immer schnellere Prozessoren, größere Speichermedien, komplexere Software und zerfallende Preise. All dies muss bei der Entwicklung von Produkten berücksichtigt werden, um abschätzen zu können, ob sich die Investition grundsätzlich auszahlt und welche Schritte gegangen werden müssen, um das neue Produkt auf eine rentable Schiene zu führen.

Anwendungsbeispiele:
- *Marktprognosen,*
- *Prognose der Entwicklung des Bevölkerungswachstums.*

4.5.3.3 Statistik

Analyse von Massenerscheinungen

Die Statistik befasst sich allgemein mit der Analyse von Massenerscheinungen, d.h. mit Erscheinungen, die eine große Anzahl von Einzelerscheinungen betreffen. Es geht dabei vor allem darum, Gesetzmäßigkeiten zu erkennen, denen solche Massenerscheinungen unterworfen sind. Die Statistik hat in den letzten Jahren stark an Bedeutung gewonnen. Dadurch wurden auch die Techniken der Statistik stark ausgeweitet und beinhalten heute sehr häufig Ansätze der höheren Mathematik. Dadurch konnte die Wahrscheinlichkeit einer Statistik enorm verbessert werden. Die Ansätze der höheren Mathematik werden vor allem bei Statistiken verwendet, wo die Erfassung aller Daten unmöglich geworden ist. Somit war man auf die Erfassung einer vordefinierten Menge von Daten beschränkt. Um nicht die gesamte Menge direkt errechnen zu müssen, sucht man sich eine überschaubare Teilmenge, die mit der gesamten Menge vergleichbar ist. Diese Menge wird ermittelt, um anschließend auf die gesamte Menge schließen zu können.

Beispiel:
Die Erfassung aller in Afrika lebenden Elefanten ist aus Gründen der Größe des Kontinents und aus Gründen der Wanderung der Elefantenherden nicht möglich. Vereinfacht hat man ein überschaubares Territorium ausgewählt, das mit Afrika als Gesamtem vergleichbar ist. Unter Berücksichtigung des Verhaltens der Elefanten wurden die Tiere dort gezählt und auf den gesamten Kontinent hochgerechnet.

Tipp

> Alle gewonnenen Aussagen gelten nur für das konkret vorliegende Datenmaterial. Verallgemeinerungen sind unzulässig, da sie sonst zu völlig falschen Resultaten führen können.

4.5.3.4 Trendextrapolation

Kurz- und mittelfristige Prognosen

Bei der Trendextrapolation handelt es sich um eine einfache Prognosetechnik, die vorwiegend bei kurz- und mittelfristige Prognosen zur Anwendung kommt. Grundlage für die Trendextrapolation bildet eine Zeitreihe der zur prognostizierenden Größe. Dabei wird die Annahme getroffen, dass für die künftige Entwicklung die Gesetzmäßigkeiten der Vergangenheit gelten. Daraus ergibt sich bereits der Nachteil. Künftige Veränderungen werden bzw. können dabei nicht berücksichtigt werden und führen dadurch zu einer ungenauen Prognose. Der Vorteil besteht in der Möglichkeit, auch langfristig eine Planung durchzuführen.

Die am häufigsten verwendeten Methoden zur Ermittlung eines Trends von Zeitreihen sind:

- Mittelwertbildung,
- exponentielle Glättung,
- Regressionsanalyse.

4.5.3.5 Wachstumsmodelle

Länge der Vorhersageperiode vs. Genauigkeit

Wachstumsmodelle berücksichtigen Veränderungen relevanter Einflussfaktoren auf den zu prognostizierenden Sachverhalt. Bezüglich der Aussagefähigkeit muss beachtet werden, dass die Länge der Vorhersageperiode und die Genauigkeit gegenläufige Größen sind. Je stärker sich der Zeitpunkt, zu dem eine Prognose erstellt wird, jenem nähert, auf den sie sich bezieht, desto genauer und zuverlässiger werden die getroffenen Aussagen. Die Wachstumsmodelle unterliegen mathematischen Berechnungen. Die Abhandlung ist komplex und würde diesen Rahmen sprengen. Im Literaturverzeichnis, ist ein Buch aufgeführt, dass sich mit den Wachstumsmodellen für Unternehmung beschäftigt. Durch die Komplexität dieser Modelle muss die Relation zum gestellten Problem berücksichtigt werden.

4.5.3.6 Wahrscheinlichkeitsrechnung

Daten, die als Grundlage für Entscheide dienen, sind häufig mit Unsicherheit behaftet. Es lässt sich daher nur die Wahrscheinlichkeit für das Eintreffen gewisser Ereignisse angeben. Die Wahrscheinlichkeitsrechnung ist ein Mittel, um das Maß der Unsicherheit mathematisch auszudrücken.

Wird ein Zufallsexperiment mehrmals nacheinander ausgeführt, so wird die Häufigkeit, mit der ein bestimmtes Ereignis anteilsmäßig an der Gesamtzahl der Versuche eintrifft, als relative Häufigkeit bezeichnet. Nach dem Gesetz der großen Zahl ist der Grenzwert der relativen Häufigkeit für unendlich viele Versuche gleich der Wahrscheinlichkeit für das Ergebnis A. Diese wird üblicherweise mit P(A) bezeichnet und ist eine Zahl zwischen 0 und 1. Dabei stellt 0 das unmögliche Ergebnis und 1 das sichere Ergebnis dar.

Beispiel:
1,0 = ganz sicher (dass jedes Lebewesen einmal sterben wird)
0,5 = gleiche Chancen (beim Münzenwurf »Zahl« bzw. »Kopf« zu werfen)
0,0 = unmöglich (ohne Sauerstoff auf dem Mond zu gehen)

4.5.3.7 Zeitanalysen

Ableitung von Trends

Von einer Zeitanalyse (Zeitreihe) wird gesprochen, wenn Daten über den gleichen Sachverhalt für eine Reihe von Zeitpunkten oder Zeiträumen vorliegen. Daraus lassen sich Entwicklungen, Tendenzen und Trends ableiten, die auf die vorliegende Aufgabe einen entscheidenden Einfluss ausüben.
Die Darstellung kann z.B. durch ein Linien-, Kuchen- oder Säulendiagramm erfolgen.

4.5.4 Kiviatdiagramm

Radarbild

Im Kiviatdiagramm (Radarbild, Sterndiagramm) werden mehrere Achsen dargestellt, auf denen verschiedene Werte in verschiedenen Einheiten oder gleiche Werte aus mehreren Messungen dargestellt werden.

Wenn die Punkte auf den Achsen miteinander verbunden werden, entsteht eine geschlossene Fläche, deren Form zur Interpretation von Sachverhalten herangezogen werden kann (vgl. Abb. 23).

4.5.5 Beeinflussungsmatrix

Beeinflussungsmatrizen sind wichtige Bestandteile zur Betrachtung und Analyse komplexer Zusammenhänge und ein Teil des vernetzten Denkens. Sie helfen zu erkennen, welche Größen im Netzwerk eine eher aktive, eine reaktive, eine kritische oder träge Rolle spielen. Aus der Beeinflussungsmatrix können aus den Schlussfolgerungen Maßnahmen abgeleitet werden.

Aufstellen einer Matrix

Für die Erstellung und die Auswertung einer Beeinflussungsmatrix hat sich das folgende Vorgehen durchgesetzt:
In einem ersten Schritt werden die Wirkungszusammenhänge zu den einzelnen Elementen untereinander grafisch dargestellt

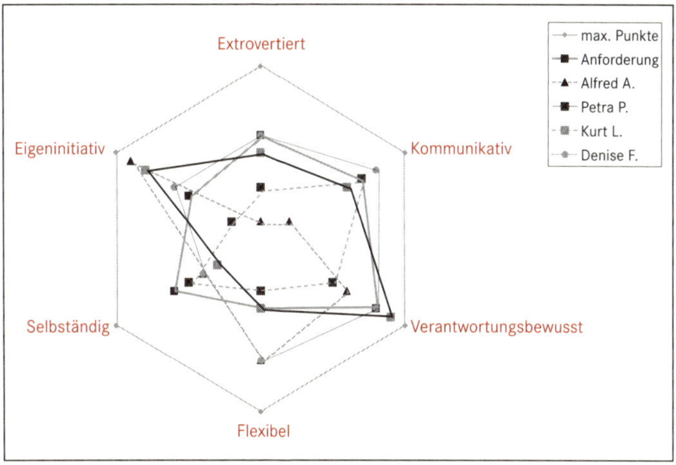

Abb. 23: Persönlichkeit durch das Kiviatdiagramm

Anforderungsprofil Persönlichkeit

(s. Abb. 25). In den folgenden Schritten wird die Erstellung und die Bewertung der Beeinflussungsmatrix behandelt.

Die Matrix stellt in den Zeilen und Spalten die Elemente der vorgängig erstellten Grafik dar. Die geschätzten Einflüsse der Elemente untereinander werden in die Matrix übertragen. Die Skala der Bewertung kann frei gewählt werden. Im nachfolgenden Beispiel wird der Bereich von 0–3 gewählt. 0 bedeutet, dass kein Einfluss besteht und die 3 stellt eine starke Abhängigkeit dar. Ein zu großer Skalenbereich ist nicht zu empfehlen, da eine objektive Schätzung ohne messbare Ergebnisse sehr komplex und über die gesamte Matrix nicht konsequent eingehalten werden kann. Die Zeilensummen stellen die Aktivsummen dar und weisen darauf hin, welcher Einfluss von einem Element ausgeht. Die Spaltensummen stellen den Wert der Passivsumme dar und zeigen auf, wie stark das Element von anderen insgesamt beeinflusst wird.

Interpretation der Ergebnisse

- **Hohe Aktivsumme und tiefe Passivsumme**
  Bei dieser Konstellation (Aktivsumme : Passivsumme × 100 = groß) können Veränderungen große Auswirkungen haben und deuten auf Bereiche hin, auf die eingegriffen werden kann. Das Veränderungspotenzial ist groß, ohne sich durch Rückwirkungen großen Gefahren auszusetzen.
- **Hohe Aktivsumme und hohe Passivsumme**
  Bei einer hohen Aktiv- und Passivsumme (Aktivsumme × Passivsumme = groß) liegt wohl ein großes Veränderungspotenzial vor, birgt aber die Gefahr durch nachteilige Rückwirkungen den Vorteil wieder aufzuheben. Im optimalen Fall besteht aber auch die Möglichkeit, dass die Rückwirkung den Nutzen aus der Veränderung verstärken können.

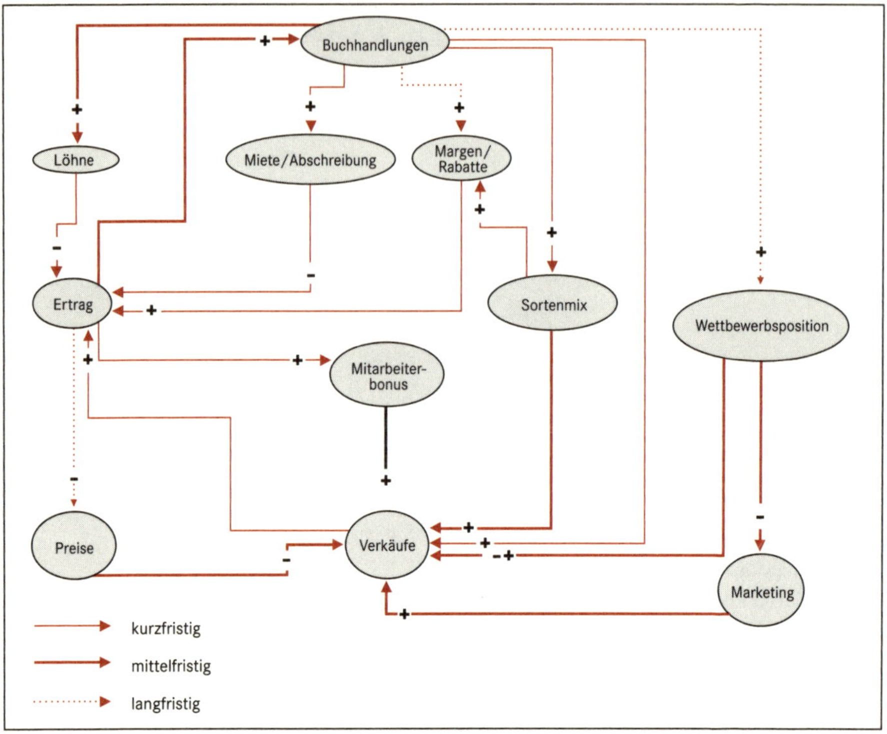

Abb. 24: Wirkungsnetz

- **Niedrige Aktivsumme und niedrige Passivsumme**
  Bei dieser Konstellation (Aktivsumme × Passivsumme = klein) haben Veränderungen und die Rückwirkung einen geringen Einfluss. Diese Konstellationen sollten in einem ersten Schritt unbeachtet bleiben, da Aufwand und Nutzen in keinem relevanten Verhältnis zueinander stehen.
- **Niedrige Aktivsumme und hohe Passivsumme**
  Elemente mit dieser Konstellation haben einen geringen Einfluss auf die anderen Elemente, sind aber sehr stark von anderen Elementen beeinflusst. Eine Veränderung in diesem Bereich ist nicht sinnvoll, da die Einflüsse aus den Veränderungen nicht kontrolliert werden können.

Anwendung

Die Beeinflussungsmatrix hilft vor allem bei einem komplexen und vernetzten System. Sie unterstützt das Bestreben, Maßnahmen und erstrebenswerte Auswirkungen zu analysieren und zu überdenken. Dieses Hilfsmittel ist vor allem in der Phase der Situationsanalyse geeignet. Während der Situationsanalyse ist es wichtig, alle Fak-

Wirkung auf → / von ↓	Netz von Buchhandlungen	Löhne	Sortimentsmix	Preise	Verkäufe	Wettbewerbsposition	Miete/Abschreibungen	Marketing	Margen/Rabatte	Ertrag	Mitarbeiterbonus	Aktivsumme AS	Quotient Q (AS : PS x 100)
Netz von Buchhandlungen		3	2	1	3	3	3	1	2	2	0	20	154
Löhne	0		0	0	2	1	1	0	0	3	2	9	90
Sortimentsmix	1	1		0	3	2	1	1	2	2	0	13	144
Preise	0	0	2		3	1	1	1	3	3	0	14	467
Verkäufe	2	1	1	1		2	3	2	1	3	2	18	95
Wettbewerbsposition	3	1	0	0	3		2	2	3	2	0	16	114
Miete/Abschreibungen	2	0	0	0	0	0		0	1	3	0	6	46
Marketing	0	0	1	0	2	1	0		0	1	0	5	63
Margen/Rabatte	2	1	2	1	1	2	1	0		3	0	13	100
Ertrag	3	2	1	0	0	2	1	1	1		3	14	61
Mitarbeiterbonus	0	1	0	0	2	0	0	0	0	1		4	57
Passivsumme PS	13	10	9	3	19	14	13	8	13	23	7		
Produkt (AS x PS)	260	90	117	42	342	224	78	40	169	322	28		

Abb. 25: Beeinflussungsmatrix

toren zu erkennen, welche das anstehende Problem bzw. Projekt beeinflussen, welche anderen Faktoren sie beeinflussen und durch welche Faktoren sie wiederum beeinflusst werden.

Grafische Darstellung aktiver und passiver Einflüsse

Um die relevanten Werte ermitteln zu können, werden vor der Erstellung der Matrix die aktiven und passiven Einflüsse grafisch dargestellt. Durch die grafische Darstellung wird die Übersichtlichkeit erreicht. Zudem ermöglicht sie die optische Bewertung der Einflüsse:

- Sind die Einflüsse von Bedeutung oder können sie vernachlässigt werden?
- Beeinflussen sie sich gegenseitig aktiv oder passiv?

Die vorgängig erwähnte Beschreibung in der Frage nach der Interpretation der Ergebnisse stellen in Abb. 25 die Daten optisch dar.

4.5.6 Kommunikationsanalyse

Erfassung quantitativer und qualitativer Informationsströme

Bei der Kommunikationsanalyse werden die quantitativen und qualitativen Informationsströme erfasst und dargestellt. Für die Kommunikationsanalyse bestehen unzählige Fachbücher, die das kommunikative Elemente aus den verschiedensten Gesichtspunkten betrachtet. In diesem Buch auf dieses Gebiet einzugehen, würde gemessen am Ziel, welches dieses Buch erzielen will, weit vorbei gehen. Es ist aber wichtig, darauf hinzuweisen und für spezifische Probleme an den

Buchfachhandel zu verweisen. Es reicht nicht, nur Informationen über die Kommunikation zu erhalten. Entscheidend über die Qualität und Quantität der Aussagen ist der Einbezug des sozialen und psychologischen Elements.

Die folgende Sachverhalte über die Kommunikationsbeziehungen können je nach Bedürfnis, Zeit und Anforderungen ermittelt werden:

- Art (schriftlich, mündlich, persönlich),
- Inhalt (z.B. Preisanfrage, Terminauskunft, Kundenreklamation),
- Häufigkeit (Anzahl Kontakte pro Zeiteinheit),
- Sender und Empfänger,
- Dauer des Kommunikationsvorgangs (z.B. in Minuten),
- verwendete Sachmittel (z.B. Formular, Checkliste, Informatik).

4.5.7 Mengenanalyse

Relative Mengenverteilung

Die Ermittlung der relativen Mengenverteilung erlaubt, Prioritäten zu erkennen. Bei jeder ODER-Verzweigung im Ablauf wird ermittelt, wie viel Prozente welchen Weg durchlaufen werden. Die Prozentsätze

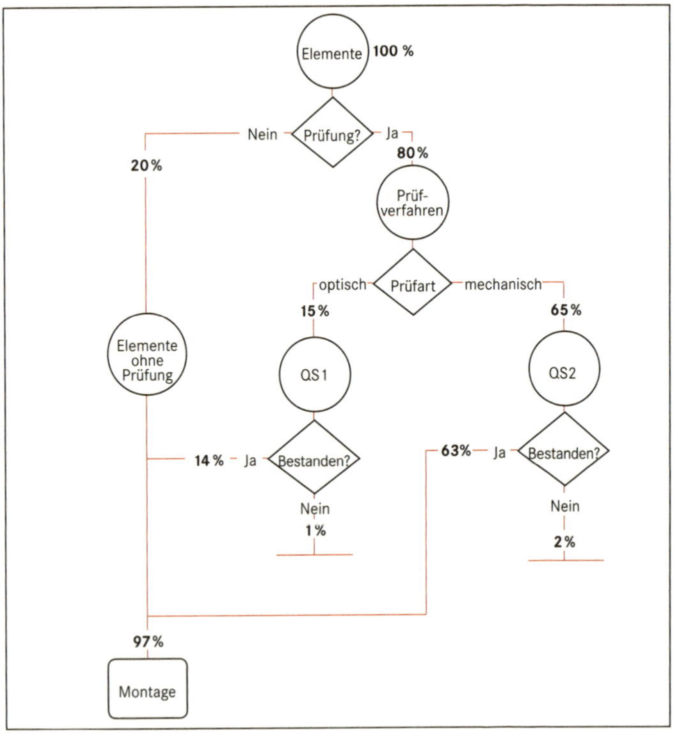

Abb. 26: Relative Mengenverteilung

beziehen sich immer auf 100%, die am Anfang der untersuchten Funktion ermittelt werden. In Abb. 26 beziehen sich die 15%, die das optische Prüfverfahren durchlaufen, nicht auf die 80%, die dem Prüfverfahren unterliegen, sondern auf die gesamthafte untersuchte 100% der Elemente. Der Vorteil liegt in der direkten Vergleichbarkeit der Werte des Inputs und des Outputs.

Aufgabenhäufigkeit

Ohne große Berechnungen wird in Abb. 27 ersichtlich, dass 97 % der Elemente für die Montage sind sowie die 1 % und 2 % des Ausschusses wieder die ursprünglich untersuchten 100 % ergeben. Durch die optische Abbildung der prozentualen Mengenverteilung werden die prioritären Pfade ermittelt. Bei der Untersuchung einer Situation oder auf der Suche nach neuen Lösungen wird das Schwergewicht der Aufgabe auf die Pfade gelenkt, die mit höchster Priorität zu behandeln sind.

Die Aufgabenhäufigkeit wird unter Zuhilfenahme der relativen Mengenverteilung, wie oft eine Aufgabe ausgeführt werden muss (z.B. bei 1000 zu verarbeitenden Objekten, absolute Häufigkeit), ermittelt. Im Vergleich wird die relative Häufigkeit in % angegeben.

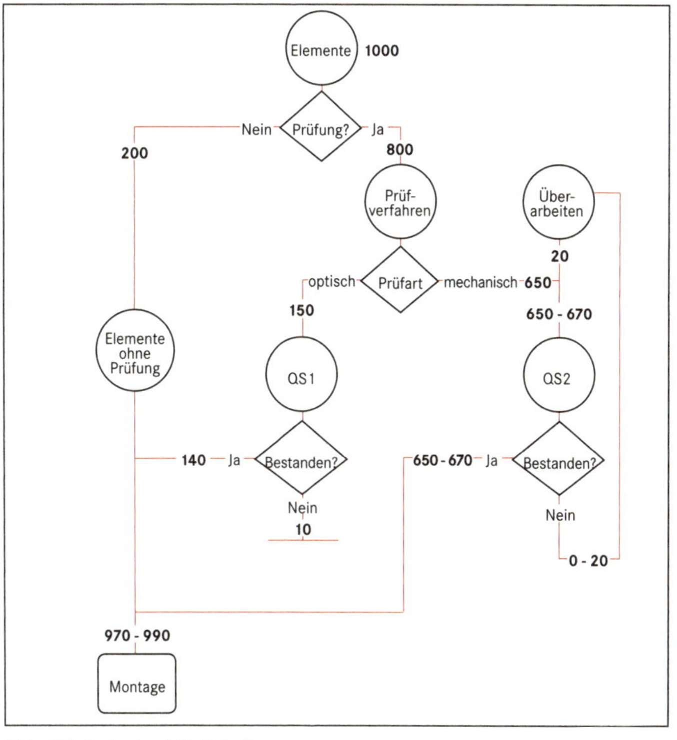

Abb. 27: Aufgabenhäufigkeit

Ausgangshäufigkeit

An jedem Punkt, an dem Objekte das System verlassen, wird die absolute bzw. relative Häufigkeit ermittelt. Dadurch wird ersichtlich, wo die Schwerpunkte des Mengendurchlaufes liegen und welchen Einfluss sie auf das gesamte System nehmen. In Abb. 28 stammt der überwiegende Anteil von allen Teilen, die in die Montage geliefert werden und einer Prüfung unterstehen, aus dem mechanischen Bereich. Dies lässt darauf schließen, dass die Elemente, die sich mit dem mechanischen Bereich beschäftigen, einer stärkeren Priorität in der Projektierung unterzogen werden müssen, da dort ein Fehler gravierendere Ausmaße annehmen wird als in den anderen Bereichen zusammen.

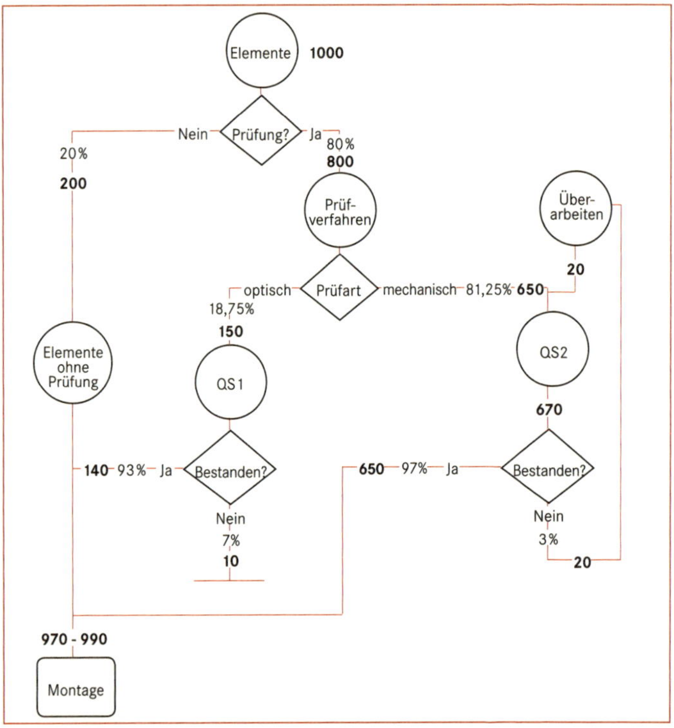

Abb. 28: Ausgangshäufigkeiten

Häufigkeit von Haupt- und Nebenästen

Bei der Betrachtung eines Ablaufs nach Haupt- und Nebenästen werden die kritischen Abläufe ermittelt. Es wird festgestellt, wie oft der Hauptast (Normalfall) und wie oft die Nebenäste durchlaufen werden. Bei dieser Betrachtungsweise soll herausgefunden und festgehalten werden, wo der Hauptast liegt und in welcher Priorität die Nebenäste zum Hauptast stehen. Folgerichtig muss den Hauptästen ein verstärktes Interesse zugeordnet werden, weil ein erhöhtes Fehlerpotenzial und eine unter Umständen erhöhte Tragweit von Fehlern im produktiven Betrieb die Folge sein kann. Ersichtlich in Abb. 28 ist der bereits einmal erwähnte mechanische Ast. Zudem wird deutlich, welche Äste unterstützend wirken, welche parallel zum Hauptast laufen und welche in keiner Abhängigkeit zum Hauptast stehen. Mit Hilfe dieser Abbildung kann der gesamte Projektverlauf jederzeit verglichen, sehr schnell auf Abweichungen im Projektverlauf reagiert und können entsprechende Korrekturen veranlasst werden.

4.5.8 Ablaufdiagramm

Ablaufdiagramme (grafische Ablaufdarstellungen) sind eine Darstellungsform für Ergebnisse von Ablaufanalysen. Sie basieren auf Symbolen der Graphentheorie (vgl. Kap. 4.6.1), wobei die Tätigkeiten oder Zustände mit Knoten, Rhomben oder Rechtecken dargestellt werden. Ihre Abfolge wird durch Pfeile symbolisiert. Je nach Objekt der Aufgabenanalyse und dem Darstellungszweck werden unterschiedliche

Grafische Ablaufdarstellung

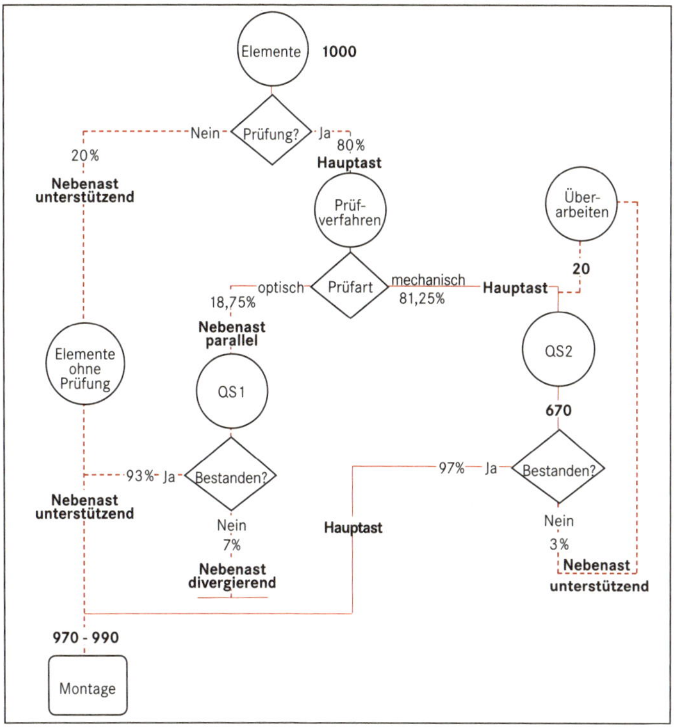

Abb. 29: Häufigkeit der Haupt- und Nebenäste

Darstellungstechniken verwendet. Wird eine mehr oder weniger ausgefeilte Symbolik vorgeschlagen, muss die Symbolik genormt sein.

Einsatzgebiete

Das Ablaufdiagramm wird für spezielle Gebiete wie z.B.

- Datenflusspläne in der Informatik (DIN 44300),
- Fließbilder in der Mess-, Steuer- und Regelungstechnik (DIN 19227),
- Verfahrenstechnik (DIN 28004),
- Materialflusspläne in der Logistik,
- Arbeitsabläufe/Prozesse (Darstellungstechniken der Ablauforganisation) angewendet.

4.5.9 Blockschaltbild

Blockdiagramm

Blockschaltbilder (Blockschema, Blockdiagramm) sind vielseitig verwendbare Mittel, um Prozesse und Systeme verschiedenster Art darzustellen. Sie bestehen aus sog. Blöcken (rechteckigen Feldern), die materielle Systemelemente, betriebliche Stellen, Verarbeitungsfunktionen, Aktivitäten usw. repräsentieren und durch Flüsse von Material, Energie und Informationen verbunden sein können. Diese Blöcke werden in einem Raster angeordnet, das z.B. eine Zuordnung

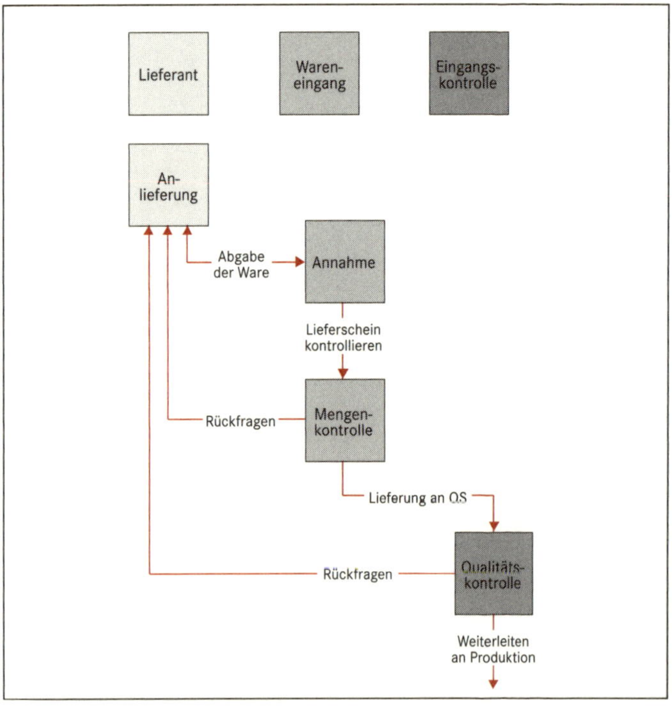

Abb. 30: Blockschaltbild

von Aufgabenträgern oder Aufgabenquellen mit der Aufgabenfolge darstellt.

4.5.10 Ursachenorientierte Betrachtung

Diagnostische Betrachtung

Die ursachenorientierte (diagnostische) Betrachtung bezweckt, Symptome einer unbefriedigenden Situation, einer möglichen Chance oder Gefahr zu beschreiben, den »richtigen« Elementen einer Situationsdarstellung zuzuordnen und schließlich mögliche Ursachen zu finden.

Dabei werden die Techniken der Problem-Ursachen-Analyse angewendet. Unter der Problem-Ursachen-Analyse (Würdigung) sind die Methoden und Techniken zusammengefasst, die helfen sollen, die Stärken, Schwächen, Chancen und Risiken systematisch zu lokalisieren und Ursachen (Gründe) für Schwachstellen zu analysieren.

4.5.11 Lösungsorientierte Betrachtung

Therapeutische Betrachtung

Die lösungsorientierte (therapeutische) Betrachtung soll den Blick auf mögliche Lösungsideen und Eingriffsmöglichkeiten (Mittelkatalog, Vorbilder etc.) richten, damit das Problem besser verstanden und der Eingriffsbereich identifiziert werden kann sowie realistische Ziele abgeleitet werden können. Im Gegensatz zur ursachenorientierten Betrachtung, befasst sich die Betrachtung möglicher Lösungsansätze mit der Zukunft.

4.5.12 Prognosetechniken

Für die Auswertung von Informationen stehen vielfältige Techniken zur Verfügung, die je nach der Ermittlung des Verfahrens, des Zeitraums zur Aufbereitung der Prognosen sowie des Outputs der Prognosen sehr unterschiedlich sind. Jede eingesetzte Technik muss in

	Ermittlungsverfahren			Prognosezeitraum			Prognoseoutput	
Prognoseverfahren	intuitiv	mathematisch	grafisch	kurz	mittel	lang	quantitativ	qualitativ
Delphi-Methode	X	-	-	-	-	X	(X)	X
Exponentielle Glättung	-	X	-	X	-	-	X	-
Hochrechnungsprognose	-	X	-	X	-	-	X	-
Mittelwertbildung	-	X	-	X	-	-	X	-
Regression	-	X	-	X	(X)	-	X	-
Sättigungsmodelle	-	X	-	-	X	X	X	-
Szenario Writing	X	-	-	-	X	X	-	X
Trendextrapolation	-	X	(X)	X	X	(X)	-	-

Relation zur gestellten Aufgabe stehen. Oben stehende Tabelle zeigt die bekanntesten Prognosetechniken im Überblick.

4.6 Informationsdarstellung

Nachdem die Informationen gesammelt, aufbereitet und analysiert worden sind, kommt der entscheidende Schritt der Informationsdarstellung. Die Basis der Informationen mag noch so fundiert und qualitativ hochwertig sein, wenn diese mit den falschen Mitteln und Argumenten präsentiert werden, kann das Produkt/Projekt nur schwerlich verkauft werden. Die wichtigsten Techniken der Darstellung von Informationen werden im Folgenden dargestellt.

4.6.1 Graph (Graphentheorie)

Die Graphentheorie ist ein Teilgebiet der Mathematik, das die Eigenschaften von Graphen untersucht. Dadurch, dass einerseits viele algorithmische Probleme auf Graphen zurückgeführt werden können und andererseits die Lösung graphentheoretischer Probleme oft auf Algorithmen basiert, ist die Graphentheorie auch in der Informatik von großer Bedeutung. In der Graphentheorie ist ein Graph eine Menge von Punkten (man nennt diese dann Ecken oder auch Knoten), die eventuell durch Linien (sog. Kanten) miteinander verbunden sind. Die Kanten können auch gerichtet sein, was durch Pfeile dargestellt wird. Je zwei Knoten können nur durch eine Kante verbunden sein. (Sog. Multigraphen lassen aber auch mehrfache Verbindungen zu.) Eine Verbindung eines Knotens zu sich selbst (Schleife) kann erlaubt oder verboten sein. Zusätzlich können sowohl Knoten als auch Kanten mit Gewichten (beliebige Zahlen) oder Farben versehen sein.

Graph = Menge von Punkten

Man spricht von einem Graphen, wenn Zusammenhänge eines Phänomens durch die Verwendung von Pfeilen bzw. Strecken (= Kanten) und Flächen bzw. Punkten (= Knoten) dargestellt werden (vgl. dazu Bubble-Chart). Wenn die Kanten, gekennzeichnet durch Pfeile, einen bestimmten Richtungssinn haben, spricht man von gerichteten Graphen. Den Kanten können mit Hilfe von Zahlen oder Texten zusätzlich Größen zugeordnet werden, z. B. Distanzen, Zeitdauern, Kosten, Kapazitäten. Man spricht in diesem Fall von einem bewerteten Graphen.

4.6.2 Objektstrukturplan

Der Objektstrukturplan entsteht bei der Planung eines Projektes. Er enthält die technische Struktur des im Projekt zu erstellenden Systems oder Produktes. Er stellt den Architekturplan dar und enthält somit alle für das entstehende System notwendigen Teile entsprechend der Systemhierarchie. Neben den Systemteilen enthält der Objektstrukturplan auch die zusätzlich anzufertigenden Teile, die zwar zur Entwicklung des Systems benötigt werden, jedoch später nicht Bestandteil des Systems sind (z.B. Prototypen, Testprogramme). Der Objektstrukturplan soll die Komplexität des Systems in überschaubare Einheiten aufteilen und somit der sachgerechten Abwicklung eines Projektes dienen. Ein Objektstrukturplan ist eine hierarchische Darstellung des zu gestaltenden Objekts, in der die Bestandteile bzw. die systembildenden Elemente in einer vollständigen Übersicht dargestellt sind.

4.6.3 Zuordnungsstrukturen

Baumstrukturen

Die stufenweise Zergliederung von Sachverhalten und Objekten (z.B. Produkte, Aufgaben, Funktionen, Stellen) lässt sich anschaulich unter Verwendung von Baumstrukturen darstellen. Durch den strukturellen Aufbau werden die Zuordnungen aller betroffenen Komponenten verdeutlicht. Zuordnungsstrukturen, die ähnlich gearteten Sachverhalten entsprechen, werden z.B. bei den folgenden Plänen angewendet:

- Objektstrukturplan,
- Projektstrukturplan,
- Systemhierarchie,
- Organigramm,
- Aufgabengliederung.

Werden unterschiedlich geartete Sachverhalte durch die oben erwähnten Pläne dargestellt, treten Fehler auf, da einerseits keine klare und unmissverständliche Interpretation besteht und andererseits kein Bezug zueinander dargestellt werden kann. Treten Beziehungen deshalb zwischen zwei oder mehreren unterschiedlich gearteten Sachverhalten auf, werden diese z.B. durch die folgenden Zuordnungsdiagrammen dargestellt:

Zuordnungsdiagramme

- Wirkungsnetz,
- Beeinflussungsmatrix,
- Funktionendiagramm,
- Ursachenmatrix.

4.6.4 Benchmarking

Best Practice

Das Benchmarking ist ein Analyse- und Planungsinstrument, das einen Vergleich des eigenen Unternehmens mit dem »Klassenbesten« der Mitbewerber und darüber hinaus auch Vergleiche mit branchenfremden (Best Practice) Unternehmen erlaubt. Es ist somit ein Prozess, der Produkte, Methoden, Abläufe und Strukturen betrieblicher Funktionen einem oder mehreren anderen Unternehmen gegenüberstellt, um Rationalisierungspotenziale oder Qualitäts- und Leistungssteigerungspotenziale aufzudecken. Im Benchmarking – dem Vergleich mit dem Besten auf dem Markt – vergleicht man das eigene Unternehmen oder Teile davon wie z. B.

- Produkte,
- Prozesse,
- Verfahren,
- Techniken,
- finanzielle Aspekte,
- Qualitätssysteme.

4.6.5 Mengen- und Zeitanalysen (Ablauforganisation)

Bedeutung der Faktoren Zeit und Menge

Während der Entstehung und Entwicklung eines Projekts werden die Faktoren Zeit und Menge tendenziell vernachlässigt, obwohl es auch im privaten Bereich immer wieder zu Engpässen kommt, weil Zeit und Menge vernachlässigt werden. Eine Strecke zwischen A und B wird täglich zurückgelegt. Man weiß, dass es am folgenden Tag sehr wichtig ist, pünktlich an diesem Ort zu sein. Hier tendiert man dazu, etwas mehr Zeit einzuräumen und früher loszufahren, da man sich bewusst ist, dass Unvorhergesehnes auf dem Weg zu B geschehen kann. Während des Projektmanagements wird aber oft auf eine Reserve verzichtet, weil ein Termin-, Kosten- oder Erwartungsdruck vorhanden ist, den man gerne erfüllen möchte. Man hofft einfach, dass alles gut gehen wird und neigt dazu, die Augen vor anstehenden Problemen zu verschließen. Im Zusammenhang mit der Analyse bzw. Gestaltung von Abläufen (Prozessen) sind folgende Aspekte von Bedeutung:

- **Mengenanalysen**
  - relative Mengenverteilung,
  - Aufgabenhäufigkeiten,
  - Ausgangshäufigkeiten,
  - Häufigkeitsanteile von Haupt- und Nebenästen,
  - Anzahl Ablaufvarianten,
  - ABC-Analyse.
- **Zeitanalysen**
  - Zeiten für einzelne Aufgaben erheben,
  - Zeiten unter unterschiedlichen Voraussetzungen erheben (z. B. Stress, Tageszeit, Termine),
  - Zeitverlust für mögliche Störfaktoren berechnen,
  - Durchlaufzeit berechnen.

4.7 Problem-Ursachen-Analyse

Ziel und Bedeutung

Die Technik der Problem-Ursachen-Analyse ermöglicht eine systematische Bearbeitung von Problemen und die Suche nach deren Ursachen. Die Problem-Ursachen-Analyse wird immer dann angewendet, wenn zwischen Soll- und Ist-Zustand eine Abweichung (Differenz) besteht und die Ursachen (Gründe) für diese Abweichung nicht bekannt bzw. nicht eindeutig erkennbar sind.

Die Problem-Ursachen-Analyse nimmt u.a. aus folgenden Gründen eine Schlüsselstelle im Projektverlauf ein:

- In der Problem-Ursachen-Analyse wird das Stärken-Schwächen-Profil des Untersuchungsbereichs transparent dargestellt.
- Die Ursachen einer Störung werden identifiziert und damit wird vermieden, dass Symptome bekämpft werden (die richtigen Dinge tun).
- Die Erkenntnisse aus der Problem-Ursachen-Analyse helfen, »bessere« Ziele zu finden.
- Während der Analyse sind Eingriffsmöglichkeiten erkennbar, die bei der Lösungssuche detailliert geplant bzw. als Sofortmaßnahmen lanciert werden können.

Anwendung

Die Anwendung der Problem-Ursachen-Analyse beruht auf systematischen Grundsätzen. Sie nimmt die bekannten Faktoren auf und erstellt daraus eine Problemmatrix, in der die festgestellten Probleme vollumfänglich hinsichtlich der Gefahren sowie auf deren künftigen Auswirkungen untersucht werden. Konsequent wird die Problem-Ursachen-Analyse lokalisiert, konkretisiert und priorisiert. Eine systematische Problem-Ursachen-Analyse wird in folgenden Schritten durchgeführt:

4.7.1 Stärken, Schwächen, Chancen und Risiken lokalisieren

Um die Situation analysieren zu können, wird eine unstrukturierte Sammlung von Stärken, Mängeln, Chancen und Risiken angelegt:

- Basis des Auftrags,
- Erkenntnisse aus der Erhebungsphase,
- Analyse der Ist-Situation,
- persönliche und firmeninterne Erfahrungswerte werden erarbeitet,
- Vergleiche zu bereits bekannten Lösungen, die ähnlich gelagert sind (Benchmarking).

Benchmarking

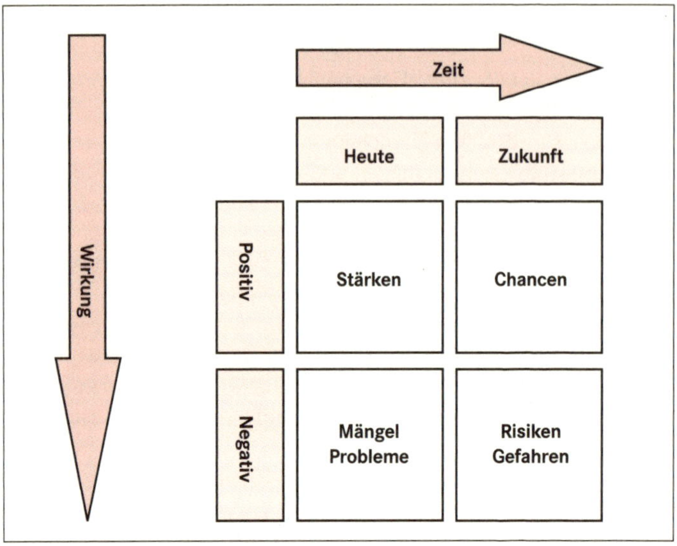

Abb. 31: Problem-Ursachen-Analyse

4.7.2 Probleme strukturieren

Nachdem die Stärken, Mängel, Chancen und Risiken zusammengetragen sind, müssen die vorliegenden Daten strukturiert werden. Damit die Strukturierung möglichst systematisch vorgenommen werden kann, müssen die folgende Teilschritte durchgeführt werden:

- Die Probleme werden geordnet zu Problembereichen zusammengefasst und in Form einer hierarchischen Gliederung dargestellt;
- Entfernen von Redundanzen, Widersprüchen und nicht problemrelevanten Aussagen;
- Präzisieren der Formulierung (Verständlichkeit);
- Vervollständigen der Problemsammlung.

Typische Problembereiche

Als typische Problembereiche gelten die folgenden Punkte:

- **Organisation und Führung**

Die Organisation und die Führung hat vieles mit Psychologie zu tun und ist dadurch der eigentlichen Aufgabe der Informatik sehr fremd. Um so wichtiger ist es, diese Punkte zu betrachten und falls notwendig zu analysieren.

- **Ablauforganisation**

Nicht selten wird der ablauforganisatorische Aspekt, nachdem er einmal konsequent aufgebaut worden ist, punktuell verändert. Während der Zeit ändert sich die Stellung einer Firma zu ihren Umfeldern, wie Arbeitgeber, Finanzgeber, Kunden usw. Falls wirklich eine Änderung des Ablaufs innerhalb der Unternehmung notwendig ist, muss diese auch in der ganzen Konsequenz betrachtet und angepasst werden.

- **Sachmitteleinsatz**

Meistens haben Sachmittel einen tragenden Einfluss auf das Umfeld, in dem diese eingesetzt werden. Oft aber werden diese unterschätzt und es wird ihnen eine untergeordnete Priorität zugeteilt.

- **Informatik, Informationswesen**

Negative Auswirkungen kurzfristiger Sparmaßnahmen

Gerade in Zeiten der Krisen erinnert man sich, dass die Informatik keinen messbaren Nutzen abwirft und eigentlich nur Unkosten verursacht. Falsch gedacht, Sparmaßnahmen in diesem Umfeld können auf die mittelfristige Planung verheerende Auswirkungen haben. Die Entwicklung der eingesetzten Informatik kann sehr wohl minimiert werden. Niemals darf sie aber aus Gründen kurzfristiger Sparmaßnahmen aus der Betrachtung der Entwicklung einer Unternehmung entfernt werden.

- **Personal, Ausbildung**

Nach wie vor ist das Personal in der langfristigen Betrachtung das wertvollste Gut einer Unternehmung. Behandle es gut und es wird dir langfristig auch goldene Zeiten bescheren. Der Spreu soll aber auch vom Weizen getrennt werden. D.h., dass an das Personal hohe Anforderungen gestellt werden sollen. Diese Ansprüche der Unternehmung muss auch durch notwendige Aus- und Weiterbildung gestützt werden.

- **Sicherheit**

Schutz von Menschen, Produkten, Informationen, Finanzen

Die Sicherheit ganz allgemein darf nie unbetrachtet bleiben. Für Hab und Gut sowie die Menschen müssen die entsprechenden Sicherheitsaspekte mitberücksichtigt werden. Der Mensch soll nicht erst dann geschützt werden, wenn seine Gesundheit ernsthaft gefährdet ist, sondern bereits zu Beginn hat der Mensch, oder in diesem speziellen Fall der Mitarbeiter, ein Anrecht auf die Wahrung seiner grundsätzlichen Rechte und Bedürfnisse. Aus der technischen Sicht muss die Wahrung der Produkte, Informationen und Finanzen gewährleistet werden können. Das bedeutet, dass ganz allgemein das Überleben der Unternehmung an vorderster Stelle steht und dies bereits in goldenen Zeiten.

4.7.3 Probleme gewichten

Kriterien der Problemgewichtung

Wie auch schon bei anderen Themen erwähnt, sind nicht alle Probleme, die auftauchen, mit der gleichen Priorität zu behandeln. Die Gewichtung der Probleme kann nach folgenden Kriterien erfolgen:

- **Wichtigkeit des Problems**
  Wie wichtig (hoch, mittel, tief) ist es, dass gegen das Problem sofort etwas unternommen wird? Muss es sofort angepackt werden oder wie lange kann noch gewartet werden, bis etwas unternommen werden muss. Welche Gründe liegen vor, die es wichtig oder unwichtig erscheinen lassen?

- **Dringlichkeit des Problems**
  Wie dringend (hoch, mittel, tief) muss etwas unternommen werden bzw. wie lange kann gewartet werden, ohne dass ein Schaden entsteht? Bei der Dringlichkeit geht es vor allem um die Beurteilung, welcher Schaden entsteht, falls das Problem nicht sofort behoben wird. Nicht der Hartnäckigste hat das größte Problem, auch wenn dies heute sehr gerne ein Mittel ist, um sich Probleme vom Hals zu schaffen. Es geht aber nicht um die persönlichen Probleme, sondern um das Problem, das von einem Auftraggeber aufgegeben worden ist.

- **Tendenz**
  Wie würde sich die Problemsituation verändern, wenn nichts unternommen wird (Tendenz steigend, gleich bleibend, abnehmend)? Würde sich die Tendenz stark verändern? Verhält sich die Tendenz linear oder proportional?

- **Ausmaß des Problems**
  Wie viele Ressourcen sind vom Problem betroffen (Geld pro Monat, Personen, Fälle pro Zeiteinheit etc.)? Betrachtet werden müssen die Ressourcen des Problems als solches, wie auch die notwendigen Ressourcen zu Behebung des Problems.

Problemgewichtung

Problem	Wichtigkeit	Dringlichkeit	Tendenz	Betroffen
Problem 1	Hoch	Hoch	Steigend	Umsatz 5 Mio.
Problem 2	Mittel	Tief	Abnehmend	Arbeitslose 4,1 %
Problem 3	Hoch	Mittel	Bleibend	150 Mitarbeiter
Problem 4	Tief	Tief	Bleibend	Kostenstruktur

Aus dieser Betrachtung muss eine Gesamtbeurteilung der Problemsituation bzgl. des Handlungsbedarfs (Prioritäten) möglich sein.

4.7.4 Ursachen analysieren

Bubble-Chart

Bei diesem Schritt erfolgt die Suche nach den Ursachen, das Erkennen von Eingriffsmöglichkeiten und die Darstellung der Ursachen-Wirkungsketten, z.B. Bubble-Chart.

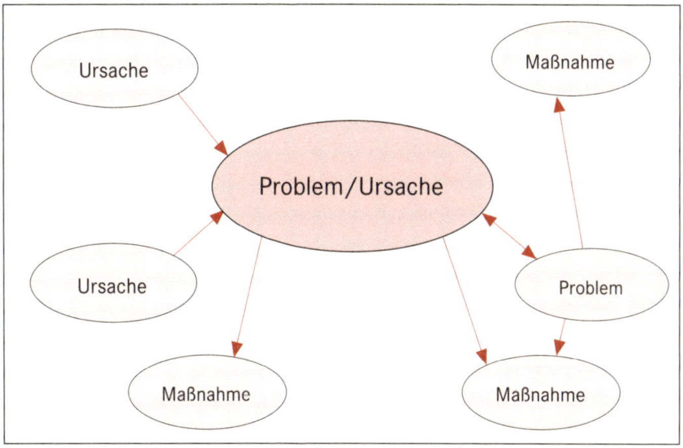

Abb. 32: Problem-Ursache-Bubble-Chart

4.7.5 Problem-Ursachen-Matrix erstellen

Darstellung kausaler Zusammenhänge

Die Netzwerke werden in einer tabellarischen Darstellung der Problem-Ursachen-Matrix aufgelöst (vgl. Kap. 4.7.4), um zu erkennen, wie die Ursachen-Wirkungszusammenhänge sind (kausale Zusammenhänge).

Problem \ Ursache	Ursache 1	Ursache 2	Ursache 3	Ursache 4	Ursache 5
Problem 1		1		2	
Problem 2	2		**5**		
Problem 3				1	1
Problem 4			**3**	1	2
Problem 5		**4**	1		
Problem 6					
Problem 7	2	1		2	
Problem 8				**3**	
Problem 9				1	
Problem 10		2			

Abb. 33: Problem-Ursachen-Matrix

Im Schnittfeld von Problem und Ursache kann ein Wert eingetragen werden, durch den der Einfluss zum Ausdruck gebracht wird (0 = kein Einfluss, 1 = schwacher Einfluss etc.).

4.7.6 Sofortmaßnahmen ableiten

Es gilt zu prüfen, ob es Möglichkeiten gibt, Ursachen zu beseitigen und damit einzelne Probleme zu bekämpfen bzw. die Auswirkungen von Problemen für eine gewisse Zeit zu »lindern«. Sofortmaßnahmen müssen

Kriterien

- rasch wirken,
- wenig kosten
- und dürfen die spätere Lösung nicht präjudizieren.

4.7.7 Problemdarstellung

Probleme und Ursachen werden in einer für den Benutzer (Auftraggeber) verständlichen Form, z.B. in tabellarischer oder verbaler Form, aufbereitet.

Problem-Ursachen-Beschreibung

Problem		**Ursache**
Problem 1	Problem 1a	Ursache 1a
		Ursache 1b
	Problem 1b	Ursache 1c
Problem 2	Problem 2	Ursache 2
Problem 3	Problem 3	Ursache 1
Problem 4	Problem 4a	Ursache 4
	Problem 4b	Ursache 1c

4.8 Prüfplan

Ein Prüfplan kann wie folgt aussehen:

Beispiel eines Prüfplans

Prüfprojekt (Ergebnisse, Zwischenergebnisse, Prozesse)	**Prüf-methode**	**Prüf-spezifikation** Hilfsmittel	**Prüfer**	**Termin** Soll	 Ist	**Prüfungs-ergebnis** Bemerkungen
Projektinitialisierung: - Projektdossier - Projekthandbuch - Projektplanung - QS-Plan - Prüfplan - Kick-Off-Meeting	z. B. Review		z. B. PM			
Vorstudie						
Hauptstudie						
Teilstudien						
Systembau						
Einführung						
Erhaltung						
Projektabschluss: - Kundenabnahme - PEP-Report - Projektabschluss-bericht - Projektdossier bereinigt - Projektabschluss PM	z. B. Walkthrough		z. B. PM			

4.9 Risikoanalyse

Bei der Risikoanalyse geht es darum, künftige Probleme, Schwierigkeiten, Störungen, Risiken oder Gefahren möglichst frühzeitig zu erkennen und Maßnahmen zu planen, um deren Auftreten zu verhindern bzw. das Ausmaß eines möglichen Schadens einzudämmen. Jedes Vorhaben (Projekt) ist mit gewissen Risiken verbunden, z. B.

- Machbarkeitsrisiko,
- Terminrisiko,
- Kostenrisiko,
- Risiko der Zielerreichung.

Im Verlauf eines Projektes können aber noch weitere Störungen auftreten, z.B.

- Personen fallen aus,
- Teilergebnisse werden nicht fertig,
- Termine werden überschritten,
- Lieferungen treffen nicht ein,
- notwendiges Know-how fehlt.

Es ist deshalb zweckmäßig, ein Vorhaben periodisch einer Risikoanalyse zu unterziehen, um drohende Gefahren frühzeitig zu erkennen und rechtzeitig Maßnahmen zu planen und den erkannten Risiken entgegenzuwirken.

4.10 Anwendung der Risikoanalyse

Risikobereiche identifizieren

Die Suche nach potentiellen Schwachstellen (Risiken, Gefahren) des Vorhabens kann auf der Basis folgender Fragestellungen erfolgen:

Checkliste

- ✔ Wo im Projektverlauf sind Aktivitäten mit besonders hohem innovativem Anteil?
- ✔ Gibt es kritische Termine im Ablauf?
- ✔ Wo verläuft der kritische Pfad?
- ✔ Bei welchen Aktivitäten ist die Abhängigkeit von bestimmten Ressourcen (Personen, Qualifikationen) besonders groß?
- ✔ Welches sind die Schlüsselpersonen im Projekt?
- ✔ Bei welchen Aktivitäten ist ein besonderes Know-how erforderlich?
- ✔ Bei welchen Teilergebnissen werden besonders hohe Qualitätsansprüche gestellt?
- ✔ Wo gibt es Abhängigkeiten zu externen Stellen (Lieferanten, Experten etc.)?
- ✔ Risiken gewichten.

Beispiele von Risikobereichen:

- *Mehrbelastung von Mitarbeitern,*
- *Nichteinhaltung von Terminen und Kosten,*
- *wenig interne Kapazität verfügbar,*
- *Lieferverzögerungen,*
- *Verfügbarkeit von Ressourcen.*

Für die Gewichtung und Beurteilung der Risiken kann folgendes Vorgehen empfohlen werden:

Risiken und Tragweite gewichten

1. Bestimmen der Wahrscheinlichkeit (W) des Eintreffens des Problems, ausgedrückt in einer Skala:
   H = Hoch
   M = Mittel
   T = Tief

2. Beurteilen der Tragweite (T) für das Projekt, das Unternehmen, die Mitarbeiter etc., falls das Problem auftritt, ausgedrückt in einer Skala:
   H = Hoch
   M = Mittel
   T = Tief

Ergebnis ist ein gewichteter Katalog von potentiellen Problemen. Die wenigen Problembereiche mit einer hohen Wahrscheinlichkeit des Eintreffens und hoher Tragweite müssen besonders intensiv weiterbearbeitet werden. Hingegen eine tiefe Tragweite und eine geringe Wahrscheinlichkeit werden nicht mehr weiter verfolgt, da die Kosten in keinem Verhältnis zum Nutzen stehen würden.

Risiko-Gewichtung

Risiken	Wahrscheinlichkeit	Tragweite
Terminverzögerung	H	H
Verspätete Schulung	T	M
Unvollständige Funktionalität	M	T

Die Anwendung der Risikoanalyse empfiehlt sich in folgenden Projektschritten:

- am Ende eines Planungsschrittes,
- bei der Evaluation,
- periodisch im Projektmanagement-Zyklus.

Die hoch gewichteten Risiken müssen nach denkbaren Ursachen analysiert werden. Die Fragestellung dabei heißt: Was könnte der Grund dafür sein, dass dieses Problem entstehen könnte?

Denkbare Ursachen finden

Beispiele:

- *zu wenig Personal,*
- *Aufwand für die Datenübernahme unterschätzt,*
- *Mitarbeiter X ist erkrankt.*

Die denkbaren Ursachen werden gewichtet, d.h. danach beurteilt, welches die wahrscheinlichste oder die zutreffendste sein könnte. Die Beurteilung wird mit der Skala

- H = Hoch
- M = Mittel
- T = Tief

ausgedrückt. Die hoch gewichteten Ursachen müssen in der Folge weiterbearbeitet werden.

Vorbeugende Maßnahmen planen

Nach dem Motto »Vorbeugen ist besser als heilen« werden für die hoch gewichteten Wahrscheinlichkeiten vorbeugende Maßnahmen entwickelt. Das Ziel der vorbeugenden Maßnahmen besteht darin, das Auftreten eines Problems zu minimieren (Was könnte getan werden, damit das erkannte Problem nicht auftritt?).

Beispiele:
- *einen Organisator einsetzen,*
- *die Kostenüberwachung intensivieren,*
- *eine stufenweise Einführung vorsehen,*
- *rechtzeitig mit der Ausbildung beginnen,*
- *Löscheimer aufstellen, Rauchverbot anbringen.*

Frühwarnsystem einrichten

Mit der Risikoanalyse ist noch nicht sichergestellt, dass die Schwierigkeit nicht doch auftritt. Es muss deshalb ein Frühwarnsystem eingerichtet werden, welches rechtzeitig

- Indikatoren,
- Anzeichen,
- Symptome,
- Ergebnisse,
- Ereignisse etc.

erkennt und signalisiert. Diese Indikatoren müssen im Projektverlauf intensiv und regelmäßig überprüft werden, so dass rechtzeitig weitere Maßnahmen eingeleitet werden können.

Beispiele:
- *wöchentliche Kontrolle der Produktionsmenge,*
- *Statistik über Fehlerhäufigkeiten,*
- *Feuermelder aufstellen.*

Eventualmaßnahmen planen

Bei kritischen Risikobereichen kann es zweckmäßig sein, bereits in der Planungsphase alternative Strategien und Szenarien vorzusehen, um allfälligen Störungen zu begegnen. Ziel der Eventualmaßnahmen ist es, die Auswirkungen von aufgetretenen Problemen zu bekämpfen bzw. zu minimieren.

Beispiele:
- *zusätzliches Personal einsetzen,*
- *Überzeit anordnen,*
- *Feuerwehr alarmieren.*

Vor allem im Bereich des Personals sind einige Risiken verborgen, die vorgängig abgeklärt werden müssen, und es ist dringend notwendig, dass man sich über diese Situation Klarheit verschafft. Nachfolgend ist ein Fragenkatalog aufgeführt, der eine Hilfestellung leistet, um sich des Gefahrenpotenzials bewusst zu werden und sich darauf vorzubereiten.

Fragenkatalog zum Gefahrenpotenzial

1. Sind Sie in der Lage, klar und deutlich die angestrebte Veränderung und den erwarteten Nutzen zu beschreiben?

1	2	3	4	5	6	7
nicht in der Lage					voll in der Lage	

2. Mit welcher »Hingabe« verfolgen Sie die angestrebte Veränderung?

1	2	3	4	5	6	7
geringe Übereinkunft/ -stimmung					hohe Übereinkunft	

3. Welcher Grad von Hingabe und Verbindlichkeit ist bei den zukünftig betroffenen Personen zu erkennen?

1	2	3	4	5	6	7
geringe Übereinkunft/ -stimmung					hohe Übereinkunft	

4. In welchem Maß sind Sie bereit, sich gegenüber Ihrem Vorgesetzten stark zu machen und für die angestrebte Veränderung zu kämpfen?

1	2	3	4	5	6	7
geringe Bereitschaft					hohe Bereitschaft	

5. Erhalten Sie alle für die Zielerreichung (Veränderung) nötigen Ressourcen (Zeit, Geld, Personentage, Know-how etc.)?

1	2	3	4	5	6	7
geringe Unterstützung						hohe Unterstützung

6. Welchen Grad an Unterstützung erhalten Sie von den Schlüsselpersonen (Machtpromotoren, Auftraggeber etc.)?

1	2	3	4	5	6	7
geringe Unterstützung						hohe Unterstützung

7. Wie sicher sind Sie, alle notwendigen Fähigkeiten und Fertigkeiten zu haben, um die Veränderungen erfolgreich zu realisieren?

1	2	3	4	5	6	7
unsicher						sehr sicher

8. Wie schnell sind Sie entmutigt, wenn sich der Erfolg nicht sofort einstellt?

1	2	3	4	5	6	7
leicht zu entmutigen						schwer zu entmutigen

9. Wissen Sie, wie Sie Ihre benötigte Unterstützung für die Veränderung erhalten können?

1	2	3	4	5	6	7
ja						nein, keine Ahnung

10. Vertrauen Ihnen Ihre Mitarbeiter und wollen sie mit Ihnen an dieser Veränderung mitarbeiten?

1	2	3	4	5	6	7
Vertrauen und Motivation gering						Vertrauen und Motivation hoch

11. Welche Art von »Belohnung« oder Anerkennung erhalten Sie und alle, die Sie in diesem Veränderungsprozess unterstützen, wenn sie erfolgreich sind?

1	2	3	4	5	6	7
völlig unklar						Wir werden von der Organisation sehr gut belohnt

12. Glauben Sie, dass Sie mit den auftretenden Widerständen während des Verlaufs umgehen können (erkennen und wissen, was zu tun ist und in der Lage sein, es auch wirklich zu tun)?

1	2	3	4	5	6	7
bin nicht sicher						fühle mich sicher und kompetent

Fragebogen bearbeitet nach DYER, William G. Predicting success of a change program, in: BOOS, R. Wayne; 1986 publiziert in MAO 4/86 Dr. Rolf Th. Stiefel & Partner)

Auswertung:

Wenn Sie – nach DYER – auf eine Gesamtsumme (Score) zwischen 84 und 65 Punkte kommen, sollten Sie sicher und hinreichend zuversichtlich sein, dass Sie die Veränderung durchführen können. Ein Score zwischen 64 und 40 Punkten enthält Anzeichen, dass Sie noch einige Defizite zu schließen haben und/oder Beratungshilfe benötigen.

Bei einem Score unter 40 wird Ihnen empfohlen, vom Projekt vorerst Abstand zu nehmen, denn Ihre Erfolgswahrscheinlichkeit ist eher gering.

Musterformular Nutzwertanalyse

Firma:	Nutzwertanalyse: Bewertungsmatrix/Variantenvergleich	Dok.-Nr:
	Projekt/Systemkomponente: Kurzz.:	Datum:
	Phase:	Sachbearb.:

Varianten		Varianten			Varianten			Varianten		
Teilziele/Kriterien Finanziell/funktionell/personell/sozial/gesellschaftlich	Gewicht (g) **)	Erfüllungsgrad (Kommentar)	Note (n) *)	g * n	Erfüllungsgrad (Kommentar)	Note (n) *)	g * n	Erfüllungsgrad (Kommentar)	Note (n) *)	g * n
Gesamtbewertung/Gesamtzielerfüllung										

Musterformular zu den Kriterien und der Skalierung

Firma:	**Kriterien und ihre Skalierung**		Dok.-Nr:
	Projekt/Systemkomponente:	Kurzz.:	Datum:
	Phase:		Sachbearb.:

Kriterien / Note/Bedeutung		0	1	2	3	4	5	6	7	8	9	1 0
Finanziell/funktionell/personell/sozial/gesellschaftlich	Gewicht	Sehr schlecht		Schlecht		Mittelmäßig			Gut		Sehr gut	

Musterformular zum Variantenvergleich

Firma:	**Risikobewertung/Variantenvergleich**		Dok.-Nr:
	Projekt/Systemkomponente:	Kurzz.:	Datum:
	Phase:		Sachbearb.:

Variante:				Variante:				Variante:			
Risiken	W	T	WxT	Risiken	W	T	WxT	Risiken	W	T	WxT
Erwartungswert-Nachteile				Erwartungswert-Nachteile				Erwartungswert-Nachteile			

Legende: Bewertung der Risikowahrscheinlichkeit (W)
W = 0 der Risikofall wird nicht erwartet
W = 5 das Risiko tritt mit mittlerer Wahrscheinlichkeit ein
W = 10 die Wahrscheinlichkeit ist hoch

Bewertung der Tragweite (T)
Problemspezifisch z. B. 0 keine Auswirkung
5 Störfall
10 Katastrophe

5 Von der Idee zum Projekt

Herkunft

Am Anfang eines jeden Projekts steht die Idee. Die Definition der Idee als Einfall oder Erscheinung des aus dem griechischen stammenden Wortes »idéa« (lat. idea), trifft die Bedeutung am besten. Unter dem Einfluss des französischen »idée« wandelt sich die Bedeutung im 17. Jhdt. zu einer geistigen, gedanklichen Vorstellung, welche auch von bedeutenden Philosophen (z.B. Descartes) weiter vergeistigt wurde. Für den Ursprung der Idee stehen emotionale und sachliche Gründe, deren Einfluss uneingeschränkt bestehen, bis die Idee nicht mehr weiter verfolgt oder umgesetzt wird. Diese Gründe bilden die Entscheidungsbasis, ob aus der Idee ein Projekt wird. Es ist wichtig, sich dieses emotionalen Prozesses bewusst zu sein, bevor ein Projekt initiiert wird.

Emotionen contra Sachlichkeit

In der heutigen Gesellschaft ist Dynamik, Sachlichkeit und situative Überlegenheit gefordert. Man soll »cool« sein, schnell, hart und zielstrebig. Dass die emotionale Ebene einen wichtigen Einfluss auf unser Leben hat, ist unbestritten. Wie sollen nun die von der Gesellschaft geforderte sachliche Ebene und die persönliche emotionale Ebene getrennt werden, damit man den Anforderungen gegenüber Dritten gerecht werden kann?

Tipp

Davor, emotionale Wünsche, Bedürfnisse, Hoffnungen und Erwartungen auszusprechen, darf nicht zurückgescheut werden; dies ist ein wichtiger kreativer Prozess, um die angestrebten Ziele optimal zu erreichen. Emotionale Wünsche, die auf das Projekt keinen Nutzen abwerfen, müssen vom Antragsteller selbst aus der Anforderungsliste gestrichen werden, um möglichst sachlich mit den Personen, die mit dem Projekt behaftet sind, am Erfolg zusammenzuarbeiten.

Aktive Emotionalität

Emotionen sind wichtige Bestandteile unseres Lebens und beeinflussen unsere persönliche und berufliche Entwicklung. Wird dieser Aspekt unserer Persönlichkeit wahrgenommen und in die Entwicklung mit einbezogen, ergibt sich daraus eine aktive Kraft, die einen positiven Einfluss haben kann. Werden diese Einflussfaktoren unterdrückt, wird die positive Entwicklung durch Ineffizienz oder gar destruktives Verhalten gestört oder verhindert.

Beispiel:
Bei der Aufnahme der Anforderung vertreten manche die Ansicht, dass die PCs mit DVD-Laufwerken ausgestattet werden sollen. Nach einer gründlichen Untersuchung wird der Wunsch nach DVD-Laufwerken aus diversen Gründen aus der Anforderungsliste gestrichen. Sind die Basis der Anforderung emotionale Wünsche, neigt das Unterbewusstsein dazu, diese Streichung der Anforderung als persönlichen Angriff zu interpretieren. Verfestigt sich diese Interpretation des Unterbewussteins zu einer Überzeugung, werden sich in Zukunft die betroffenen Personen bemühen, die Personen, die für die Streichung ihrer Anforderung hauptverantwortlich sind, zu boykottieren. Leider beeinträchtigt die Konsequenz dieses Konkurrenzverhaltens den Erfolg des zugrunde liegenden Projekts.

Das Subjekt bleibt haften

Der Inhalt einer Definition oder Idee – egal, ob diese einem Fachbuch entspringt oder in der eigenen Vorstellung wächst – sollte zu Automatismen führen. Die Substanz einer Idee bildet sich aus sachlichen sowie emotionalen Argumenten. Keine Idee entspringt aus rein sachlichen Überlegungen, vielmehr ist der Hauptanteil im emotionalen Bereich zu finden. Im Geschäftsleben wird immer wieder betont, dass sachliche Argumentationen und Überlegungen unser Antrieb sein sollen. Auch wenn dies zutreffen mag, wird es unmöglich sein, die emotionalen Beweggründe auf Befehl abzustellen. Untersuchungen zufolge wurde festgestellt, dass in einer Aussage vor allem das Subjekt verinnerlicht wird und eine eventuell verneinende Form im Unterbewusstsein nicht gespeichert wird.

Tipp

Man soll sich deshalb vor negativen Formulierungen in Definitionen, Erwartungen und Planungen hüten – grundsätzlich bleibt nicht die Verneinung, sondern das Objekt hängen (Verweise auf NLP), ganz zu schweigen davon, dass auch die Projektleiter und ihr Team diesen Aspekt verinnerlichen können.

Beispiel:
Betrachte man ein typisches, wenn auch tragisches Beispiel, das die vorangegangene Aussage tragen soll: Auf einer langen geraden Straße kommt ein Auto von der Fahrbahn ab und prallt frontal auf einen Baum. Es ist nicht irgendein Baum, es ist der einzige Baum an der ganzen Straße. Da stehen dem Autofahrer 100 Möglichkeiten offen, von der Straße zu rutschen, ohne den Baum zu treffen, aber er macht genau das, was er als einziges nicht soll. Vom Prinzip her ist nichts anderes passiert, als dass der Fahrer registrierte, dass er nicht auf den Baum fahren darf. In diesem Fall nistet sich nicht die Verneinung in seinem Bewusstsein ein,

sondern das Objekt Baum, was zu einer Fixierung führt, die alles andere um ihn herum als unwichtig erscheinen ließ.

Ob es sich um einen persönlichen oder geschäftlichen Bereich handelt - immer wieder beeinflussen emotionale Beweggründe das Handeln.

5.1 Was bedeutet Projektmanagement?

Es ist nicht das Ziel, dieses Buch mit Definitionen und theoretischen Abhandlungen zu füllen. Zum Thema Projektmanagement ist es aber notwendig, mit ein paar Erläuterungen den Zusammenhang in einem größeren Blickwinkel zu betrachten.

5.1.1 Definition eines Projekts

Ursprung

Unter dem aus dem Lateinischen stammenden Wort »Projekt« versteht man einen Plan, einen Entwurf, ein Vorhaben oder eine Absicht. Oder etwas präziser: Es ist eine als Entwurf vorliegende oder im Entstehen begriffene Unternehmung. Ursprünglich waren damit vorwiegend Bauvorhaben gemeint. Leitet man diese Aussagen auf ein DV-Projekt um, ergeben sich die folgenden Definitionen und Abgrenzungen. Ein DV-Projekt ist eine zeitlich begrenzte und vordefinierte Aufgabe, welche auf die Erreichung eines vordefinierten Ziels ausgerichtet ist. Für die betroffene Organisation unterscheidet sich ein Projekt von der täglichen sich wiederholenden, routinemäßigen Arbeit durch eine gewisse Einmaligkeit. Der Umfang eines Projekts erfordert immer eine Unterteilung der Aufgaben, die aber alle eine definierbare Abhängigkeit zueinander aufweisen. Die Teilaufgaben können zu außerprojektlichen Aufgaben untereinander sowie in der Verfügbarkeit zueinander konkurrieren.

Definition

In verschiedenen Definitionen gehört ein Scheitern oder Versagen eines DV-Projekts an Termin- oder Kostenfaktoren zu den »typischen« Faktoren. Dies führt dazu, dass ein Scheitern oder Versagen als normale Möglichkeit zum Erfolg zu beschreiben bzw. mit einzukalkulieren.

Tipp

> Man soll sich der Gefahren und der Risiken eines Scheiterns bewusst sein, darf es aber nie als normalen Prozess akzeptieren, solange es noch eine andere Möglichkeit gibt, die einen erfolgversprechenden Weg offen hält. Unsicherheiten über die Einhaltung der Kosten- und Terminlimits dürfen kein Definitionsfaktor für ein Projekt sein.

5.1.2 Definition des Managements

Herkunft

Das aus dem italienischen entstammende Wort »maneggiare« wurde für die heutige technologisierte Zeit, in der Englisch die wichtigste Sprache darstellt, als »to manage« und in Form des Substantivs »Management« übersetzt. Im Projektmanagement ist damit die Methodik des Vorgehens und des Leitens gemeint.

Definition

Generell versteht man darunter den Vorgang zur Willensbildung und deren Durchsetzung. Es ist die logische Folge der vorgängig definierten Erläuterung zur Idee und legt die Methodik fest, mit der eine Idee strukturiert und umgesetzt werden soll. Ein sehr wichtiger Teil des Managements befasst sich mit dem visionären Teil des Vorausdenkens und der Prävention zu erwartender oder eventuell auftauchender Hindernisse und Störfaktoren.

Vorgehen

Als Manager legt man das weitere Vorgehen fest, selektiert daraus die geeigneten Mittel zur Erreichung der definierten Ziele und entscheidet über die notwendigen Handlungsmöglichkeiten. Um keine bösen Überraschungen zu erleben, trifft man Anordnungen und kontrolliert sie, damit diese auch in der erwarteten Form umgesetzt werden. Die Kontrollfunktion hat nichts damit zu tun, dass man den Aufgabenträgern nicht das notwendige Vertrauen entgegenbringen kann. Es ist schlicht und einfach die Funktion des Verantwortungsträgers, den harmonischen Verlauf des Projektverlaufs zu garantieren. Dazu muss man die optimale organisatorische Struktur festlegen, um die bestehenden Abläufe und die neu zu definierenden Abläufe optimieren zu können. Damit diese Vorhaben auch möglichst optimal umgesetzt werden können, benötigt man an den verschiedenen Positionen des Projekts die geeigneten Persönlichkeiten – und dies dürfte wahrscheinlich die heikelste Thematik zu diesem Zeitpunkt sein. Leider werden Projekte meistens erst freigegeben, wenn der Druck zum Wechsel oder zur Erneuerung extrem hoch ist. Ein anderer Grund zur Projektauslösung sind gesetzliche Vorschriften oder Dritteinflüsse wie Konkurrenz, Lieferanten oder Kunden. Obwohl den meisten Unternehmen bewusst ist, dass Visionäre benötigt werden, um der Konkurrenz einen Schritt voraus zu sein, um Restriktionen und äußere Einflüsse frühzeitig erkennen zu können, fallen diese Funktionen einer Schlankheitskur oder einer Reorganisation als erste zum Opfer, da ein materieller Nutzen nur indirekt ermittelt werden kann. Der wahre Nutzen lässt sich so oder so nicht berechnen, höchstens erahnen.

Tipp

> Bemühen Sie sich, notwendige Investitionen wie Ressourcen, Finanzen, Hardware sowie Sach- und Betriebsmittel so früh wie möglich zu beantragen oder zu beschaffen.

5.1.3 Projektmanagement

Behandlung eines einmaligen Problems

Aus den vorgängigen Erläuterungen abgeleitet, handelt es sich um einen übergeordneten Begriff, der für alle willensbildenden und willensdurchsetzenden Aktivitäten steht, die sich im Zusammenhang mit der Abwicklung von Projekten ergeben. Das Projektmanagement behandelt ein einmaliges Problem, dessen Umfang, Abgrenzungen und Rahmenbedingungen klar definiert sind. Über die Ziele, Logik und Methodik des Ablaufs bzw. des Vorgehens besteht eine eindeutige Vorgabe. Das Projektmanagement umfasst auch den Einsatz und die zielgerichtete Disposition und Koordination der personellen, finanziellen und sachlichen Ressourcen. In diesem Zusammenhang umfasst das Projektmanagement auch die Führung der Projektgruppe nach innen und das Ineinandergreifen der Aktivitäten nach außen sowie die Überwachung und die Steuerung des Projektablaufs in inhaltlicher, terminlicher und kostenmäßiger Hinsicht.

5.2 Checkliste der Funktionen und Aufgaben des Projektmanagements

Folgende Checkliste ist zu prüfen:

Checkliste

- ✔ Übergeordneter Begriff für alle willensbildenden und -durchsetzenden Aktivitäten im Zusammenhang mit der Abwicklung von Projekten;
- ✔ Abgrenzung des Problems und der Aufgabenstellung;
- ✔ Vereinbarung der Ziele und der Logik des Ablaufs bzw. des Vorgehens;
- ✔ Einsatz und zielgerichtete Disposition und Koordination von personellen, finanziellen und sachlichen Ressourcen;
- ✔ Führung der Projektgruppe nach innen;
- ✔ Koordination der Aktivitäten nach innen und nach außen;
- ✔ Überwachung und Steuerung des Projektablaufs in inhaltlicher, terminlicher und kostenmäßiger Hinsicht.

Warum überhaupt Projektmanagement?

Fortschrittskontrolle

Das Projektmanagement legt die Grenzen eines Projekts fest, unterstützt den Fortschritt und sorgt dafür, dass das Projekt eine positive Entwicklung annimmt und Kosten sowie Termine unter Kontrolle bleiben. Es bestätigt uns im Gefühl, sinnvolle und wertvolle Arbeit zu leisten, und unterstützt den Aufbau des Selbstwertgefühls, da es eine kontinuierliche Übersicht über die bereits geleistete Arbeit gibt und immer die noch zu leistende Arbeit vor Augen führt. Im Weiteren zeigt es dem Auftraggeber jederzeit den Projektfortschritt und gibt ihm eine Vorstellung, wie weit das Projekt fortgeschritten ist und wie groß die Wahrscheinlichkeit einer termin- und kostengerechten Einführung ist. Es gibt ihm aber auch die Möglichkeit, rechtzeitig notwendige Änderungen oder Korrekturen anbringen zu können.

Ausgangslage

Um die Grenzen zu umreißen und den Fortschritt kontrollieren zu können, braucht man für die Projektplanung eine vollständige, eindeutige und unmissverständliche Auftragserteilung. Dies soll nicht heißen, dass alle Details bereits definiert sein müssen. Wichtig ist, dass alle Funktionen des zu erwartenden Projektresultats in vollständiger und eindeutiger Form vorliegen müssen.

Beispiel:
Zum Zeitpunkt, zu dem man sich entscheidet, ein Haus zu bauen und dem Architekten den Auftrag zur Offerte erteilt, werden noch keine Aussage bezüglich des Bodenbelages vorgenommen. Er braucht aber einen klar umrissenen Umfang der zu erwartenden Leistung. Er wird allenfalls Musterhäuser zeigen, um die anstehenden Entscheidungen zu erleichtern.

Entwicklung

Analog dazu können dem Auftraggeber bei Standardsoftwareprodukten bestehende Varianten aufgezeigt und demonstriert werden. Anders verhält es sich bei individueller Software. In diesem Zusammenhang benötigt es viel mehr Aufwand seitens des Auftraggebers. Er muss sich intensiv und konsequent mit der von ihm angestrebten Lösung auseinandersetzen. Zum Zeitpunkt der Auftragserteilung muss er sich der Möglichkeiten und der Konsequenzen des neuen Produkts bewusst sein und je weiter der Projektfortschritt sich entwickelt, umso bewusster muss er sich der Detailfragen, der daraus entstehenden Möglichkeiten und deren Konsequenzen sein. Dem Projektleiter und den Mitarbeitern des Projektteams obliegt die Aufgabe, den Auftraggeber in seinen Überlegungen und seinen Erwartungen zu unterstützen. Unterstützen heißt auch, ihm mögliche Lösungen aufzuzeigen.

5.3 Ressourcenmanagement

Planung

Wie soll man ermitteln können, wann welche Ressourcen an welchem Ort zu welchem Zeitpunkt zur Verfügung stehen sollen, wenn Projekte erst zum letzt möglichen Zeitpunkt freigegeben werden? Kaum ein Unternehmen hat die Möglichkeit, interne Ressourcen zu jedem Zeitpunkt in der benötigten Anzahl und mit den notwendigen Qualifikationen zur Verfügung zu stellen. Es braucht viel Mut, eine langfristige Planung konsequent einzuhalten und Personal bzw. Ressourcen zu beschaffen, bevor das Projekt definitiv bewilligt ist. Nur auf diese Weise können aber interne Strukturen aufgebaut werden, ohne Gefahr zu laufen, zu einem späteren Zeitpunkt von der einen Brandstelle zur nächsten laufen zu müssen.

Tipp

Es muss mit wenigstens sechs Monaten vom Entscheid zur Rekrutierung neuer Manpower bis zum qualifizierten Einsatz eines neuen internen Mitarbeiters gerechnet werden.

Qualifikation

Für die benötigte Ressource müssen auch die zwischenmenschlichen Aspekte stimmen sowie das allgemeine Persönlichkeitsprofil mit dem entsprechenden Anforderungsprofil übereinstimmen. Es nützt nicht mehr sehr viel, wenn zum Zeitpunkt, zu dem bereits Verschiebungstermine unterschwellig ins Gespräch gebracht werden, versucht wird, das Verfehlen des Ziels mit massiver Zufuhr von Manpower abzuwenden. Zum einen wird der Koordinations- und Integrationsaufwand die Zufuhr von Manpower wieder kompensieren. Zum anderen werden für solche »Feuerwehrübungen« Persönlichkeiten erforderlich sein, welche die notwendige Flexibilität und Motivation mitbringen, diesen Effort zu leisten.

Tipp

Ressourcenbeschaffung bedeutet mehr als Manpower mit der notwendigen fachlichen Qualifikation zu beschaffen. Sie beinhaltet die Selektion der Ressourcen zum richtigen Zeitpunkt unter der Berücksichtigung von Eignung, Neigung und geforderten Qualifikation.

5.4 Kommunikatives Controlling

Ableitung auf die Kommunikation

Controlling, übertragen auf zwischenmenschliche Aspekte, bedeutet, dass weniger der Mensch als solcher gesteuert und geregelt werden soll als vielmehr die Strukturen, Kulturen und Abläufe, die in einer zwischenmenschlichen Gemeinschaft ganz allgemein auftreten. Sehr oft führen kommunikative Störungen oder Missverständnisse im Projektumfeld zu erstaunlich negativen Veränderungen. Treten in diesem Bereich Probleme auf, sind die Auswirkungen oft verheerender als solche, die auf Fehlplanungen, falschen Schätzungen oder zu kurzen Terminen beruhen.

Tipp

> Man soll nicht nur auf die fachlichen Kommunikationsstrukturen achten. Viel schwieriger sind Elemente zu korrigieren, die nicht im fachlichen, sondern im zwischenmenschlichen Bereich liegen. Im Umgang miteinander entstehen Sympathien und Antipathien. Diese wiederum können zu einem konstruktiven oder destruktiven Projektverlauf führen.

5.4.1 Warum überhaupt Controlling der Kommunikation?

Ziel

Warum muss die Kommunikation kontrolliert werden? Wir wollen unsere Leute nicht überwachen! Die Qualifikationen der Mitarbeiter sind die beste Basis für eine verständliche und klare Kommunikation. - Dies sind die häufigsten Argumente gegen ein Kommunikationscontrolling.

Es geht nicht darum, Mitarbeiter zu überwachen, es geht vielmehr um die Förderung der Eigenverantwortung im Rahmen der Möglichkeiten der einzelnen Mitarbeiter. Beide Seiten der Anforderungen, sei es Unter- oder Überforderung führen zum Ziel, aber bestehende Grenzen werden niemals aufgebrochen. Führt man den Mitarbeiter an die Grenze seiner Fähigkeiten, unterstützt und fördert man ihn in dem Wunsch, neue Möglichkeiten auszuloten. Durch diesen Prozess können ungeahnte Fähigkeiten zu Tage treten.

Nonverbale Bereiche

Auch dass die Mitarbeiter qualifiziert genug sind, um technische Ziele auf der kommunikativen Ebene zu definieren, unklare Situationen zu klären, sprich alles zu tun, um die technische Entwicklung in qualifizierter Form weiterzuentwickeln, muss gefördert werden. Es geht aber vor allem um die nonverbalen Bereiche, um die soziale Kommunikationskultur im Team. Neid, Antipathie, Unter- oder Überforderung und Konkurrenzkämpfe innerhalb des Teams führen zu einem destruktiven Verhalten, das sich vor allem in Reaktionen zeigt, mit dem Ziel, sich auf Kosten anderer zu profilieren. Schwärzen sich Mitarbeiter gegenseitig an, führt dies dazu, dass der Fokus vom Projekt abgelenkt und auf menschliche Strukturen umgeleitet wird, indem nicht mehr der Erfolg, sondern der Misserfolg anderer abgebildet wird.

Tipp

> Mehren sich Reklamationen über Teammitarbeiter und Kollegen, ist dies ein deutliches Zeichen, dass man vom Weg zum Projektziel abgleitet und sich auf Nebenschauplätze verlegt. Man darf nicht warten, bis es soweit ist. Man soll von Beginn an solches Verhalten ernst nehmen und sich überlegen, ob die Reklamation gerechtfertigt und verhältnismäßig ist. Man soll sich auch Gedanken darüber machen, warum die entsprechende Person die Reklamation anbringt und ob nicht andere und viel tiefere Gründe zu dieser Reklamation geführt haben.

Theorie und Praxis

Man kehrt aus einer Schulung zurück und versucht, das Gehörte und Gelernte im eigenen Umfeld einfließen zu lassen, nur um nach kurzer Zeit enttäuscht festzustellen, dass Theorie und Praxis doch leider zwei völlig verschiedene Bereiche darstellen, die sich kaum zusammenbringen lassen. Sehr oft hat das aber weniger mit der Schulung und den Unterschieden zwischen Theorie und Praxis zu tun als vielmehr mit dem Umstand, dass Menschen, die zum Umdenken oder zur Veränderung bewogen werden, nicht die gleiche Verständnisbasis besitzen wie die motivierende Person. Theoretische Modelle, die sich mit Veränderungen im menschlichen oder zwischenmenschlichen Bereich befassen, können nur Denkanstöße darstellen. Revolutionen können nur erfolgversprechend sein, wenn diese von der Führung unter Berücksichtigung der Möglichkeiten und Ideen der Basis ausgearbeitet und mitgetragen und durch die leitenden Stellen unterstützt werden. Mit manipulativen Mitteln ohne motivierenden Hintergrund erreicht man nur kurzfristige Ziele und das führt zudem sehr oft dazu, dass das betroffene Umfeld die Manipulation erkennt und dadurch die Ziele nicht mehr konstruktiv unterstützt (im besten Fall). Großes erreicht man nur mit Leuten, die Großes erreichen wollen und den notwendigen Aufwand, die notwendigen Rückschläge und die vor ihnen liegende Mühe nicht scheuen. Dazu braucht es viel Selbstbewusstsein und Selbstvertrauen, vor allem von der unterstützenden Führungsebene.

5.4.2 Gemeinsamkeiten und Abgrenzungen

Ausgangslage

Ziel des kommunikativen Controllings ist es, die Gemeinsamkeiten der einzelnen beteiligten Personen zu erkennen und auf der Kommunikationsebene, Bedürfnisse, Erwartungen und Hoffnungen zu definieren und daraus eine Basis zu schaffen, die den Mitarbeitern ermöglicht, ihre Stärken für das Projekt einzusetzen. Man kann sich sicher sein, dass selbst in Situationen, in denen keine Gemeinsamkeiten zu bestehen scheinen, immer eine Basis zu finden ist, in der eine gemeinsame Ausgangslage existiert, auf der das Ziel des konstruktiven Projektverlaufs aufgebaut werden kann.

Ableitung auf die Kommunikation

Ein weiteres Ziel liegt darin, potentielle Störungen zu erkennen, bevor sie manifestiert sind und nur noch mit einem überdimensionierten Aufwand aus der Welt geschafft werden können. Wird in einem Team ein Mitarbeiter über Gebühr das Ziel von Witzen oder werden über ihn vermehrt Reklamationen geäußert, ist das ein Zeichen, dass ein Umstand besteht, der das Verhältnis im Team stört. Dass diese Störungen begründet sein müssen, ist zu diesem Zeitpunkt keinesfalls bestätigt. Sehr oft bestehen Missverständnisse, die von einzelnen Teammitgliedern oder vom gesamten Team nicht interpretiert werden können und zu falschen Schlussfolgerungen führen. Wenn sich der Mensch in solchen Situationen nicht zu helfen weiß, um eine Situation sachlich zu klären, greift er oft zu provokativen Mitteln oder Nebenschauplätzen. In vielen Fällen weiß die betroffene Person sich auf sachlicher Ebene zu wehren oder die entstandene Situation richtig zu stellen. Solange das möglich ist, braucht nicht eingegriffen zu werden. Oft ist aber der Punkt errreicht, dass der Angegriffene sich nicht mehr zu wehren weiß oder es aber leid ist, sich dauernd rechtfertigen zu müssen.

Tipp

> Die Zeichen entstehender Konflikte in der zwischenmenschlichen Kommunikation müssen erkannt werden. Das Eingreifen und die Bemühung, entstehende oder entstandene Konfliktsituationen zu klären, ist der Grundstein zu einem konstruktiven zwischenmenschlichen Verhältnis.

5.4.3 Ziele des kommunikativen Controllings

Abgrenzung

Was soll nun mit der Kontrolle der Kommunikation erreicht werden bzw. worum geht es nicht? Es geht mit absoluter Sicherheit nicht um die Überwachung von Personen in deren Zusammenarbeit mit anderen Teammitgliedern. Vor allem dieser Punkt muss allen Beteiligten und vor allem den direkt betroffenen Personen bewusst sein. Durch den Eindruck, dass man überwacht (und disqualifiziert) wird, ändert sich das Verhaltensmuster jedes Persönlichkeitstyps, das wiederum zu einem verfälschten Bild und einer völlig falschen Beurteilung der Situation führt. Die Veränderung der einzelnen Persönlichkeitscharaktere unter Stress- oder Erfolgssituationen wird im Kap. 5.13 behandelt.

Grundsätzliches Ziel

Das Ziel ist, die Kommunikation auf eine Ebene zu bringen, in der sich alle wohl fühlen. Betroffen sind dabei nur die Verhaltensweisen, die unausgesprochen für sich in Anspruch genommen werden oder einzelnen Personen oder Gruppen zugeteilt werden.

5.4.4 Kommunikationskultur

Definition

Kommunikationskultur bezeichnet die Fähigkeit, im zwischenmenschlichen Bereich sprachliche Informationen und Anweisungen auszutauschen. Sie beruht auf dem gesellschaftlichen Umfeld, in dem die Kommunikationsparteien zurzeit leben und den verschiedenen persönlichen Erfahrungen aus der Vergangenheit. Persönliche Erfahrung beruht vor allem auf dem sozialen und gesellschaftlichen Umfeld, in dem sich die einzelnen Parteien bewegten und zurzeit bewegen, sowie auf visuellen, akustischen und den selbst ausgesendeten Signalen. Nimmt man zum Beispiel das Wort »Wasser«. Für den Wüstenbewohner hat Wasser einen völlig konträren Empfindungswert als es für einen Überlebenden der Titanic hatte. Seit unserer Geburt lernen wir, Aussagen, Begriffen, Taten und visuellen Reizen ein Bild zu geben, das wir im Unterbewusstsein abspeichern, dadurch können wir bei Bedarf möglichst schnell darauf zugreifen. Wir konstruieren unser Leben lang Bilder und Brücken zwischen verschiedenen Informationen und verknüpfen diese miteinander, um eine möglichst leistungsfähige Informationsdatenbank anzulegen, auf die wir jederzeit wieder zugreifen können.

Tipp

> Empfangene Informationen rufen bei jedem Einzelnen ein konstruiertes Bild aus eigenen Erfahrungen ab – dieses kann von Person zu Person sehr unterschiedlich sein. Der Sender einer Information ist für die qualitative und quantitative Aufnahme der Informationen beim Empfänger verantwortlich.

Rekonstruktion

Wenn man diese Aussagen auf die Situation umleitet, in der Personen Informationen empfangen, heißt das, dass jeder Einzelne für sich diese Information rekonstruieren muss. Er muss die Information in einem für sich sinnvollen Zusammenhang in einer anderen Form neu aufbauen bzw. rekonstruieren. Man soll den Personen, mit denen man zusammenarbeitet, die Möglichkeit geben, ihre Informationen in eine andere Form zu bringen. Vor allem aber muss man sich Zeit nehmen, Informationen, die man erhält, in eine persönlich konstruierte Form zu bringen. In dieser Form gelangen Informationen schneller ins Unterbewusstsein und bleiben deshalb auch länger verankert.

Tipp

> Empfangene Informationen müssen für eine eigene zugängliche Art rekonstruiert werden. Dies ermöglicht uns, Informationen sachlicher zu hinterfragen, um beim Sender mit gezielten Fragen festzustellen, ob das Verständnis der erhaltenen Information mit der des Senders übereinstimmt.

Feedback

Nachdem die Informationen in einer persönlichen Form interpretiert worden sind, ist es wichtig, dass diese Interpretationsform an den Sender zurückgeschickt wird. Einerseits kann so überprüft werden, ob die Information richtig beim Empfänger angekommen ist und er sie richtig verstanden hat, und auf der anderen Seite erhält der Sender ein Feedback, wie seine Information verstanden wurde und ob dies mit seinen beabsichtigten Zielen übereinstimmt. Auch persönliche Meinungen (»mich stört das«, »ich fühle mich angegriffen« usw.) sollte das Feedback zwingend enthalten.

Tipp

> Kommunikationsprobleme und Missverständnisse entstehen vor allem, weil die Interpretation der Informationen zwischen Sender und Empfänger nicht ausgetauscht worden ist. Der Sender muss sich bemühen, ein Feedback des Empfängers zu erhalten. Der Empfänger soll auf jeden Fall seine Interpretation der Informationen an den Sender zurückgeben.

5.4.4.1 Kommunikationsstile

Wenn die verschiedenen Kommunikationsarten bzw. -stile bekannt sind, ist bereits ein entscheidender Punkt erreicht, durch den das Kommunikationsverhalten erkannt und besser verstanden werden kann. Kommunikationsstile können folgendermaßen charakterisiert werden:

- Hilfebedürftig und abhängig;
- helfend und unabhängig;
- selbstlos und aufopfernd;
- aggressiv und abwertend;
- sich selbst beweisend;
- dominierend und kontrollierend;
- distanzierend und sich abgrenzend;
- kommunikativ und zentrierend.

Kommunikationsebene

Unkontrollierte Kommunikation wird immer dann zur Gefahr, wenn die sachliche Ebene verlassen wird, sie sich ins emotionale Umfeld verlagert und eine Person oder Gruppe zum Ziel der Emotionalität wird. Eine sachliche Kommunikationsstruktur setzt voraus, dass die kommunizierenden Personen sich auf einer gleichgestellten Ebene unterhalten. Sobald eine Kommunikation stattfindet, bei der eine Kommunikationsseite als Erwachsener und die andere als Kind deklariert wird, ist die Effizienz betreffend der fachlichen Zielerreichung nicht mehr gewährleistet. Gleich verhält es sich bei einer Kind-Kind-Kommunikationskultur, die dazu führt, dass die Sachlichkeit nicht mehr Ziel der Kommunikation sein wird.

Die Fragen, die man sich im Zusammenhang mit der unkontrollierten Kommunikation stellen muss, sind in den nächsten Kapiteln beschrieben.

5.4.4.2 Wie geht man miteinander um?

Akzeptanz des anderen

Die Art und Weise, wie in Konfliktphasen die betroffenen Parteien miteinander umgehen, ist ein entscheidender Faktor, um konstruktive Lösungen für die Veränderung der Kommunikationskultur zu finden. Im zwischenmenschlichen Umgang steht die Akzeptanz des anderen und das Verständnis seiner Anliegen und Bedürfnisse im Vordergrund. Das darf nicht bedeuten, dass alles gut geheißen wird, was andere wollen und erwarten. Es bedeutet nur, dass Signale gesendet werden, die zeigen, dass man sein Gegenüber versteht und ihn in dieser Form respektiert, dass aber Anforderungen, Wünsche oder Erwartungen auf Grund der eigenen Lage nicht geteilt werden können.

Tipp

> Im Umgang zwischen Menschen muss der Respekt für die Person oder Personengruppe im Vordergrund stehen. Wie schwierig oder verhärtet der Konflikt auch sein mag, solange die Konfliktparteien gegenseitigen Respekt zeigen, ist eine Lösung immer möglich und eine Eskalation unwahrscheinlich.

5.4.4.3 Bilden einzelne Personen oder Gruppen Zielobjekte des Spotts oder werden sie ausgegrenzt?

Destruktive Gruppenbildung

Ein gefährliches Konstrukt kann die destruktive Gruppenbildung darstellen. Die größte Gefahr geht davon aus, dass Zusammengehörigkeiten gesucht werden, um eine stärkere Einheit zu bilden, und zwar in der Absicht, sich gegen andere Gruppen oder einzelne Personen zu behaupten. Dies geschieht auch oft mit den Mitteln, die darauf aufbauen, die Gegenpartei zu diskreditieren. Eine konstruktive Gruppenbildung hingegen kann die Effizienz und Qualität des angestrebten Ziels steigern. In einer konstruktiven Gruppe oder einem Team werden gemeinsame Ziele verfolgt. Man versucht sich gegenseitig zu helfen. Die Stärken der einzelnen Mitglieder werden gestärkt und wirksam eingesetzt und die Schwächen werden mit Unterstützung der anderen vermindert.

Tipp

> Eine konstruktive Gruppenbildung zeichnet sich durch den Aspekt aus, dass sich jeder Einzelne überlegt, wie er seine Gruppe weiterbringt und was er tun kann, um die angestrebten Ziele zu erreichen. Im Gegensatz dazu zeichnet sich die destruktive Gruppe durch Verhaltensweisen aus, deren Ziel es ist, dass sich Mitglieder als besser darzustellen versuchen als andere Mitglieder: Wie kann ich beweisen oder darstellen, dass die anderen schlechter sind als ich?

5.4.4.4 Wer versucht, die Rolle des Anführers zu übernehmen?

Während den Phasen des Teambuildings und des Teamcoachings finden immer wieder Prozesse statt, in denen jedes einzelne Teammitglied versucht, seine ganz persönliche Rolle innerhalb des Teams einzunehmen und diese auch zu verteidigen oder zu verbessern. Eine wichtige Rolle in Bezug auf die Teamarbeit bildet die Rolle des Anführers.

Tipp

> Ein Aspirant auf die Führungsrolle zeichnet sich durch ein ausgeprägt dominnantes oder gar aufdringliches Verhalten aus, sich in den Mittelpunkt zu stellen.

5.4.4.5 Hat die Person Erfolg mit dem Ziel, zum unausgesprochenen Gruppenführer zu werden?

Zu erkennen, in welche Rolle und Position sich die einzelnen Mitarbeiter manövrieren oder manövrieren lassen, ist die Aufgabe des Projektleiters. Im optimalen Fall findet dabei jeder seine Rolle, in der er sich wohl fühlt und von seinen Mitarbeitern, Kollegen und Vorgesetzten akzeptiert wird. Im schlimmsten Fall kann die Einnahme einiger Rollen zu einem Machtkampf führen, unter dem die eigentliche Projektarbeit stark leidet und das Team letztlich gar zerbrechen kann.

Tipp

> Eine destruktive Gruppenbildung zeichnet sich durch unsachliche Prozesse aus. Das Team gleitet immer wieder aus der Schiene der Projektrealisierung und verstrickt sich in Machtkämpfe auf Nebenschauplätzen oder persönlichen Angriffen. Ein weiteres Indiz sind »Show-Einlagen«, d. h. im weitesten Sinne ein Sich-Aufplustern. Dieser Aspekt tritt meistens bei gemischten Gruppen auf.

5.4.4.6 Will ich als Vorgesetzter oder Mitarbeiter diese Rollenbildung akzeptieren?

Als Vorgesetzter liegt es aber an mir zu entscheiden, ob ich das entstehende oder bereits entstandene Konstrukt akzeptieren will. Grundsätzlich kann eine Gruppenbildung unverändert gelassen werden, solange keine Unruhe entsteht und keine Kompetenzen in Anspruch genommen werden, die der ursprünglichen Aufgabe widersprechen. Sobald Kompetenzüberschreitungen erkennbar sind, muss gehandelt werden. Eine direkte Aussprache, in der die entsprechende Person auf ihre Arbeit und die unberechtigte Kompetenzüberschreitung hingewiesen wird, ist dringend notwendig. Dabei darf aber nicht nur auf das eigentliche Fehlverhalten hingewiesen werden, vielmehr muss festgehalten werden, dass Kompetenzüberschreitungen nicht weiter akzeptiert werden. Auch dabei spielt der gegenseitige Respekt eine wichtige Rolle, indem die Gründe dafür hinterfragt und ggf. Lösungsvorschläge ausgearbeitet werden.

Eingreifen bei Kompetenzüberschreitung

Tipp

> Rollenbildungen in Teams können und dürfen nicht unterbunden werden. Vorgängig sollen die Kompetenzen und die Zuständigkeiten definiert werden, um Auswüchsen vorgreifen zu können.

5.4.4.7 Haben Sie Ihre Rolle selbst gewählt oder akzeptieren Sie sie, ohne dass Sie aufgeben oder Ihre Aufgaben und Funktionen nicht mehr wahrnehmen wollen/können?

Eine Rolle wird jeder Mitarbeiter innerhalb des Teams einnehmen. Es wird ein fachliches und soziales Umfeld aufgebaut. Diese Rollen können zwischen Fachlichem und Sozialem korrespondieren oder konkurrieren. Widersprechen sich diese Rollen, wird unnötige Energie verbraucht, die eigentlich für die Projektarbeit benötigt wird. Ein Delta entsteht grundsätzlich auf der grundlegenden Persönlichkeit. Die folgenden Beispiele sollen dies illustrieren:

- Fachliches Selbstbewusstsein und soziale Unsicherheit;
- soziales Selbstvertrauen und fachlicher Rückstand im Vergleich zu den Teammitgliedern;
- private Schicksalsschläge wie Trennung vom Lebenspartner, Scheidung oder Todesfall in der Familie;
- erhaltene oder verpasste Beförderungen;
- Stresssituationen ganz allgemein;
- berufliche Misserfolge in der Vergangenheit.

In diesen Fällen muss der Projektleiter oder Vorgesetzte sicherstellen, dass sich die betroffenen Mitarbeiter auf ihre Stärken konzentrieren können. Dies kann geschehen, indem notwendige Freiräume geschaffen werden oder ein wankendes Selbstbewusstsein durch entsprechendes Lob gestärkt wird. Kommunikation muss immer auf der gleichen Ebene geführt werden. Zur Veranschaulichung dient das Sprichwort »Jemand sitzt auf dem hohen Pferd«.

5.4.4.8 Sachliche Kommunikation kontra Emotionalität

Während eines Projektverlaufs werden immer wieder Kommunikationen in fachlicher Richtung und auf sachlicher Ebene geführt. Ob es sich dabei um Informationen beim Vorbeigehen handelt, Abklärungen vorgenommen werden, Sitzungen stattfinden oder Tagungen abgehalten werden, das Ziel des Informationsaustauschs muss immer Sachlichkeit sein und den Bezug zur Problemstellung beinhalten. Und trotzdem führen immer wieder Emotionen zum Abschweifen auf Ebenen, die mit den geplanten Informationen oder der anstehenden Problematik nichts zu tun haben, auch wenn der Anschein der Sachlichkeit mit Fleiß dargestellt werden soll.

Unterscheidung sachlicher und emotionaler Beweggründe

Wie erkennt man aber, ob sachliche oder emotionale Beweggründe zu Aussagen verleiten oder zum Handeln führen? Dies zu erkennen ist schwierig und benötigt viel Sensibilität. Die vom Problem betroffenen Personen sind aus persönlichen Gründen nicht in der Lage, sich zum aktuellen Zeitpunkt den notwendigen Raum zuzugestehen, um die Situation sachlich zu analysieren und die Folgeschritte zu erkennen. Es versteht sich von selbst, dass man Situationen, von denen man nicht persönlich betroffen ist, sachlicher analysieren kann, um daraus die richtigen Schlüsse und das weitere Vorgehen zu bestimmen. Anzeichen, die darauf hindeuten, das sich die Kommunikation von der sachlichen Ebene weg bewegt und emotional wird, sind zum Beispiel:

- **»So einer bist Du«**

In der Kommunikation ist es einfacher, jemanden zu beschuldigen, etwas Falsches zu tun oder getan zu haben, anstatt sich auf die tatsächlichen Ursachen für die Aussage zu konzentrieren. Jemanden ohne sachlichen oder persönlichen Hintergrund zu beschuldigen, dass er ein Versager ist, gehört mit zu den destruktivsten Kommunikationsmustern überhaupt. Dass die Erreichung eines Ziels gescheitert ist, hat niemals nur eine eindeutige Begründung. Zudem kann niemals nur eine Person als der Schuldige bestimmt werden. Vielmehr ist es eine Aneinanderreihung unglücklicher Umstände.

Beispiel:
Ohne pietätlos zu sein, hat gerade das tragische Flugzeugunglück über dem Bodensee gezeigt, wie viele unglückliche Umstände es benötigte, dass es überhaupt zum Unfassbaren kam. Auch bei Unglücken mit geringer Tragweite sind es immer wieder verschiedene Situationen, die ineinander greifen müssen, bis ein Projekt strandet und als gescheitert betrachtet werden muss.

- **Kein sachlicher Hintergrund**

Oft werden Prozesse gestört oder verhindert, ohne dass eine sachliche Ursache im Verhalten zu finden ist. Aus persönlichen Erfahrungen gerät man immer wieder in Situationen, in denen das Gefühl aus dem Magen ein »Nein« vermittelt, eine Erklärung dafür kann aber nicht gefunden werden. Dies kann ohne weiteres so deklariert werden, darf aber von den Verantwortlichen nicht mit der gleichen Gewichtung belegt werden als eine sachliche Begründung, die auf das anstehende Problem einen Bezug zulässt. Treten jedoch Mitarbeiter mit einem verneinenden oder destruktiven Verhalten auf, ohne dass sie die wahren Gründe dafür angeben können, kann das mit entsprechender Sensibilität erspürt werden. Oft liegen persönliche Gründe vor, die eine öffentliche Bestätigung nicht zulassen, wie z. B.:

- »Mein Job steht auf dem Spiel.«
- »Der Vorschlag des Kollegen ist eigentlich gut, ich mag ihn aber überhaupt nicht und möchte ihm diesen Erfolg nicht zugestehen«.
- »Ich will mich in den Mittelpunkt stellen«.
- »Mein Vorschlag wurde nicht gutgeheißen, also sollen die anderen auch nicht besser sein«.

5.4.5 Soziales Umfeld

Soziales Umfeld im privaten und gesellschaftlichen Bereich

Das soziale Umfeld im privaten wie im geschäftlichen Bereich nimmt eine wichtige Stellung in unserem Leben ein. Das während unserer Vergangenheit entstandene Umfeld leitet maßgeblich unser Vorgehen und unsere Entscheidungen für die Zukunft. Erkennen wir dies, können wir für uns, einzelne Mitarbeiter oder das gesamte Team gezielte Förderungsmaßnahmen einleiten, um das notwendige Umfeld zu schaffen, damit die Aufgaben konzentrierter und mit höchster Qualität angegangen werden können. Dieses Thema ist jedoch so umfangreich und komplex, dass es im Bereich des Projektmanagements nicht abgehandelt werden kann. Der Einfluss des sozialen Umfelds ist aber zu stark, um es nicht zu thematisieren. In diesem Zusammenhang soll auf Fachliteratur zum Thema Sozialpsychologie verwiesen werden.

5.4.6 Die Persönlichkeiten

Die Persönlichkeit eines jeden Mitarbeiters, welcher direkt oder indirekt an einem Projekt teilnimmt, hat einen wichtigen, wenn nicht gar entscheidenden Einfluss auf den Verlauf und den Erfolg des Projekts. Abgesehen davon, dass wir von unserer eigenen Persönlichkeit geleitet und gesteuert werden, übt diese auch einen aktiven sowie passiven Einfluss auf unser Umfeld aus. Aktiv im dem Sinne, dass wir durch unsere Persönlichkeit das Umfeld mit beeinflussen.

Aktiver Einfluss

Beispiel:
Wird einer Person der Eindruck vermittelt, dass sie in der zugeteilten Aufgabe nicht akzeptiert wird, führt dies zu einer Reaktion, die auf den Verlauf der gestellten Aufgaben einen negativen oder gar destruktiven Einfluss ausübt. Respekt basiert nur auf Gegenseitigkeit, der wiederum die Basis zu den Erfolgen im Team darstellt. Im Gegensatz dazu führt ein Sich-Respektieren zu der Motivation, den Erfolg gemeinsam zu erreichen.

Pasiver Einfluss

Beim passiven Einfluss handelt es sich ganz allgemein um ein Verhalten, welches als destruktives Verhalten interpretiert wird. Dies können Vorurteile sein, über die man sich nicht hinwegzusetzen vermag und die bis zur Verweigerung an die gestellten Aufgaben reichen. Interpretiert ein Team das Verhalten eines Kollegen anders als es der besagte Kollege meint, gilt auch dies als passiver Einfluss.

Auch wenn es ein Wunsch ist, die richtige Persönlichkeit am richtigen Ort platzieren zu können, wird sich dies in der Realität nicht durchsetzen lassen. Eine Veränderung der Persönlichkeit nimmt mit der Wichtigkeit des Fundaments der entsprechenden Person proportional zu. Ob es sich um eine fundamentale Charaktereigenschaft handelt, kann nur von der betroffenen Person definiert werden und niemals von außen.

Tipp

Man soll nicht versuchen, die Persönlichkeit im eigenen Sinne zu verändern, es ist aber einen Versuch wert, die Person zu einer Veränderung zu motivieren. Ist diese Person mit dem Veränderungsversuch nicht einverstanden, muss man sich bemühen, das fachliche Umfeld anzupassen.

Sympathie und Antipathie

Sobald wir das Umfeld wechseln und auf ein neues stoßen, unabhängig davon, ob es sich um das private oder berufliche Umfeld handelt, entstehen Hoffnungen und Erwartungen, wie sich dieses präsentiert und wie man auf die Mitmenschen wirkt. Im beruflichen Umfeld entsteht diese Situation abhängig vom Kontakt zu anderen Stellen oder Unternehmungen fast täglich.

Erwartungen und Hoffnungen

Sympathie wird geweckt, wenn man sich in der Gesellschaft des anderen wohl fühlt und sich selbst sein darf. Man hat Gemeinsamkeiten, ähnliche oder kompatible Charaktereigenschaften. Es entstehen Gefühl und Bedürfnis, sich gegenseitig zu helfen, um hohe Ziele erreichen zu können. Man respektiert sich und fühlt sich ernst genommen, auch wenn die Meinungen auseinander gehen mögen.

Die Antipathie ergibt sich genau aus der Gegensätzlichkeit der Sympathie. Man fühlt sich unwohl und meint, eine Rolle zu spielen, in der man sich nicht wohl fühlt. Gemeinsamkeiten gibt es keine oder nur sehr wenige. Auch mit dem Charakter des Gegenübers hat man äußerste Mühe, weil in den entscheidenden Punkten jene denen des eigenen Charakters widersprechen. Oft fallen Aussagen wie »Der X ist faul und Y hat keinen Anstand«. Man fühlt sich deshalb nicht respektiert und ist auch nicht bereit, den Respekt seinem Gegenüber zu erweisen. Zu diesem Zeitpunkt ist die Absicht, eine gemeinsame Zielerreichung mit Hilfe der Nutzung von Synergien und bessere Lösungen zu finden, nicht möglich. Man schützt sich selbst, gibt nichts preis und ist darauf bedacht, keine Fehler eingestehen zu müssen, um der »unsympathischen« Person keine Angriffsfläche zu bieten. Das Ziel wird wohl erreicht werden, aber mit einer sehr mageren Effizienz in Bezug auf Qualität und Quantität.

Schaffung eines angenehmen sozialen Umfelds

Will der Projektleiter durch sein Projekt einen großen Erfolg verbuchen, kommt er nicht umhin, sich dieser Problematik anzunehmen und ein Umfeld zu schaffen, in dem sich jeder wohl fühlt. Es wäre vermessen zu erwarten, dass sich alle zum Feierabend noch gemeinsam auf einen Apéro treffen und sich am Morgen um den Hals fallen, weil sie sich wiedersehen. Was er aber tun muss, ist, in Einzel- und allenfalls Gruppengesprächen das Team dazu zu bringen, sich mit der Situation auseinanderzusetzen. Alle Beteiligten und ihre Vorstellungen und Eindrücke müssen respektiert werden. Der Projektleiter oder Moderator muss den betroffenen Personen verbal und nonverbal zeigen, dass sein Ärger und seine persönliche Sicht der Dinge ein wichtiger Aspekt ist und eine gemeinsame Lösung angestrebt werden soll, ohne dass jemand am Schluss feststellen muss, dass er als Einziger nichts von dem, was ihm wichtig war, erreicht hat. In der Gesprächsführung sollen alle Aspekte aufgenommen werden. Diese Streitpunkte müssen nun mit Kompromissen beseitigt werden. D.h., dass jeder, der bereit ist, einen Kompromiss einzugehen, im Gegenzug von der Konfliktpartei etwas erhält, das seinem Bedürfniskreis entspringt. Eine gute Möglichkeit am Ende eines Gesprächs ist, dass sich alle zum Abschied die Hand geben. Verweigert dies eine Partei oder macht es nur höchst widerwillig, ist dies ein deutliches Zeichen, dass noch Unstimmigkeiten vorhanden sind, die unbedingt geklärt werden müssen.

Privates Umfeld

Das private Umfeld ist für den Mitarbeiter ein entscheidender, wenn nicht gar der entscheidende Faktor in der Planung seiner Zukunft. Während der Vorgesetzte dies bei der Betrachtung des Mitarbeiters innerhalb seines Projekts oftmals außer Betracht lässt, wird es für den Mitarbeiter nicht oder nur ganz selten der Fall sein. Zudem ist ein ausgewogenes Verhältnis zwischen beruflichem und privatem Umfeld für den Projektverlauf auf längere Sicht nur förderlich. Untersuchungen haben gezeigt, dass in Berufen wie z.B. in der Informatik die Mitarbeiter dazu neigen, emotional zu vereinsamen. Der Mitarbeiter kann dazu verleitet werden, sich mit seiner Arbeit, die mit zwischenmenschlicher Kommunikation nicht viel gemeinsam hat, in einer Art zu identifizieren, durch die er die Realität nicht mehr richtig wahrnimmt und in eine virtuelle Welt abgleitet.

Divergenz zwischen privater und beruflicher Zielsetzung

Ein weiterer wichtiger Punkt bildet die Gefahr einer entscheidenden Divergenz zwischen der persönlichen und der beruflichen Zielsetzung. Um diese Gefahr zu vermeiden, ist es wichtig, dass der Vorgesetzte auch die persönlichen Zielsetzungen seiner Mitarbeiter kennt. Es handelt sich keinesfalls um ein Aus- oder Nachspionieren der Mitarbeiter. Das Ziel soll sein, dass der Vorgesetzte den notwendigen Freiraum für die persönlichen Ziele seiner Mitarbeiter bilden kann und sie mit seinen und den Erwartungen der Unternehmung in Einklang bringen kann. Die Mittel, um dieses Ziel zu erreichen sind:

- periodische Mitarbeitergespräche;
- Unternehmensinformationen an die Mitarbeiter weitergeben und Feedback einholen;
- Interesse an den Bedürfnissen und dem Leben der Mitarbeiter zeigen;
- in Zusammenarbeit mit dem Mitarbeiter nach Möglichkeiten zur Einbindung der persönlichen Zielsetzungen in den Projektverlauf suchen.

Vertrauen und Misstrauen

Die Schaffung einer Vertrauensbasis ist eine grundlegende Voraussetzung, damit Vertrauen zum Vorgesetzten und den Mitarbeitern aufgebaut werden kann. Nur unter dieser Voraussetzung ist es möglich, dass der gegenseitige Respekt vorliegt. Sobald Misstrauen eine Beziehung im weitesten Sinn trübt, werden Aussagen durch andere Personen nicht mehr als glaubhaft taxiert. Alles wird kontrolliert und überwacht. Vertrauen kann durch die folgenden Punkte gebildet werden:

- Sachlichkeit,
- Fairness,
- Respekt,
- wahrheitsgemäße Aussagen,
- Offenheit.

Kontrolle contra Vertrauen

Vertrauen ist gut, Kontrolle ist besser. Diese Aussage hat mit Sicherheit ihre Gültigkeit. Für den Aufbau einer Vertrauensbasis ist es aber sehr wichtig, dass in bestimmten Bereichen und Situationen Vertrauen gezeigt wird, ohne dass alles kontrolliert wird. In diesem Bereich kann die Wahrnehmung zwischen Vorgesetztem und Mitarbeiter sehr unterschiedlich sein. Ob es sich nun um den Untergebenen oder den Vorgesetzten handelt, die betroffene Person muss bei der Wahrnehmung eines Ungleichgewichts zwischen Kontrolle und Vertrauen das Gespräch suchen. Grundsätzlich sollten aber immer bei Beginn einer Zusammenarbeit in einem Gespräch die Voraussetzungen, Erwartungen und Rahmenbedingungen abgesteckt werden. Die Gründe für eine Aussprache oder Klärung können sein:

- Der Vorgesetzte ist der Meinung, dass er einen Mitarbeiter zu stark kontrollieren muss.
- Der Vorgesetzte muss aus bestimmten (z.B. unternehmenspolitische) Gründen mehr oder öfter protokollieren als es sein Mitarbeiter für nötig hält.
- Der Mitarbeiter fühlt sich zu sehr auf sich alleine gestellt.
- Der Mitarbeiter fühlt sich zu stark kontrolliert oder überwacht.

Druck und Stress

In der heutigen Zeit wird niemand mehr ohne Druck und Stress durchs Berufsleben gehen können. Die Erwartungen des Umfeldes steigen nahezu jährlich. Alles wird besser, schneller, schöner und billiger. Ein wichtiger Faktor, der zu Druck und Stress führen kann und der bis zu einem gewissen Grad verringert werden kann, sind persönliche Zusagen zu angenommenen Aufträgen. Es muss deshalb darauf geachtet werden, dass Zusagen bzgl. Kosten, Funktionalität und Termin nur in dem Umfang gemacht werden, wie diese zum Zeitpunkt der Aussage realistisch bewertet werden können. Es nützt niemandem etwas, Versprechen zu erhalten, die nur unter den absolut besten Voraussetzungen eingehalten werden können. Niemand wird alle seine Kosten, Termine oder Funktionalitäten immer durchsetzen können. Wer Situationen erkennt, die unter zu großen Erwartungen leiden, muss diese offen kommunizieren, um sich den möglichen Druck und Stress zu nehmen. Neben der Einhaltung der Versprechen wird aber auch die Leistung als solche honoriert. Es darf nicht sein, dass Mitarbeiter die Arbeit verschleppen oder die Kosten unnötig in die Höhe treiben, nur um zu beweisen, dass sie mit ihren Schätzungen recht hatten. Auch wenn die Termine früher erreicht werden sollen als geschätzt wurde, müssen alle am Projekt Beteiligten ihr Möglichstes tun, um das Ziel so schnell wie möglich zu erreichen.

Tipp

> Man wird niemals für die Zukunft die absolut besten Voraussetzungen erhalten. Für alle Zusagen muss mit realistischen Werten unter Miteinbezug einer vernünftigen Reserve kalkuliert werden. Für nicht abschätzbare Werte dürfen keine verbindlichen Zusagen gemacht werden.

Drohen und belohnen

Zuckerbrot oder Peitsche ist immer wieder ein viel diskutiertes Thema. Es gibt keine allgemeingültige Regel, welches Mittel das bessere ist. Es gilt aber als erwiesen, dass Menschen unter der Voraussetzung einer Belohnung eine konstruktivere Leistung erbringen als jene, die mit Drohungen vorwärts getrieben werden. Belohnungen dürfen aber nur ausgesprochen werden, wenn es sich um eine Leistungserbringung handelt, die über die vertraglichen Bestimmungen hinausgehen. Andernfalls besteht die Gefahr, dass Mitarbeiter für alles, was sie in die Hände nehmen, belohnt werden wollen. Tendenziell lässt sich aber festhalten, dass Drohungen bei destruktivem und Belohnungen bei konstruktivem Verhalten angewendet werden sollen.

Tipp

> Belohnungen sind eine Definition des Belohnten und nicht des Belohnenden. Anhand dieser Aussage sollen Belohnungen individuell für die betreffenden Mitarbeiter ausgearbeitet und ausgesprochen werden.

5.4.7 Widerstände

Pro und Contra von Widerständen

In jedem Umfeld, in dem Personen mit verschiedenen Persönlichkeiten, Ansprüchen und Erwartungen aufeinandertreffen, treten Widerstände auf. Einerseits können Widerstände die Kreativität, die Lösungsfindung und die Zusammenarbeit fördern. Andererseits können sie aber auch die Zielerreichung des Projekts gefährden oder gar verhindern. In solchen Situationen ist der richtige Umgang mit Widerständen für die Sicherstellung der Zielerreichung wesentlich. Widerstände können nicht restlos vermieden werden. Durch eine frühzeitige Erkennung und vorausschauende Maßnahmen kann dem Konflikt der Wind aus den Segeln genommen oder so gesetzt werden, dass aus der Produktivität zerstörenden Energie eine Kraft entsteht, die eine erfolgreiche Zielerreichung fördert.

Widerstände äußern sich in passivem Verhalten und werden auf der Sachebene entwickelt. Die Bemühungen zur Verhütung oder Verminderung des Konfliktpotenzials müssen aufrichtig sein. Scheinmanöver oder manipulative Maßnahmen zum eigenen Vorteil werden durchschaut und richten sich schlussendlich gegen den vermeintlichen Schlichter. Die Gründe von Widerständen richten sich immer nach denselben Mustern. Am Modell der Maslowschen Pyramide zeigt sich, dass alle ihre Bedürfnisse in der folgenden Reihenfolge befriedigt werden wollen:

Maslowsche Bedürfnispyramide

- Grundbedürfnisse,
- Sicherheit,
- zwischenmenschliche Zuwendung,
- Anerkennung,
- Selbstverwirklichung.

Diese Thematik wird in Kap. 5.5.1 detailliert behandelt. Die Symptome der Widerstände unterscheiden sich bei personen- und gruppenbezogenen Widerständen. Um Widerstände in der Projektarbeit zu berücksichtigen, müssen drei Fragen gestellt werden.

5.4.7.1 Warum gibt es Widerstände?

Primäre eigene Erfahrungen

Die eigenen Lebenserfahrungen bilden die Basis für unser Handeln, unsere Erfolge, unsere Emotionen und Wünsche im gesamten Verlauf unseres Lebens. Durch die eigenen Erfahrungen werden die Stellenwerte definiert, die bestimmte Situationen im eigenen Leben einnehmen. Gemeint sind damit folgende Punkte:

- Liebe,
- Hass,
- Angst,
- Mut,
- Macht,
- Geld,
- Lebensqualität,
- Moralnormen,
- Vertrauen,
- Verantwortungsbewusstsein,
- Initiative.

Kontinuität und Stabilität

Das Verhalten, das nur den eigenen Weg als richtig zulässt, zeugt sehr oft von einem mangelnden Selbstbewusstsein. In der Taktik keine andere Meinung oder Einstellung in die Gedankengänge mit einzubeziehen, verhindert, dass die eigene Vorgehensweise in Frage gestellt werden muss. Muss man eine andere Idee oder Überzeugung für bevorzugt erklären, wird daraus die Einstellung, dass es sich um ein persönliches Versagen handelt. Durch die Integration in die Gruppe, Bestätigung und Anerkennung kann man diese Persönlichkeiten dazu bringen, auch Meinungen von Drittpersonen zuzulassen.

No risk

Menschen, die zu einer geringeren Risikobereitschaft neigen, haben ein ausgeprägtes Bedürfnis nach Sicherheit. Dieser Widerstand kann nur abgebaut werden, wenn jemandem mit einem ausgeprägten Sicherheitsbedürfnis die Verantwortung für ein eingegangenes Risiko von den Schultern genommen wird.

Arbeit wird zu ernst genommen

Wird die Arbeit zu ernst genommen, entsteht daraus eine persönliche Identifizierung mit der Problematik, was getan werden soll oder getan worden ist. Dies dient dazu, sich selbst über die eigene Arbeit zu identifizieren und zu qualifizieren. Der Faktor Lust geht dabei verloren und die Einstellung, Arbeit als Teil eines Ganzen zu betrachten, geht verloren. Die Arbeit beschäftigt uns täglich acht bis neun Stunden. Dieser große Teil unseres täglichen Lebens sollte uns Lust und Freude bereiten. Jede Arbeit, und sei sie noch so trivial, kann interessant gestaltet werden, ist aber nur ein Teil unseres Lebens.

Bildungsstand

Häufig treten Widerstände zwischen verschiedenen Bildungsständen auf. Während der höhere Stand dem tieferen nicht die entsprechenden Fähigkeiten zutraut, spürt es dieser auch und beginnt sich zu wehren. Verhindert oder vermindert werden können diese Widerstände nur, indem jedem Bildungsstand seinen Fähigkeiten entsprechend Verantwortlichkeiten und Kompetenzen zugeordnet werden. Darüber hinaus muss dafür gesorgt werden, dass diese Grenzen von keiner Seite überschritten werden und der gegenseitige Respekt aufgebaut werden kann.

Alter

Die unterschiedlichen Altersstrukturen innerhalb eines Teams führen oft zu Widerständen. Auf der einen Seite steht der reife Mitarbeiter, dessen Erfahrungen in den Jahren seiner Arbeitstätigkeiten sehr umfangreich geworden sind. Im Gegensatz zur qualitativen Leistungssteigerung führt die Alterung tendenziell zu einem Nachlassen der quantitativen Leistungsfähigkeit. Die Bereitschaft, seine volle Leistung in die Arbeit zu investieren, steigt aber wieder. Dies führt zur Überzeugung, dass sie den jungen Mitarbeitern überlegen sind und zur Überheblichkeit führen kann. Auf der anderen Seite steht der Jugendliche mit seinem Tatendrang nach Erfahrungen in den verschiedensten Bereichen. Er hat seine Karriere noch vor sich und muss sich behaupten, um den erwünschten Platz im Arbeitsumfeld zu erreichen. Vermindert werden kann dieses Konfliktpotenzial vor allem durch die Verbesserung der Toleranz und der persönlichen Anwendung.

Macht

Macht, wie wir sie für den Verhaltensaspekt jetzt untersuchen, hat nichts mit Politik, Geld und Hierarchie zu tun. Macht im Projekt kommt von Handeln, ist also handlungsorientiert. Viel Macht ausüben steht wenig Macht herausnehmen gegenüber.

Verhaltensaspekte der Macht

Viel Macht:	Wenig Macht:
sichert	beobachtet
organisiert	analysiert
delegiert	geht weg
ist in Aktion	lässt andere machen
überblickt	differenziert
ist aktiv	ist passiv
befiehlt	ausführend
ist schnell	abwartend
lebendig	hört zu
hat Drang zur Tat	denkt nach
ist produktiv	ist kompliziert
übernimmt Verantwortung	sichert sich ab
ist autoritär	ist vermittelnd
übereilt	überlegt

Diese Aufstellung ist nicht wertend zu betrachten. Es kommt auf die Situation an, wie viel Macht geeignet ist, um zu einer Lösung zu kommen. Viel Macht ist nicht a priori gut, weil viel passiert bzw. wenig Macht schlecht, weil viel zugelassen wird. Der zielgerichtete Einsatz von Macht in Übereinstimmung mit dem eigenen Persönlichkeitsprofil, ist erst erfolgversprechend.

Gefühl der Zusammengehörigkeit

Das Gefühl der Zusammengehörigkeit ist ein entscheidender Faktor auf dem Weg zum Projektziel. Dass eine mangelnde Identifikation mit der Gruppe Widerstände erzeugt, versteht sich von selbst, aber auch ein zu ausgeprägtes Gruppengefühl birgt Konfliktpotenzial in sich. Beide Situationen führen dazu, dass sich das Team lediglich mit der internen Situation auseinandersetzt und die äußeren Einflüsse nicht mehr berücksichtigt. Der Projektleiter soll den Zusammenhalt seines Teams fördern. Gleichzeitig muss er aber auch aufzeigen, dass die Arbeit im Team nur einen Nutzen abwirft, wenn die Arbeit in die gesamte Unternehmung einfließen kann. Die Unternehmung lebt nicht allein von einzelnen Teams, sondern von der Leistung aller Teams und deren Zusammenarbeit. Schaukämpfe innerhalb des Teams haben einen bleibenden Einfluss auf jeden einzelnen Mitarbeiter für dessen Zukunft. Eine Aufgabe des Projektleiters ist es zu gewährleisten, dass sich das Team auf seine Arbeit konzentriert, und klarzustellen, dass mangelnde Toleranz und Teamfähigkeit für künftige Aufgaben Konsequenzen nach sich ziehen, die jeden Mitarbeiter im Einzelnen betreffen.

Personelle Veränderung in der Gruppe

In jeder Projektarbeit kommt der Zeitpunkt, in dem das Team aus Gründen der erfolgreichen Projekteinführung oder weil das Projekt gestoppt wird, aufgelöst wird. In diesen Momenten können gut funktionierende Teams Widerstände erzeugen, weil die Auflösung des Teams verhindert werden soll. Die Mitarbeiter fühlen sich in der Gruppe wohl, haben Angst vor der nächsten Aufgabe und glauben nicht daran, wieder ein so homogenes Team zu erleben. Sie haben ein Umfeld erlebt, das ihren Vorstellungen und Wünschen entspricht und wollen nicht verstehen, dass diese Aufgabe abgeschlossen ist und eine Auflösung des Teams der einzige richtige und konsequente Schritt ist. Der einzige Weg, diese Widerstände abzubauen, sind Gespräche mit dem Team und den einzelnen Mitarbeitern. Den einzelnen Teammitgliedern muss klar gemacht werden, dass ein Festhalten an vergangenen Zeiten keine Möglichkeit ist, weiter voranzukommen. Eine erfolgreiche Zukunft kann nur durch eine vorausschauende Haltung erreicht werden. Die Erfahrungen der Vergangenheit können als Mittel für die Zukunft genutzt werden, dennoch muss der einzelne Mitarbeiter den Blick nach vorne richten.

Über-, Unterlegenheit der Gruppe

Das Gefühl der Über- oder Unterlegenheit kann auf dem Weg zum Projektziel immer wieder zu Widerständen führen. Vermeintliche Über- oder Unterlegenheit kann zu Überheblichkeit oder Minderwertigkeitsgefühlen führen, die vom Projektleiter abgebaut werden müssen. Der Projektleiter soll die Arbeit seines Teams fördern und diese Wertschätzung auch dem Team mitteilen. Gleichzeitig muss er aber diese Wertschätzung auch in Relation zur Arbeit in der gesamten Unternehmung stellen. Die Unternehmung lebt nicht allein von einzelnen Teams, sondern von der Leistung aller Teams und deren Zusammenarbeit. Hinzu kommt, dass das Einmischen in die Leistung anderer und deren Beurteilung eine Kompetenzüberschreitung darstellt, die in dieser Form nicht toleriert werden darf. Eine Aufgabe des Projektleiters ist es, Kämpfe sowie Widerstände auf Nebenschauplätzen zu verhindern.

Negativ gegenüber Veränderungen

Eine sehr gefährliche Ausgangslage stellt sich, wenn der Vorgesetzte der Gruppe oder des Projekts gegenüber Veränderung eine negative Einstellung einnimmt und diese auch gegenüber den Mitarbeitern verbal oder nonverbal kommuniziert. Die Aufgabe des Vorgesetzten ist es, eine Vorbildrolle einzunehmen und sein Team in der Arbeit zu fördern und nicht zu behindern. Warum soll das Team zu Veränderungen eine positive Einstellung einnehmen, wenn der Vorgesetzte das Gegenteil demonstriert? Dies ist nicht möglich. Sollte es trotzdem möglich sein, bedeutet dies, dass der Projektleiter seine Akzeptanz und Glaubwürdigkeit im Team verloren hat und ausgewechselt werden muss. In Gesprächen muss der Vorgesetzte überzeugt werden, dass er eine positive Einstellung einnehmen muss, um das Team und die Unternehmung und letztlich ihn selbst voranzubringen. Sollte das nicht möglich sein, gibt es nur eine Möglichkeit und die heißt: Auswechslung des Vorgesetzten.

5.4.7.2 Wie äußern sich Widerstände?

Gegen die Projektarbeit oder deren Ergebnisse

Sehr oft werden Widerstände durch die Präsentation der Projektergebnisse, der Ziele und deren Auswirkungen sichtbar. Alles wird in Frage gestellt, die Ziele werden kritisiert und die Auswirkungen korrigiert. Wo liegen nun die Gründe für dieses Verhalten? Je nach Persönlichkeitstyp liegen verschiedene Ursachen vor, die zu diesem unsachlichen Verhalten geführt haben. Die folgenden Gründe weisen auf dieses Verhalten hin:

Art und Weise der Projektführung

Wie in vielen Bereichen sind Außenstehende der Meinung, sie könnten es besser, effizienter und schneller. Jeder, betroffen oder nicht, fühlt sich ermächtigt, seinen Kommentar anzubringen und die Projektdurchführung zu kritisieren.

Persönliche Erfahrungen

Traditionell zeigen sich in diesem Bereich die Widerstände durch unqualifizierbare Aussagen. Zudem handelt es sich nicht selten um Killer-Aussagen. Ziel dieser Aussagen ist, das Thema durch Aussagen zu blockieren, die auf sachlicher Ebene keine vernünftigen Antworten mehr zulassen und höchstens zu einer emotionalen Schlammschlacht führen. Die folgenden Beispiele sind klassisch für die Art der Widerstände:

- »Ich habe das schon immer so gemacht und es kann nicht verbessert werden.«
- »Seit zehn Jahren habe ich das erfolgreich getan und jetzt soll es auf einmal nicht mehr gut genug sein«.
- »Ihre Ideen sind gut, aber lassen sich in der Praxis nicht durchführen oder einsetzen«.
- »Ich wusste oder wüsste es besser, aber Ihr da oben macht ja immer, was Ihr wollt«.

Eine gute Möglichkeit, diese Widerstände zu vermindern, ist die aktive Beweisführung. Ein Einwand soll auf der sachlichen Ebene bewiesen oder begründet werden. Auf den Einwand, dass eine bestimmte Situation nicht verbessert werden kann, müssen sachliche Beweggründe für diese Aussage gefordert werden. Fühlt sich ein Mitarbeiter nicht ernst genommen, kommen oft Aussagen wie »Ihr da oben macht so oder so was Ihr wollt«. Diesen kann nur entgegengetreten werden, indem die entsprechende Person tatsächlich ernst genommen wird. Er soll seine Gründe darlegen können und soll auch einen Einfluss auf die Sachebene haben. Diese Mittel sorgen für Respekt gegenüber Mitarbeitern. Liegt der eigentliche Grund des Widerstandes auf einer anderen Ebene, wird der Erzeuger genötigt, den Nebenschauplatz zu definieren und unsachliche Widerstände aufzugeben.

Persönlichkeit

Widerstände in der Persönlichkeit der einzelnen Mitarbeiter können beinahe als Tagesgeschäft betrachtet werden. Jedes Persönlichkeitsprofil weist seine spezifischen Merkmale auf und muss im Zusammenhang mit den zugeteilten Aufgaben ernst genommen werden. Die spezifischen Merkmale der Persönlichkeitsprofile werden in Kap. 5.13 detailliert begutachtet.

Gegen den Projektleiter

Die Widerstände im Zusammenhang mit der Projektleitung können verschiedene Gründe haben und müssen im Sinne einer erfolgreichen Projektarbeit beseitigt werden. Diese Gründe können aber nur in persönlichen Gesprächen aufgedeckt werden.

Blitzableiter

Treten Widerstände auf, die sich als Blitzableiter für Probleme aus anderen Bereichen herausstellen, müssen diese spezifiziert werden. Je nach der Situation, ob es sich um zwischenmenschliche Bereiche in der Unternehmung oder um Probleme aus dem privaten Bereich handelt, können diese Situationen in Einzel- oder Gruppengesprächen analysiert und behoben werden.

5.4.7.3 Wie geht man mit Widerstand um?

Auswirkungen von technischen Lösungen

Richtet sich der Widerstand nicht gegen die technische Lösung, sondern gegen deren Auswirkungen, müssen diese besprochen und analysiert werden. Gemeinsam müssen Lösungen gesucht und gefunden werden, mit deren Auswirkungen alle betroffenen Stellen sich einverstanden erklären. Bedingung ist jedoch, dass die Stelle, die den Widerstand auslöst, die Gründe, die zu diesem Verhalten führten, offen darlegt.

Keine Bewertungen der Widerstände

Wir neigen dazu, auftretende Situationen zu bewerten. Das wäre bei Widerständen völlig falsch. Einen Widerstand als unbedeutend zu deklarieren, führt nur dazu, dass der Auslöser des Widerstandes diesen zusätzlich verstärkt. Wird jedes einzelne Problem in bestimmten Situationen nicht erkannt oder verharmlost, wird zusätzlicher Widerstand erzeugt. Für Drittpersonen mögen diese Situationen als Nebensächlichkeiten erscheinen. Aus diesem Grund dürfen bei der Lösung von Widerständen nie beurteilende Kriterien einfließen. Die Lösungen müssen auf der sachlichen Ebene abgewickelt werden.

Widerstand ernst nehmen

Bei der Behandlung von Problemen und Widerständen müssen alle betroffenen Parteien ernst genommen werden. Widerstände als unbedeutend zu definieren und zu übergehen, bedeutet, dass die Partei nicht ernst genommen und in der Wahrnehmung ihrer Bedürfnisse und Probleme übergangen wird.

Mit dem Widerstand arbeiten

Treten Widerstände auf, müssen diese als ernstes Problem wahrgenommen werden. Dadurch entsteht auch der Bedarf, diese Probleme oder Widerstände aus der Welt zu schaffen. Sie werden betrachtet, wahrgenommen und es wird gezielt nach Lösungen gesucht. Sich dem Widerstand entgegenzustellen, erzeugt eine Verstärkung des Problems und zunehmend wird vermehrt Energie dafür aufgewandt, anstatt sich mit den Problemen des Projekts auseinander zu setzen. Die Energie des Widerstandes muss aufgenommen werden. Die Aufgabe besteht lediglich darin, diese Energie zu kanalisieren und in die richtige Richtung zu lenken.

Folgekosten durch Widerstände

Betrachtet man die wirtschaftlichen Folgekosten, die durch Widerstände während des Projekts oder nach dessen Einführung entstehen, wird bewusst, dass diese auf die Qualität, Quantität und die Finanzen einen bedeutenden Einfluss ausüben können. Ausgeprägt ist der Einfluss auf die Qualität des Produkts, weil sich die Konzentration der Energie auf die Widerstände und Termine richtet, da der Umgang mit den Widerständen sehr Zeit intensiv ist.

Unkosten für die Unternehmung

Erfahrungen zeigen, dass zu Gunsten des Projekts, Widerstände nicht bewusst angegangen werden. Dass Probleme der Akzeptanz von Mitarbeitern untereinander oder gegenüber der Unternehmung ein wesentlicher Kostenfaktor für die Unternehmung darstellt, ist dabei offensichtlich. Diese Unkosten sind unnötig und können massiv reduziert werden. Der Aufwand, der für die Lösung von Widerständen aufgebracht wird, ist unverhältnismäßig groß und ist durch eine Auflösung des Widerstandes mittel- und langfristig bedeutend kleiner. Die Unkosten beschränken sich normalerweise nicht nur auf das Projekt im engeren Sinne, sondern werden sich zunehmend auf die Unternehmung auswirken.

Verbale und nonverbale Verhaltensmuster

Im verbalen Bereich ist es einfacher, Widerstände zu erkennen, obwohl diese mit einiger Sensibilität in der Entstehung bereits erkannt werden können, was wiederum zu einer Reduzierung der Folgekosten führen kann. Im nonverbalen Bereich, wie bei Gestiken, ist die Erkennung des Problems bedeutend schwieriger. Oft bildet hier ein offenes Verhältnis innerhalb des Teams die Basis für die Möglichkeit, dass Probleme frühzeitig angesprochen werden und somit Widerstände bereits in der Entstehung verhindert werden können. Eine weitere Ebene bildet die laufende Analyse der Situation durch den Vorgesetzten. Welche Änderungen sind in der letzten Zeit eingetreten? Analog zu Kap. 3.3.1 kann die Situation auch im zwischenmenschlichen Bereich angewandt werden.

Aktiv statt reaktiv

Auf Widerstände zu reagieren, zieht immer Unkosten nach sich. Agiert man auf Widerstände, d.h. beugt man ihnen vor, kann man nicht nur Widerstände vermeiden, man reduziert auch die Kosten und Unkosten für das Projekt und die Unternehmung.

Symptome und Ursachen

Jedes Problem äußert sich in Symptomen, die aus Ursachen entstanden sind. Es ist die Aufgabe, wie sie der Arzt auch hat, die Symptome und die Ursachen zu trennen. Durch die Beseitigung der Symptome treten sie an diesem Ort wahrscheinlich nicht mehr auf, finden aber einen neuen Ort, an dem sie wirken können. Durch Lösung des

Problems aber werden automatisch auch die Symptome verschwinden. Man kann davon ausgehen, dass ICH-Formulierungen immer auf ein Symptom schließen lassen.

Betroffenheitsanalyse

Nachdem ein Sollkonzept ausgearbeitet worden ist, muss daraus abgeleitet eine Betroffenheitsanalyse erstellt werden. Diese Analyse ist ein wichtiger Schritt mit dem Ziel, eventuelle Widerstände gar nicht erst entstehen zu lassen. In dieser Analyse wird festgehalten, wer von Widerständen betroffen ist, welche Gründe dieses Verhalten ausgelöst haben und mit welchen möglichen Lösungen eine Einigung gefunden werden kann.

Informationspolitik

Viel wird über die Informationspolitik debattiert, diskutiert und argumentiert. Jeder hat dabei seine persönliche Meinung. Diese Meinung spiegelt auch den Wunsch, in welcher Art und Weise er mit Informationen versorgt werden will. Grundsätzlich lässt sich festhalten, dass Gerüchte und Spekulationen verhindert werden müssen. Eine Aussage wie »Die Entscheidung wurde gefällt, wird aber erst nächste Woche kommuniziert« ist sehr unglücklich. Sie lässt über Tage Raum zu Spekulationen, werden unter den Mitarbeitern auch geführt und führen zu einer Senkung der Arbeitsleistung und deren Qualität.

Fachbereiche

Ein Projekt entspringt dem Bedürfnis des Fachbereichs. Diesen während der Entwicklung auszuschließen führt dazu, dass der Fachbereich in der Phase der Projektentwicklung keinen sinnvollen und wertvollen Einfluss ausüben kann. Der Fachbereich hat nur einen begrenzten Einflussbereich auf die Entwicklung eines Projekts. Dieser Einfluss kann durch das Projektteam begrenzt oder erweitert werden. Die Identifikation des Fachbereichs mit dem vorliegenden Projekt kann nur erreicht werden, indem dieser in den Prozess und die Entscheidungen mit einbezogen wird. Durch die Beschränkung können Widerstände gegen das Projekt aufgebaut werden.

Beteiligungswünsche

Für die Entwicklung eines Projekts muss ein Projektteam für die direkte Entwicklung und Teams zur Unterstützung des Projekts gebildet werden. Alle betroffenen Mitarbeiter entwickeln dadurch Wünsche und Bedürfnisse in Bezug auf die Arbeit und die Art der Beteiligung an der Entwicklung des Projekts. Diese Beteiligungswünsche müssen erfasst werden und soweit wie möglich in die Projektarbeit miteinbezogen werden.

Ausbildungskonzept

Parallel zur Selektion der Ressourcen für die Durchführung des Projekts muss auch ein Ausbildungskonzept erstellt werden, um den Mitarbeitern die Basis für die optimale Erfüllung ihrer Aufgabe bieten zu können. Der unterschiedliche Ausbildungs- und Wissensstandard muss angeglichen und auf die bevorstehende Aufgabe im Zusammenhang mit dem Projekt angepasst werden.

5.5 Motivation

Die Motivation ist die Triebfeder schlechthin. Sie ist der eigentliche Antrieb für das Verhalten der Menschen. Die Basis dafür ergibt sich aus dem Wunsch, ein bestimmtes Bedürfnis befriedigen zu wollen. Als Motivation wird das menschliche Verhalten verstanden, durch Steuerung beabsichtigt Zielsetzungen zu erreichen.

5.5.1 Maslow

Jedes menschliche Bedürfnis oder jede menschliche Aktivität, unabhängig davon, ob im beruflichen oder privaten Umfeld, lässt sich durch psychische Motive erklären. Ein Motiv in diesem Sinne bedeutet das Streben nach der Befriedigung eines Mangels. Maslow gliedert die menschlichen Bedürfnisse in einer Pyramide mit fünf Stufen.

Gliederung der menschlichen Bedürfnisse nach Maslow

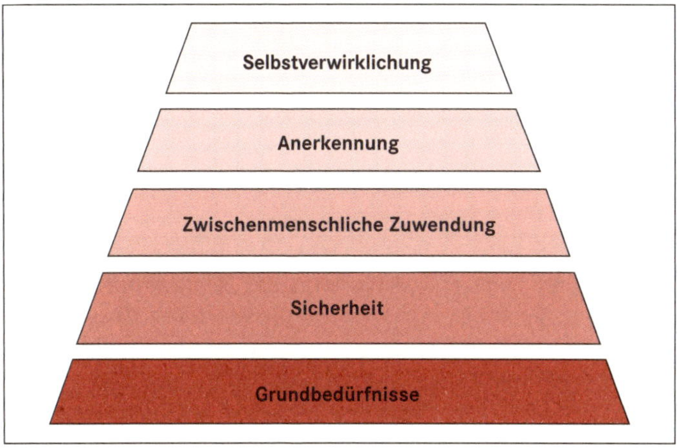

Abb. 34: Maslowsche Pyramide

Bevor Bedürfnisse einer höheren Stufe befriedigt werden können, müssen die untergeordneten Stufen ausreichend befriedigt sein. Werden die Bedürfnisse genügend berücksichtigt und unterstützt, können die Menschen motiviert werden. Dadurch entwickelt der Mensch auch seine eigene Motivation, die nächste Stufe zu erreichen.

Bei der Beurteilung, ob eine Bedürfnisstufe befriedigt ist, darf aber auf keinen Fall von der eigenen Situation und den eigenen Voraussetzungen ausgegangen werden. Die Definition, wann ein Bedürfnis befriedigt ist und die nächste Stufe erklommen werden kann, ist sehr individuell.

Checkliste zu Maslow

Die Bedürfnisse nach Maslow	Geschäftliche Maßnahmen
1. Physiologische (Nahrung, Sauerstoff, Wärme)	• Ab und zu Backwaren und Süßigkeiten bringen • Räumliche Belüftung • Ventilator im Sommer und zusätzliche mobile Heizkörper für den Winter, falls notwendig
2. Sicherheit (Schutz, Wohnen, Unterstützung)	• Sicherer Arbeitsplatz • Entlohnung • Boni • Beteiligung an Bausparvertrag oder Hypotheken
3. Zugehörigkeit und Liebe (Gruppe, Zuneigung, Familie, Liebe)	• Gemeinsamer Apéro nach der Arbeit • Angebot an kulturellen und sportlichen Anlässen • Offenes und kollegiales Arbeitsverhältnis • Firmenanlässe
4. Wertschätzung (Prestige, Erfolg, Achtung, Respekt)	• Gratulationen zu persönlichen Anlässen • Ehrung von außergewöhnlichen Leistungen • Keine sexuelle Anmache • Die Vorgesetzten kennen die Mitarbeiter mit Vornamen und Namen • Förderung der Mitarbeiter in ihrem Streben nach mehr Verantwortung und der Übernahme von anspruchsvolleren Tätigkeiten • Positive Kritik (Der Mitarbeiter macht seine Arbeit nach bestem Wissen und Gewissen)
5. Selbstverwirklichung (Entwickeln und Erproben der eigenen Fähigkeiten)	• Übertragen von Kompetenzen • Übertragen von Verantwortlichkeiten • Persönliches Förderungskonzept • Freiraum für die persönliche Entwicklung gewähren

Die Kunst des Managers besteht darin, die Bedürfnisstufen aus der Zielsetzung der Arbeit mit den Bedürfnisstufen der Mitarbeiter in Einklang zu bringen. Das setzt voraus, dass nicht nur die Zielsetzungen genau bekannt sind, sondern auch jeder Mitarbeiter klar seine Wünsche formuliert. Die Motivation gilt nicht nur für die Projektarbeit, d. h. die Arbeit mit dem Projektteam selber, sondern auch für die Ergebnisse der Projektarbeit.

5.5.2 Motivationslehre nach Herzberg

Frederik Herzberg vertritt die Auffassung, dass die gebräuchlichen Motivationstheorien in Wirklichkeit nicht auf der Basis der Motivation, sondern lediglich die Absicht zum Antrieb in sich bergen. Er bezeichnet diese als die Kita-Theorien (Kick into the arse, also den Tritt in den Hintern). Diese werden in drei Formen unterteilt:

Das negative physische Kita

Diese ist wohl die brutalste Antriebsmethode, die durch die Anwendung brachialer physischer Gewalt den Betroffenen zur Erbringung einer Arbeit zwingen soll. Da diese Methode ethisch doch verwerflich ist und die Gefahr in sich birgt, dass Gegengewalt erzeugt wird und zu einem Gegenangriff führt, hat man sich subtileren Methoden zugewandt.

Das negative psychische Kita

Nicht weniger fragwürdig ist die Methode, Menschen psychisch so lange unter Druck zu setzen, bis sie brechen oder die Forderung erfüllen. Als Vorteil erwies sich, dass die psychischen Methoden nicht so offenbar und noch schwieriger nachzuweisen waren, als die physischen. Kurzfristig mag diese Methode zum Erfolg führen. Langfristig aber wird sich das negativ auswirken und sich gegen den »Täter« wenden.

Das positive psychische Kita

Mit der Anwendung dieser Methode wird dem Empfänger eine Belohnung in Aussicht gestellt, falls er die Forderungen und Ziele des Vorgesetzten erreicht. Oft werden bei dieser Methode die Bedürfnisse des Menschen, dem die Belohnung versprochen wurde, nicht berücksichtigt. Wendet sich aber das Blatt, wird der Belohnte, dessen Bedürfnisse auf der Strecke bleiben seine offene Rechnung begleichen wollen. Bei der Anwendung dieser Methode muss die Fairness in der Form berücksichtigt werden, dass man sich bewusst wird, wie man am schwächeren Ende der Kette behandelt werden möchte.

Beispiel:
Vor einer Einführung wird dem Projektteam ein Bonus versprochen, falls die Einführung und der Projektstart erfolgreich verlaufen. Obwohl der Vorgesetzte weiß, dass ein Mitarbeiter Freizeit dem Bonus vorziehen würde, bleibt er hart auf seiner Linie. Sollte einige Zeit später der ehemalige Vorgesetzte zum Mitarbeiter der betroffenen Person werden, wird sich die Situation vollständig ändern. Der ehemalige Mitarbeiter wird sich nun weigern, seinem ehemaligen Vorgesetzten die Überzeit auszuzahlen, obwohl er dies könnte.

Frederik Herzberg stellt die Frage, warum positives Kita als Motivation beurteilt, das negative aber sehr skeptisch betrachtet wird. Er beantwortet diese Frage auch gleich selbst: Negatives Kita ist eine Vergewaltigung, während positives Kita Verführung bedeutet. Er behauptet aber auch, dass es tausendmal schlimmer sei, verführt als vergewaltigt zu werden. Die Vergewaltigung sei ein Unglück, gegen das man sich nicht wehren könne. Wird man aber verführt, so wirkt man am eigenen Niedergang auch gleich selbst mit.

Beispiel:
Eine bekannte, in der Öffentlichkeit stehende Persönlichkeit wurde von einer jungen attraktiven Frau verführt. Durch diese Handlung hat der Mann an seinem eigenen Untergang auch mitgewirkt. Wird diese Affäre in der Öffentlichkeit publik, wird sein Prestige arg in Mitleidenschaft gezogen und er wird womöglich seinen Einfluss und seine Stellung verlieren. Wäre dieselbe Person von der jungen attraktiven Frau vergewaltigt worden, hätte diese Situation kaum zu einem Verlust seiner Stellung geführt.

Falls die erwähnten Theorien tatsächlich nicht auf der Motivation beruhen sollten, was ist dann Motivation und wie wird sie angewandt? Um diese Frage nach Herzberg beantworten zu können, ist es notwendig, sich den von ihm durchgeführten Untersuchungen zuzuwenden.

Job Satisfaction vs. Job Dissatisfaction

In seinen Untersuchungen forderte er Angestellte von verschiedenen Unternehmungen auf, sich an Situationen, in denen sie eine große Zufriedenheit (Job Satisfaction) und Situationen, in denen sie eine große Unzufriedenheit (Job Dissatisfaction) verspürten, zu erinnern. Im Weiteren bat er die Angestellten, die Gründe für die entsprechende Stimmung anzugeben.

Erstaunlicherweise stellte sich heraus, dass durch die Beseitigung von Faktoren, die für Unzufriedenheit verantwortlich sind, nicht automatisch Zufriedenheit hervorrufen wird. Daraus schloss er, dass völlig andere Faktoren für Zufriedenheit ausschlaggebend sind als für Unzufriedenheit.

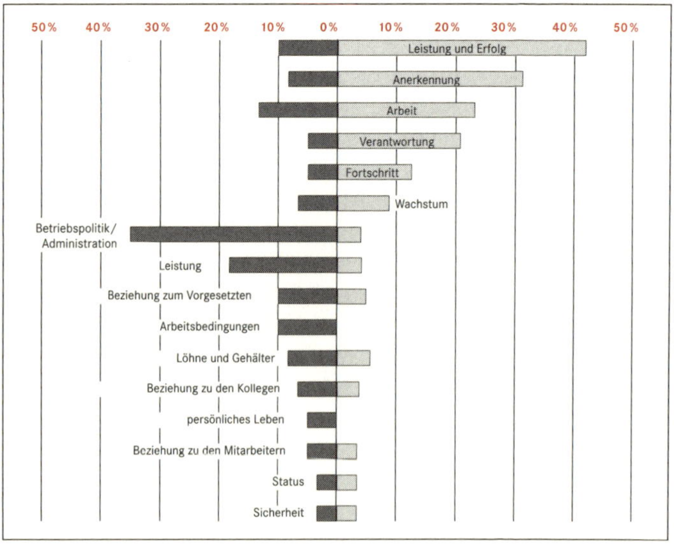

Abb. 35: Einfluss von Faktoren auf die Einstellung der Mitarbeiter

Offensichtlich ist es nicht möglich, durch periphere betriebliche Bedingungen dem Mitarbeiter Befriedigung in seiner Arbeit zu verschaffen. Veränderungen auf dieser Ebene ermöglichen lediglich die Verhinderung der Unzufriedenheit. Für Herzberg bedeutet dies, dass der Mitarbeiter über eine Tätigkeitsbereicherung motiviert werden kann. Dies darf nicht mit der Tätigkeitserweiterung verwechselt werden, bei der es sich um eine Erweiterung der Aufgaben mit dem gleichen Schwierigkeitsgrad handelt, d. h. man lastet den Mitarbeiter mehr auf, was aber zu keiner Motivation führt. Mit der Tätigkeitsbereicherung ist die Zuteilung von Aufgaben gemeint, die verstärkt den Wünschen des Mitarbeiters entsprechen und höherwertige Motive beinhalten wie die des Wachstums, der Kompetenz und der Verantwortung ganz generell.

Tätigkeitsbereicherung vs. Tätigkeitserweiterung

Beispiel:
Durch die Einführung moderner Arbeitsplätze lässt sich wohl die Unzufriedenheit der Mitarbeiter verhindern. Für eine Befriedigung bei der Arbeit reicht dieses Mittel nicht aus. Im Gegensatz dazu lässt sich durch Delegation von Verantwortung und Kompetenz die Zufriedenheit verbessern, sofern nicht bereits eine Unzufriedenheit auf einer anderen Ebene vorherrscht.

Checkliste

Vorgehensweise

- ✔ Ermitteln der Tätigkeiten, bei denen:
  - durch das neue Konzept keine zu hohen Kosten verursacht werden;
  - die Einstellung der Mitarbeiter negativ ist;
  - Motivation eine Leistungssteigerung bewirken kann.
- ✔ Vermitteln, dass am Inhalt der Tätigkeit gerüttelt werden darf.
- ✔ Liste hinsichtlich möglicher Maßnahmen erstellen, ohne auf die Durchführbarkeit Rücksicht zu nehmen.
- ✔ Streichen von Maßnahmen, die sich eher auf Unzufriedenheitsfaktoren beziehen.
- ✔ Streichen von Aussagen wie »mehr Verantwortung« oder »herausfordern«.
- ✔ Streichen von Maßnahmen, die nur Erweiterungen des gleichen Schwierigkeitsgrades betreffen.
- ✔ Berücksichtigen der Mitarbeitervorschläge ohne deren aktive Teilnahme an der Umgestaltung.
- ✔ Testen des Maßnahmenkonzepts.
- ✔ Mit einem kurzfristigen Leistungsabfall muss gerechnet werden, da sich die oder der Mitarbeiter zuerst in der neuen Situation zurechtfinden müssen bzw. muss.
- ✔ Untergebene Führungskräfte können Einwände gegen das vorgeschlagene Konzept aufbringen.

Für die Umsetzung von motivierenden Maßnahmen sollte durch die Erstellung eines Konzepts Klarheit geschaffen werden, wo mögliche Tätigkeiten liegen und welche Maßnahmen und Konsequenzen sich für die Umsetzung der Motivationsmaßnahmen ergeben. Für die Erstellung des Motivationskonzepts eignen sich folgende Gedanken- und Maßnahmenschritte sowie Vorgehensweisen, um einen bleibenden Erfolg erzielen zu können.

Nachdem die vorangegangenen Punkte berücksichtigt, abgeklärt und definiert worden sind, ist es ratsam, als Vorgesetzter sich anhand einer Checkliste nochmals Gedanken zu machen, ob alle Punkte berücksichtigt worden sind. Vor allem muss man sich aber als Vorgesetzter auch der Konsequenzen bewusst sein. Als Kombination der Theorien von Maslow und Herzberg lässt sich vereinfacht feststellen, dass mit zunehmender Stufe der Bedürfnisbefriedigung nach Maslow die Unzufriedenheitsfaktoren in Motivationsfaktoren nach Herzberg wandeln. Konkret heißt das, dass auf der untersten Stufe, auf der die psychologischen Faktoren befriedigt werden, ausschließlich Faktoren zu finden sind, die nur einen Einfluss auf die Unzufriedenheit bzw. Zufriedenheit ausüben. In der obersten Stufe, in der es um die Befriedigung der Bedürfnisse zur Selbstverwirklichung geht, haben ausschließlich Motivationsfaktoren einen Einfluss.

Checkliste

Erkenntnisse zum Motivationskonzept

1. Kenne ich meinen Mitarbeiter?

- ✔ Beruflicher Werdegang;
- ✔ bisherige Tätigkeit;
- ✔ Ausbildung;
- ✔ Kenntnisse und Fähigkeiten;
- ✔ Stärken und Schwächen;
- ✔ Erwartungen, Wünsche, Hoffnungen, Ziele;
- ✔ sein Bild meines Führungsstils;
- ✔ seine privaten Verhältnisse (soweit sie die Persönlichkeit nicht verletzen und für das Konzept von Bedeutung sind);
- ✔ sein Verhältnis zu seinen Kollegen.

2. Verfüge ich über ein vollständiges Konzept?

- ✔ Psychologische Bedürfnisse (Grundbedürfnisse);
- ✔ Sicherheitsbedürfnis;
- ✔ zwischenmenschliche Zuwendung;
- ✔ Anerkennung, Selbstverwirklichung.
- ✔ Welche Unzufriedenheitsfaktoren können oder müssen beseitigt werden?
- ✔ Gelegenheiten zu Leistung und Erfolg;

- ✔ fundierte Kritik und Anerkennung;
- ✔ Verantwortung und Selbständigkeit;
- ✔ Entwicklung und Wachstum des Mitarbeiters.

3. Änderung des eigenen Verhaltens als Vorgesetzter:

- ✔ Zeitaufwand für motivationsorientierte Maßnahmen;
- ✔ gezielte und bewusste Gesprächsführung (sach-, zukunftsbezogen und Gesprächsplan);
- ✔ ist der Führungsstil ein Thema und wird er wirksam?
- ✔ kontinuierliche und systematische Kritik und Anerkennung;
- ✔ Konzept, Zielsetzung, Unterstützung und Kontrolle.

4. Systematische Veränderung:

- ✔ Arbeitsteilung, Kompetenz, Verantwortung überprüfen;
- ✔ Arbeitsart, Arbeitsgestaltung, Arbeitsplatzgestaltung überprüfen;
- ✔ Information und Mitwirkung ohne Entscheidungsgewalt der Mitarbeiter;
- ✔ Delegationen prüfen;
- ✔ Mitarbeiterentwicklung durch Führung nach Zielsetzung verwirklichen.

5.6 Konflikte

5.6.1 Konfliktart

Sachliche Ebene

Auf sachlicher Ebene werden Konflikte behandelt, die sich um die sachliche Lösung drehen. Der Mitarbeiter, der den Konflikt auslöst, erkennt Lösungen, die einerseits nicht das erwartete Ziel erreichen und andererseits seine Einwände und Vorschläge nicht berücksichtigt werden. Unter der sachlichen Ebene werden Konflikte verstanden, die sich um Themen wie:

- Ablauforganisation,
- Aufbauorganisation,
- angewandte Sachmittel,
- Produkte,
- Methodik,
- Zieldefinition,
- Kosten- und Terminfaktoren

drehen. Auf der sachlichen Ebene muss streng darauf geachtet werden, dass der angewandte Prozess zur Konfliktlösung nicht auf die emotionale Ebene abgleitet oder persönlich wird. Sachkonflikte können nur auf der sachlichen Ebene gelöst werden. Andernfalls würde der Konflikt vollständig eskalieren oder eine Einigung unmöglich gemacht.

Rollenbezogene Ebene

Innerhalb eines Projekts werden anfallende Aufgaben unter dem Team aufgeteilt. Dabei werden jedem Mitarbeiter bestimmte Rollen und Funktionen zugeteilt. Werden diese Rollen und Funktionen nicht eindeutig definiert, kann daraus ein Konflikt entstehen, weil die einen Aufgaben doppelt erledigt werden, während andere Aufgaben liegen bleiben, da die Zuteilung nicht eindeutig ist. Ein weiteres Konfliktpotenzial liegt in der Besetzung der einzelnen Aufgaben und Funktionen. In allen Aufgabenbereichen wird es Aufgaben geben, die man nicht sehr gern übernimmt oder unter dem eigenen Anspruch liegen. Ein Arbeitskollege übernimmt Aufgaben, die wir als anspruchsvoller betrachten und lieber selber übernommen hätten. Meistens kommt noch dazu, dass wir der Meinung sind, dass die begehrte Arbeit von uns besser und kompetenter erledigt werden könnte als vom Kollegen.

Prozedurale Ebene

Nebe den Funktionen und Rollen wird auch das Vorgehensverfahren festgelegt. Wird diese Abgrenzung nicht vollumfänglich und selbstbewusst vorgenommen, können unter den Projektteilnehmern Unklarheiten über das Vorgehen und Probleme, wie diese beseitigt werden können, entstehen. Man ist doch der Meinung, dass eigene Erfahrungen so gut sind, dass man die Vorgehensweise erfolgreicher definiert hätte. Es werden immer wieder verschiedene Vorstellungen, Meinungen und Überzeugungen aufeinander treffen. Eines muss aber klargestellt werden: Der Projektleiter hat die Verantwortung und entscheidet schlussendlich, welches Vorgehen gewählt wird. Die Projektmitarbeiter müssen bereit sein, hinter diesem Entscheid zu stehen. Aufgabe des Projektleiters in diesem Zusammenhang ist, mit dem notwendigen Selbstvertrauen eine Entscheidung zu fällen und diese auch zu demonstrieren.

Beziehungsbezogene Ebene

Konflikte, die sich auf der Beziehungsebene entwickeln, sind für die Lösung des Konflikts am zeitaufwendigsten. Scheinbar liegen die Gründe offen dar. Oft sind es aber nur Symptome, die von der Ursache des eigentlichen Problems ausgehen. Innerhalb eines Projekts dürfen keine psychoanalytischen Funktionen vorgenommen werden. Auf der Beziehungsebene fließt die Persönlichkeit ein. Spannungen, Antipathien, Sympathien, Selbstwertgefühl sind dabei die wichtigsten Punkte bei der Entstehung von Konflikten. Ziel der Konfliktlösung auf der Beziehungsebene ist eine Ausgangslage für die Zukunft zu finden, mit der alle Konfliktparteien leben können und bereit sind, sich wieder auf ihre Arbeit zu konzentrieren.

Wertebereich-Ebene

Jeder Mitarbeiter hat unterschiedliche Vorstellungen im Hinblick auf Moral und Prinzipien. Wertvorstellungen, die der Projektarbeit und den Zielsetzungen widersprechen, können zu schweren oder unüberwindbaren Hindernissen führen. Mit der Bildung des Projektteams müssen die Prinzipien und Moralvorstellungen jedes Mitarbeiters erfasst werden. Aufgrund dieser Vorstellungen müssen die Toleranzgrenzen bestimmt werden. Diese Richtlinien müssen fest- und eingehalten werden. Konfliktpotenzial liegt in den Bereichen:

- Sauberkeit,
- Ordnung,
- Umgangsformen,
- Persönlichkeit,
- Verhaltensregeln,
- Verantwortlichkeit und Zuständigkeit.

Die Toleranz und die Einhaltung der Wertebereiche hat einen maßgeblichen Einfluss auf die Produktivität und muss durch den Projektleiter überwacht werden.

5.6.2 Konfliktverständnis

Auslösende Konfliktfaktoren

Wo liegen die auslösenden Faktoren eines Konflikts? Wer oder was ist hauptsächlich an der Auslösung des Konflikts beteiligt oder verantwortlich?

- Ebene,
- Personen,
- Umstände,
- Situationen.

Unter den hauptsächlichen Faktoren dürfen nicht nur die Personen bezeichnet werden. Es muss auch festgestellt werden, welche Punkte die Personen zum Konflikt bewogen haben.

Wer ist mitbetroffen?

In einem Konflikt gibt es nicht nur direkt betroffene Personen, Umstände und Situationen. Durch einen Konflikt werden auch außerhalb des direkten Konfliktkreises Personen, Umstände und Situationen beeinflusst. Es werden Seilschaften gebildet, die Arbeit wird vernachlässigt, Rahmenbedingungen werden nicht mehr eingehalten und Grenzen verletzt. Ähnlich wie in einem Krieg sind nicht nur die Krieger betroffen. Es werden dort auch Staatsgelder verwendet, die ökologische und ökonomische Situation gerät in Mitleidenschaft. Die Zivilbevölkerung leidet unter den Aktionen und den Folgen des Krieges. Wie beim Krieg müssen auch bei der Konfliktbewältigung im Kleinen flankierende Maßnahmen ergriffen werden, die parallel zum eigentlichen Konfliktlösungsprozess greifen müssen.

Gründe der Eskalation

Bevor mit der Lösung des Konflikts begonnen werden kann, muss die Situation analysiert werden. Welche Gründe liegen vor oder werden vermutet, die zur Auslösung des Konflikts geführt haben? Die Beobachtungen, Erkenntnisse und die Vermutungen der direkt und indirekt Betroffenen, der Unbeteiligten sowie die persönliche Meinung des Moderators werden einander gegenüber- und zueinander in

Relation gestellt. Mit der fundierten Situationsanalyse kann der Konfliktlösungsprozess gezielter angegangen und gesteuert werden.

Sind die Ursachen begründet?

Die aus der Analyse der Situation festgehaltenen oder vermuteten Ursachen sollten begründet werden können. Abgesehen von den Gründen, die für die jeweiligen Ursachen sprechen, muss man sich auch Gedanken machen, ob es Faktoren gibt, die der vermuteten Ursache widersprechen.

Form der Konfliktentwicklung

In welchem historischen und zeitlichen Ablauf hat sich der Konflikt entwickelt? Liegt die Basis des Konflikts nicht mehr in der zurzeit aktuellen Krisensituation? D.h., hat sich die Krise in der Zwischenzeit auf einen Nebenschauplatz verlegt oder war der Ursprung der Krise ein Nebenschauplatz und hat sich jetzt auf das eigentliche Problem konzentriert? Sind die auslösenden Faktoren des Konflikts nach wie vor am Konflikt beteiligt oder haben sich diese aus der Situation gelöst?

Personelle oder sachliche Ebene

Je nachdem, ob sich der Konflikt auf der persönlichen oder sachbezogenen Ebene entwickelt hat, unterscheidet sich der Konfliktlösungsprozesses. Auch wenn der Konflikt auf sachlichen Gründen beruht, ist hier mit persönlichen oder persönlichkeitsbezogenen Gründen zu rechnen. Jeder Konflikt beruht auf emotionalen Faktoren und kann zu diesem Zeitpunkt nicht mehr einfach durch die Klärung der sachlichen Situation gelöst werden.

Strategien zur Konfliktlösung

Wie können Konflikte angegangen werden und welche Strategie können zu einer erfolgreichen Lösung des Konflikts beitragen? Einige wichtige Grundsätze zur Konfliktbearbeitung sind:

- **So früh wie möglich**

Wie bereits erwähnt wird es mit zunehmender Dauer des Konflikts schwieriger, eine erfolgversprechende Lösung zu finden. Deshalb gibt es nur eine Variante; der Konflikt muss so früh wie nur irgend möglich angegangen werden. Der Konflikt als solcher hat die Tendenz, eine Eigendynamik zu entwickeln, die Konfliktintensität nimmt zu und das Konfliktumfeld weitet sich aus. Wird dazu der Konflikt noch verdrängt, wird die Intensität noch zusätzlich verstärkt. Der Konflikt muss akzeptiert werden und es muss genügend Zeit aufgewendet werden, um die Situation zu analysieren, die Emotionen abklingen zu lassen und entsprechende Lösungswege zu finden. Je früher der Lösungsprozess eingeleitet wird, umso geringer ist die Emotionalität des Konflikts.

- **Konzentration des Konflikts auf die Beteiligten**

Sind die Umstände und die Beteiligten des Konflikts geklärt, muss die Lösung des Konflikts auf die betroffenen Konfliktpartner konzentriert werden. Nur zu oft geschieht es, dass Konflikte unter Ausschluss aller Beteiligten ausgetragen werden und nach Lösungen gesucht wird. Unbeteiligte und Hintermänner bestimmen, was richtig und falsch ist, wer die Gewinner und wer die Verlierer sind. Unweigerlich wird die Konsequenz sein, dass der direkt Betroffene, der vom Prozess ausgeschlossen ist, als der Schuldige oder Verlierer deklariert wird. Damit ist der nächste Konflikt bereits vorprogrammiert.

- **Festlegen von Streitpunkten und Interessenslage**

Je existentieller oder emotionaler Streitpunkte sind, umso größer ist die Versuchung, das Problem auf Nebenschauplätzen abzuwickeln. Es ist doch viel einfacher, Mitarbeiter zu beschuldigen ihre Leistung nicht zu erbringen, als dass man sich eingesteht, den Kosten- und Terminrahmen nicht richtig eingeschätzt zu haben. Wer hat welche eigenen Interessen und in welchem Zusammenhang stehen die Streitpunkte? Beim erwähnten Beispiel würde klar, dass die vermeintlich ungenügende Leistung eines Mitarbeiters einen direkten Einfluss auf das eigentliche Problem der Termin- und Kostensituation hat.

- **Es gibt nur Gewinner**

Als wichtigster Punkt im Prozess der Konfliktlösung ist festzuhalten, dass als Resultat der Konfliktlösung nur Gewinner zurückbleiben. Es gibt in der Lösung eines Konflikts keine Verlierer, dies bedeutet verstärkt, dass alle Interessen wahrgenommen werden müssen und alle Parteien in einem bestimmten Ausmaß Kompromisse eingehen müssen. Nur Gewinner sind bereit, sich wieder verstärkt hinter die Ziele für die Zukunft zu stellen. Werden Parteien als Verlierer definiert oder fühlen sie sich zumindest als solche, finden sie keine Motivation oder Interessen mehr, sich hinter die Aufgabe zu stellen. Sie werden sich aus dem Prozess ausschalten und sich eine neue Aufgabe suchen.

- **Unparteiischer als Schlichtungsstelle**

Je emotionaler oder existentieller eine Konfliktsituation ist, umso wichtiger ist ein Schlichtungsmoderator, der in keiner Weise eine parteiische Einstellung zu der Situation einnimmt. Die Inanspruchnahme einer unbeteiligten Person ist ein reiner Entscheid der Vernunft. Eine voreingenommene Haltung und Betroffenheit beim Moderator führt zu keinem fairen Vergleich und keiner für alle Seiten befriedigenden Lösung.

- **Nicht jeder Konflikt ist lösbar**

Vor allem muss man sich bewusst sein, dass nicht jeder Konflikt gelöst werden kann. Faktoren, warum ein Konflikt nicht gelöst werden kann, sind:
- fehlende menschliche Größe;
- organisatorische Rahmenbedingungen;
- technische Gegebenheiten;
- unveränderbare Ressourcen;
- Umwelteinflüsse.

Stellt sich heraus, dass der Konflikt nicht gelöst werden kann, wird versucht, eine Situation zu finden, mit der die Parteien leben können, obwohl der Grund, der zur Auslösung des Konflikts geführt hat, nicht beseitigt wurde. Je kleiner die Bereitschaft zum Kompromiss ist, umso stärker müssen die Führungsfunktionen wahrgenommen werden. Der Spielraum zur Konfliktentfaltung muss auf ein Minimum reduziert werden. Dies kann aber auch dazu führen, dass unter Umständen schmerzhafte Entscheidungen getroffen werden müssen. Dies kann bis zur personellen Umstrukturierung, Ermahnung einzelner Mitarbeiter oder Entlassung führen.

- **Die Rolle des Moderators als Löser des Konflikts**

Die Rolle des Moderators muss zu Beginn des Konfliktlösungsprozesses geklärt werden. Die folgenden Bedingungen müssen erfüllt sein, um die Chance einer Lösung der Situation zu erreichen:
- Unvoreingenommenheit;
- Fähigkeit, die Aggressionsspirale zu stoppen;
- hoch emotionale Stimmungen müssen beruhigt werden können;
- keine Betroffenheit;
- unparteiisch;
- menschliche Größe;
- keine Beeinflussung des Prozesses durch eine eigene Meinung.

Der Moderator muss ohne Druck durch Vorgesetzte, Termine oder Kosten den Konflikt moderieren können. Es ist sehr wichtig, dass vor allem durch den Moderator die Situation gelöst werden kann.

- **Der Nutzen des Konflikts**

Jeder Konflikt birgt auch einen potentiellen Nutzen in sich. Die möglichen Nutzen aus einem Konflikt sind sehr vielfältig und können sich in den folgenden Bereichen abspielen:

- Teammanagement;
- Kommunikationsmanagement;
- Führungseigenschaften;
- Projektorganisation;
- Ablauforganisation;
- Aufbauorganisation;
- technische Lösungen;
- Instrumente;
- Termin- und Kostenmanagement;
- Vorgehensweisen;
- Problemlösungen.

Eine Krise ist auch eine Situation, in der Chancen und Möglichkeiten zur Verbesserung oder Verschlechterung der bestehenden Situation entstehen.

Konstruktive Energie

Neben dem Aufwand, der für die Bewältigung des Konflikts aufgewendet werden muss, besteht auch die Möglichkeit, gleichzeitig die positiven Aspekte für die Zukunft herauszuziehen und in die Arbeit einzuflechten.

Beispiel:
Zwei Assistentinnen haben Streit. Während sich A beklagt, dass B ihre Dokumentvorlagen beseitigt, bevor sie diese beantworten kann, beklagt sich B, dass A ihr Notizen und E-Mails verspätet zustellt. Diese Situation spiegelt nur Symptome wider. Die eigentliche Ursache kann dabei im zwischenmenschlichen Bereich zu finden sein, sei es Neid, Frustration oder Konkurrenz. Der Nutzen aus den Symptomen kann in der Überarbeitung der Lesbarkeit und Verfügbarkeit von schriftlichen Mitteilungen und Dokumentationen bestehen. Aus Sicht von B können Nutzen aus der terminlichen Situation abgeleitet werden. Werden Informationen, in schriftlicher oder mündlicher Form, rechtzeitig zur Verfügung gestellt, entsteht ein beachtliches Verbesserungspotenzial.

5.6.3 Erfassung des Konflikts

Toleranz

Die Erfassung des Konflikts beruht auf der Situationsanalyse. Viele Konflikte werden geschürt und eskalieren aufgrund einer mangelnden Toleranzbereitschaft. Dabei ist Toleranz der wichtigste Punkt zur Vermeidung oder Verminderung von Konfliktsituationen. Die Fragen folgender Checkliste wirken dabei unterstützend:

Checkliste

- ✔ Welches ist der Gegenstand oder Anlass, der zum aktuellen Konflikt geführt hat?
- ✔ Wer sind die Konfliktparteien?
- ✔ Wer ist im weiteren Sinn am Konflikt beteiligt oder interessiert?
- ✔ Sind die Konfliktpositionen aller Bezugsgruppen erfasst worden?
- ✔ Welche Beweggründe, Interessen, Ziele oder Wertvorstellungen sind für die Konfliktparteien ausschlaggebend?
- ✔ Existieren frühere Beziehungen unter den Konfliktparteien, die zur aktuellen Situation geführt haben?
- ✔ Welche Themen, Ideen, Probleme, Ängste, Wünsche und Erwartungen bilden das Potenzial für einen Konflikt?

Für die Erfassung der Situation ist es notwendig, sich mit einigen anderen Faktoren und Aspekten zu beschäftigen. Diese Gedanken unterstützen die Konfliktparteien und den Moderator in der erweiterten Erfassung der Situation und geben einige Hinweise, in welche Richtung Veränderungen eingeleitet werden müssen.

Was beschäftigt uns und spricht uns an?

Jeder Mensch hat Themen, mit denen er sich automatisch beschäftigt. D.h., dass sich sein Unterbewusstsein durch persönliche Erfahrungen und die eigene Persönlichkeit gebildet hat. Das wiederum führt zu Steuerungsmechanismen, die, ohne sich derer bewusst zu sein, angewandt werden. Aspekte des Unterbewusstsein werden in Kap. 5.12 behandelt.

Aktuelle Zeitströmungen

Einen weiteren Aspekt der Persönlichkeit bilden die geschäftlichen und persönlichen Interessensbereiche. Eine Konfliktpartei in Gewässer zu führen, in denen sie sich heimisch fühlt, führt zur Entspannung und Lockerung der Situation. In diesem Bereich kann Smalltalk sehr hilfreich sein, um die Konfliktparteien zu mehr Toleranz und zur Bereitschaft der Entspannung zu bewegen.

Aktuelle Zeitströmungen können einen Konflikt fördern oder zur Eskalation bringen. Zurzeit im Trend liegende Strömungen führen zu einem inneren Zwang, sich diesen zu unterwerfen. Man will mit der Zeit gehen, um auch in Zukunft konkurrenzfähig zu sein. Beschäftigt man sich mit den aktuellen Neuerungen, so wird auch das Selbstwertgefühl gesteigert. Unter diesem Gesichtspunkt sind die folgenden Aspekte zu betrachten:

- Welchen Strömungen unterliegen die Vorgehensweisen?
- Welche Produkte sind im Trend?
- Welche Hersteller gelten als führend?
- Welche Ablaufmodelle sind heute im Trend?

Eine Unternehmung oder ein Projekt, das auf Bewährtes zurückgreift, hat Gründe für diese Entscheidung. Diese müssen bekannt sein und erläutert werden, wenn ein Konflikt aus diesem Punkt hervorgeht.

Position in der Meinungsbildung

Für die Lösung des Konflikts ist die persönliche Einstellung und die persönliche Situation des Moderators sehr wichtig. Um eine subjektive Grundeinstellung zur Konfliktsituation herzustellen, müssen alle Faktoren bekannt sein. Ist der Moderator zu stark in die Situation involviert, muss für den Prozess ein unabhängiger Moderator hinzugezogen werden.

Verstärkende Faktoren

Um einen Konflikt nicht unnötig zu verstärken, muss man sich Gedanken darüber machen, welche Faktoren, Fehler oder Pannen einen Einfluss auf den Konflikt ausüben können. Als Pannen können Störungen im Konfliktlösungsprozess gelten, die durch das Eintreten eines Mitarbeiters hervorgerufen werden können. Als Fehler werden meistens Verhalten deklariert, die durch ein Unterschätzen der Situation die Konfliktparteien zu einem Rückschritt in das Konfliktmuster bewegen.

Regeln und Erfahrungen

Bevor mit der Konfliktlösung begonnen wird, muss abgeklärt werden, ob im Team bereits Regeln im Umgang mit Konflikten festgelegt worden sind. Auch die Erfahrungen in der Praxis im Umgang mit Konfliktbewältigungen innerhalb des Teams oder der Unternehmung sind wichtige Faktoren, die Unterstützung bieten können.

Einsatz von Strategien und Mitteln

Für die Lösung von Konflikten stehen verschiedene Strategien und Mittel zur Verfügung. Welches Vorgehen gewählt wird, ist dabei sekundär. Vordergründig ist der Punkt, dass alle an der Konfliktlösung beteiligten Parteien die eingesetzten Mittel und die geplante Strategie kennen und sich mit deren Einsatz einverstanden erklären.

Verfügbare Zeit und Mittel

Der Faktor Zeit ist ein wichtiger Punkt im Prozess der Konfliktlösung. Je länger ein Projekt dauert, umso mehr Zeit kann in eine Konfliktlösung investiert werden. Grundsätzlich ist aber klar, dass Konflikte nicht schnell gelöst werden können. Für die Lösung ist ein Prozess notwendig, der eine bestimmte Zeit in Anspruch nimmt.

Zeitspanne

Die Zeitspanne ist davon abhängig, wie verhärtet die Fronten in der Zwischenzeit sind und wie viele Emotionen aufgebaut wurden. Steht ein wichtiger Termin an, der durch eine vollumfängliche Konfliktlösung gefährdet würde, kann man sich darauf beschränken, mit den Konfliktparteien die Situation aufzunehmen und zu deklarieren, dass eine Lösung des Konflikts nach dem anstehenden Termin angegangen wird, allerdings mit dem Einverständnis der Konfliktparteien.

5.7 Auftraggeber

Respektsperson mit Fachkompetenz

Auftraggeber des Projekts sollte der Leiter der vom Projekt betroffenen Abteilung sein. Sind mehrere Abteilungen betroffen, ist ein Gremium zu bilden, das die Interessen wahrnehmen kann und das aus seinen Reihen eine Person bestimmt, welche die Anlaufstelle für Projektinformationen und Entwicklungsstand des Projekts bildet. Wichtig ist, dass es sich dabei um eine respektierte Person mit hoher Fachkompetenz handelt. Dies sind im Normalfall Mitarbeiter, welche wichtige Positionen im Tagesgeschäft einnehmen. Dabei ist jedoch zu beachten, dass Projekte wegweisend für die künftige und täglich anfallenden Arbeiten sind und die Qualität der Projekte einen hohen Einfluss auf die Zukunft ausüben. Es besteht die Gefahr, dass Mitarbeiter als Ansprechpartner bestimmt werden, die nicht die Fachkompetenz besitzen, um die gesamten Zusammenhänge aus der Entwicklung beurteilen können. Meistens sind die fähigsten Mitarbeiter in ihrem Tagesgeschäft derart ausgelastet, dass sie nicht für diese Aufgabe abgestellt werden. Gerade in der Verbindung mit der Ausrichtung auf die Zukunft wären aber diese Mitarbeiter an solchen Stellen notwendig.

5.7.1 Pflichten

Ansprechpartner während eines Projektes sollte ein Mitarbeiter sein, der folgende Pflichten sach- und fachgemäß übernehmen kann:

- Vollumfängliche Sachkenntnis über das erwartete Projekt und Zur-Verfügung-Stellung der notwendigen Ressourcen aus Sicht des Auftraggebers;
- hohe Fachkenntnisse des Tagesgeschäfts und der Schnittstellen zu angrenzenden Abteilungen;
- Zielsetzungen und Zielrevidierung vornehmen;
- Kontrolle der Meilensteine auf die Einhaltung der Kosten, Termine und Ziele.

5.7.2 Rechte

Ansprechpartner während eines Projektes sollte ein Mitarbeiter sein, der folgende Rechte sinnvoll und kopetent in Anspruch nehmen kann:

- Unaufgeforderten Empfang aller Informationen, die der Wahrnehmung seiner Funktion dienlich und notwendig sind;
- unbedingte Entscheidungsgewalt;
- Förderung des Projektfortschritts;
- Anordnen von Time-out bei komplexen oder weit greifenden Konsequenzen;
- Abbruch des Projekts, falls die Ziele nicht mehr in ausreichender Form gewährleistet werden können.

5.8 Projektziel

Was ist ein Ziel?

Ein Ziel ist eine quantifizierbare Anforderung, Definition, Anforderung, Einschränkung oder Erweiterung, die an das künftige Projekt gestellt wird. Ein Ziel sollte wenn möglich immer messbar sein. Die Anforderung, die Reaktionszeit von schriftlichen Anfragen zu reduzieren, ist relativ und nur sehr schwer zu bewerten. Man sollte eine solche Anforderung mit einem Wert (z.B. Reduzierung der Antwortzeit um 20%) erweitern. Nur durch die Messbarkeit der Ziele können Abgrenzungen und Rahmenbedingungen definiert werden, die eine optimierte Projekterreichung ermöglichen.

Unterscheidung der Ziele

Grundsätzlich werden Ziele in Muss- und Kann-Ziele unterteilt. Es ist aber Vorsicht geboten mit der Definition von Muss-Zielen. Ein Nichterreichen oder Verpassen eines Muss-Ziels bedeutet, dass das Projekt seinen Sinn verloren hat. Zudem ist ein Kann-Ziel nicht nur eine Nice-to-have-Option, sondern setzt entgegen der Aussage »Kann« eine hohe Bestimmtheit voraus. Es bedeutet lediglich, dass das Projekt bei Nichterreichen nicht gleich seinen Sinn verliert, sondern dass unter gewissen Umständen trotz der Verpassung eines dieser Ziele mit dem Projekt ein sinnvoller Einsatz möglich ist.

Vorgehen zur Zieldefinition

Sobald man sich mit der Priorisierung der Ziel beschäftigt, sollte in einem ersten Schritt auf die Wunschliste (s. Kap. 3.2.2) zurückgegriffen werden. Zu diesem Zeitpunkt bietet diese Wunschliste eine wichtige Unterstützung, die Ziele als Muss- und als Kann-Ziele definiert. Die Eingruppierung der Ziele aufgrund der Checkliste in die beiden erwähnten Kategorien sowie die Nutzung weiterer Untersuchungsdokumente oder Anforderungskonzepte zur Feinabstimmung bzgl. Quantität und Qualität runden die Aufnahme und Klassifizierung der Ziele ab.

5.9 Projektgruppe

Bevor ein Projekt lanciert werden kann, müssen dem Ablauf entsprechend personelle Ressourcen rekrutiert werden. Bei der Selektion können bereits entscheidende Vor- oder Nachteile eingehandelt werden, die im Verlauf des Projekts kaum mehr korrigiert werden können. Zur Beurteilung der Persönlichkeit existieren diverse Modelle, welche die Auswahl der Mitarbeiter aufgrund der Persönlichkeit und ihrer sozialen und menschlichen Kompetenz für die zu besetzende Funktion unterstützen können. In diesem Buch wird das Enneagramm behandelt und bewusst auf alternative Modelle verzichtet. Es handelt sich dabei um keine qualitative Selektion. Zu viel Theorien tragen lediglich zur Verwirrung bei und führen dazu, dass dieses

Enneagramme

Thema durch die Verunsicherung vernachlässigt wird. Das Enneagramm ist ein komplexer Themenbereich, das bereits in diversen Büchern behandelt, spezialisiert und vertieft worden ist, deshalb wird hier lediglich ein Einblick in die Anwendung des Enneagramms gewährt.

5.9.1 Teammanagement

Optimierung durch Kombination fachlicher und sozialer Kompetenzen

Teammanagement setzt sich mit dem Wunsch und der Forderung auseinander, für eine gestellte Aufgabe, die für eine einzelne Ressource aus terminlichen, finanziellen oder fachlichen Gründen nicht zu bewältigen ist, eine Gruppe zu bilden. Diese Gruppe soll durch die unterschiedliche fachliche und soziale Kompetenz eine Optimierung in der Erreichung des Ziels ermöglichen. Dabei soll das Gefühl der Gemeinschaft erzeugt werden. Dieses Gefühl der Gemeinsamkeit und Verbundenheit kann eine Bereitschaft erzeugen, bewusst mehr leisten zu wollen.

5.9.2 Was zeichnet ein Team aus?

Der Begriff Team wird heute in den verschiedensten Bereichen verwendet. In den Stelleninseraten findet man Begriffe wie Teamfähigkeit, Teamorientierung, Teamarbeit oder Teamgedanken. Sucht man tatsächlich so viele Teams? Wenn man von Teams spricht, meint man dann auch Teams oder ist es einfach nur ein Trend, der sich in unseren Sprachgebrauch und unsere Arbeitswelt eingenistet hat? Erfahrungen aus dem privaten und geschäftlichen Umfeld zeigen laufend, dass durch eine echte Teamarbeit größere Ziele in kürzerer Zeit mit optimierter Effizienz erreicht werden können.

Beispiel:
Eine Unternehmung, die nur aus Vorgesetzten besteht, mag ein optimales Management einsetzen, koordinieren und organisieren können, aber Produkte, die verkauft werden sollen, werden nicht hergestellt. Im Gegensatz werden Programmierer entsprechende Programme herstellen können, aber die Programme zu koordinieren, Zusammenhänge zu organisieren und diese zu einem benötigten Produkt zusammenzufügen - dazu fehlen die notwendigen Persönlichkeiten.

Definition

Welche Kriterien müssen also erfüllt sein, damit von einem Team gesprochen werden kann? Hier sind einige Punkte aufgeführt, die ein Team charakterisieren sollen:

Checkliste

- ✔ Teams haben ein direktes und gemeinsames Ziel.
- ✔ Teams sind fach- und eventuell abteilungsübgreifende Gruppen.
- ✔ Teams organisieren sich unter interner oder externer Führung selbst.
- ✔ Jeder beteiligt sich seinen Fähigkeiten entprechend an den Zielen.
- ✔ Mit Ausnahme des Teamleaders haben alle die gleichen Rechte und Pflichten.
- ✔ Teammitarbeiter können gleichzeitig in verschiedenen Projekten tätig sein.
- ✔ Die Aufgaben werden zergliedert und einzelnen Mitarbeitern zugeteilt.
- ✔ Teammitarbeiter ziehen sich gegenseitig zur Verantwortung.
- ✔ Teammitarbeiter motivieren sich gegenseitig.
- ✔ Die Fähigkeiten einzelner Mitarbeiter ergänzen sich gegenseitig.

5.9.3 Selektion der Projektgruppe

Motivationsmix

Der Motivationsmix ist in kurz-, mittel- und langfristige Motivationsmethoden gesplittet. Die kurzfristige Motivation bildet die Initialzündung, mit der eine kurzfristige Motivationsphase gestartet werden kann. Die Motivation an der Basis kann nur über langfristige Methoden beeinflusst werden und braucht, bis diese greifen, eine Anlaufzeit. Verstärkt und schneller wirken diese Veränderungen mit Hilfe der vorgängig erwähnten kurz- und mittelfristigen Methoden. Wo sind nun aber die entsprechenden Grundlagen zur Motivation zu finden? Dazu hilft es, die Maslowsche Pyramide zur Hand zu nehmen. Diese Pyramide lässt sich in die drei Bereiche der Persönlichkeit, der Verhaltens- und der Fachkompetenz unterteilen. Daraus ergeben sich im Bereich der Persönlichkeit die kurzfristigen Motivationsmöglichkeiten. Für die mittelfristigen ist die Verhaltenskompetenz und für die langfristigen die Fachkompetenz ausschlaggebend. Wo die Bedürfnisse des Einzelnen in den drei Bereichen sind, ergibt sich aus dem Enneagram (s. Kap. 5.12) und der entsprechenden Verfassung und Situation der betreffenden Charaktere. Die Möglichkeit der Motivation beschreibt Herzberg in seiner Lehre (s. Kap. 5.2.2) sehr treffend. Wichtig vor allem ist, dass man die einzelnen Mitarbeiter hinsichtlich ihrer Persönlichkeit gut kennt. Wo sind ihre Wünsche und Erwartungen? Mit den Informationen kann zu den notwendigen Zeitpunkten schneller reagiert werden, damit dem Mitarbeiter geeignete Motivationsmöglichkeit angeboten und diese mit ihm besprochen werden können.

Abb. 36: Motivationsmix

5.9.4 Teamcreating

Der erste Schritt des Teamcreating

Unter Teamcreating versteht man die Phase, in der die Mitarbeiter anhand der Anforderungsprofile für das bevorstehende Projekt selektiert werden. Je nach Größe der Organisationseinheit steht der Auftraggeber, welchem eine Steuerungsgruppe und/oder ein Komitee untergeordnet ist, als bestimmende Persönlichkeit an der Spitze der Organisation, wobei dieser den Projektleiter bestimmt oder wählt. Durch die Bestimmung des Projektleiters ist der erste Mitarbeiter des neuen Projekts definiert.

Vorselektion

Jetzt beginnt die Phase, in der die Mitarbeiter aufgrund der bestehenden Anforderungsprofile und der Eignungen und Neigungen für ein bevorstehendes Projekt selektiert werden. Das Kreieren eines Teams gehört zu den schwierigsten Phasen im Zusammenhang mit der Bildung einer Projektgruppe überhaupt, obwohl diese sehr oft unterschätzt wird. Unruhen, die in einem Team entstehen, weil am falschen Platz die falschen Leute sitzen, führen zu unnötigen Produktivitätsverlusten.

Persönlichkeit

Betrachtet man die Persönlichkeiten, lassen sich die Mitarbeiter in die zwei Gruppen der System- oder Applikationsunterstützer einerseits und in Organisator oder Manager im weitesten Sinne anderseits einteilen. Mit Sicherheit gibt es keine Schwarz-Weiß-Gruppierungen. Aufgrund von persönlichen Interessen und Stärken sowie eines ganz persönlichen Verhaltensmusters entwickelt sich ein Bild, das mehr oder weniger in eine Richtung zeigt. Abgesehen von der fachlichen Qualifikation ist vor allem die Persönlichkeit der einzelnen Mitarbeiter von entscheidender Bedeutung für die Zielerreichung des angestrebten Projekts. Entscheidungsgrundlage bildet die Checkliste, die festhält, welche Mitarbeiter welche Persönlichkeitsprofile aufweisen. Vergessen darf man aber nicht, dass es nicht um eine Psychoanalyse geht.

Tipp

> Das Naturell der einzelnen Mitglieder soll in seinen Grundzügen erkannt werden, um zu entscheiden, wo die Stärken in der Persönlichkeit liegen und welche Art von Betreuung, Verantwortlichkeit und Selbständigkeit der entsprechenden Person zugeteilt werden kann oder muss.

Für die Analyse des Teams hat die Kienbaum Management Consultants GmbH in Gummersbach einen Fragebogen ausgearbeitet. Über diese Unternehmung können Fragebögen bezogen werden, die anschließend von ihr auch ausgewertet werden. Die Fragen beruhen auf den folgenden Team-Erfolgsfaktoren:

Führungsqualität

Die qualitative Bewertung der Führung bezieht sich auf die Fähigkeiten des Projektleiters, soziale und zielorientierte Ausgewogenheit zu finden. Zusätzlich wird auch die Akzeptanz seiner Mitarbeiter in diesem Bereich bewertet. Handelt es sich um einen intern selektierten Projektleiter oder Teilprojektleiter, zeigen die firmeninternen Erfahrungswerte im Zusammenhang mit diesem Mitarbeiter wichtige Punkte in der Beurteilung.

Integration in die Gesamtorganisation

In diesem Bereich wird die generelle Einbettung des Teams ins Unternehmen bewertet. Dies vor allem in Bezug auf die äußeren Einflüsse auf das Teamgeschehen, wie ausgeprägt die Autonomie des Teams zur Unternehmung ist. Mit welchen Ressourcen wird gearbeitet und wie verhalten sich diese in den Beziehungen zu anderen Bereichen oder Abteilungen, die mit ihnen in einem bestimmten Verhältnis stehen?

Konfliktmanagement

Wie bereits erwähnt spielt das Konfliktmanagement für die Arbeit im Team eine wesentliche Rolle. Um eine ziel- und lösungsorientierte Vorgehensweise im Team gewährleisten zu können, ist eine offene, sachliche und personenorientierte Streitkultur notwendig. Beurteilt wird dabei, wie das Team mit Konflikten umgeht und nach Lösungen sucht oder diese allenfalls zu verdrängen versucht.

Qualifikation und Kompetenz

Unter diesen Punkt fallen Kompetenzen, Kenntnisse und Fähigkeiten der Teammitglieder. Diese Erkenntnisse werden mit den Anforderungen des Projekts verglichen. Mängel können frühzeitig erkannt und zusätzliche Fähigkeiten aufgebaut werden.

Organisation und Arbeitsmethoden

Wie wird die Arbeit organisiert und welche Arbeitsmethoden werden für die Bewältigung des Auftrags angewendet? Untersucht werden die Art und Weise, wie der Vorgesetzte oder das Team zu Entscheidungen gelangt.

Kommunikation und Arbeitsklima

Wie geht das Team mit Informationen um und wie koordiniert es sich untereinander? Ein eigentliches Hochleistungsteam zeichnet sich nach Kienbaum dadurch aus, dass die Kompetenzen aller Mitglieder vollständig ausgereizt werden und die Koordination miteinander reibungslos gewährleistet ist.

Zielorientierung

Der Faktor der Zielorientierung befasst sich mit den Möglichkeiten des Teams, zusammen oder einzeln Prioritäten aufgrund der gegebenen Voraussetzungen zu setzen. Voraussetzung ist, dass die Unternehmensziele auf die Teamziele klar und eindeutig abgestimmt worden sind.

Engagement

Wie können sich die Teammitglieder mit dem Team- und dem persönlichen Teilziel identifizieren? Sind sie bereit und in der Lage, die Ziele aktionsorientiert zu erreichen? Haben die Teammitglieder auch die Einstellung, sich gegenseitig anzuspornen und zu motivieren?

5.9.5 Teambuilding

Berücksichtigung der einzelnen Persönlichkeiten

Nachdem das Team ausgewählt worden ist, muss daraus eine Einheit gebildet werden. Berücksichtigt werden muss unbedingt die Persönlichkeit eines jeden Teammitgliedes. Nicht jeder bewertet ein Wochenende im Grünen positiv. Die gegenseitigen Grenzen kennenzulernen, ist ein wichtiger Bestandteil des Teammanagements. Eine Basis, ein eingeschworenes Team zu bilden, bevor der Stress und die Erwartungen an das Projekt beginnen, ist bereits die halbe Miete für eine gesunde Teamstruktur. Im lockeren und entspannten Umfeld geben die einzelnen Mitglieder ihre Verhaltensmuster zu erkennen. In einer solchen Situation wird die Vereinigung einzelner Mitarbeiter zu einem Team im Rahmen des Projektmanagements erleichtert. Es wird sehr wichtig sein, sich im täglichen Geschäft auf das Team verlassen zu können und sich nicht von zwischenmenschlichen Situationen überraschen zu lassen, die vom Job des Projektmanagements ablenken. Grundsätzlich sollte man schon vor dem Startschuss Vorarbeit leisten, die dem Projektleiter die künftig an ihn gestellten Aufgaben erleichtern. Es kann kaum oft genug erwähnt werden, dass Korrekturen im zwischenmenschlichen Bereich in Stresssituationen, falls überhaupt, nur sehr schwer und mit einem enormen Aufwand wiederwett gemacht werden können.

Tipp

> Bemüht man sich vor Projektstart so viel Vorarbeit wie nur möglich zu leisten, um aus den Teammitgliedern eine verschworene Einheit zu bilden, erleichtert dies die tägliche Arbeit innerhalb des Projekts. Kritiker des Projekts warten nur auf eine Möglichkeit, die eigene ablehnende Einstellung zu bestätigen. Nichts einfacher, wenn das Team keine Einheit bildet und gegenseitig konkurriert.

Erkennungsfaktoren der Teambuilding-Phasen

Dass sich ein Team in der Phase des Teambuildings befindet, lässt sich an verschiedenen Faktoren festmachen, die keinesfalls außergewöhnlich sind. Es handelt sich dabei um einen Vorgang, der in jedem Team zu Beginn stattfindet. Die folgenden Anzeichen deuten auf diese Phase hin:

- Es entstehen offene und verdeckte Konflikte mit dem Ziel, die eigene Position innerhalb des Teams zu definieren und zu festigen.
- Einzelne Mitarbeiter schließen sich zu einer Gruppe zusammen, um sich abzugrenzen und Positionen durch eine Einheit zu erreichen oder um einzelne Kollegen auszuschließen.
- Es hat den Anschein, dass in dieser Phase das Projekt kaum von der Stelle kommt und durch Querelen immer wieder behindert wird.
- Teammitglieder sind enttäuscht, dass sie ihre Erwartungen nicht erfüllt sehen und den Eindruck haben, gegenüber den anderen benachteiligt zu sein.
- Der Sinn des Auftrags oder des Projekts wird in Frage gestellt.
- Die Dynamiker haben den Eindruck, nur mit Bremsern im Team zu sein, und die Bedachten sind der Meinung, die anderen würden überhastet vorwärts drängen.

Tipp

> Alle diese Tendenzen müssen ernst genommen und unverzüglich behandelt werden, um ein Auseinanderbrechen des Teams zu vermeiden. Aus Mücken soll man keine Elefanten machen, aber Beachtung muss ihnen trotzdem geschenkt werden.

5.9.6 Teamcoaching

Nachdem die Mitglieder selektiert und mögliche Maßnahmen zum Teambuilding durchgeführt wurden, muss für die Dauer des Projekts

- die Feinabstimmung innerhalb des Teams vorgenommen werden;
- frühzeitiges Konfliktpotenzial erkannt und müssen Maßnahmen eingeleitet werden;

- versucht werden, bestehende Konflikte zu lösen;
- eine Einheit geformt werden, die gemeinsam die gesteckten Ziel erreichen will.

Coaching

In dieser Phase wird nicht nur der Standard gehalten, der in der Aufbauphase erreicht wurden. Auf der geschaffenen Grundlage kann das Team nun zu einer Einheit zusammengeschweißt werden. Coaching eines Teams soll Höchstleistungen fördern. In dieser Phase treten wiederum einige Verhaltensmuster auf, die dafür typisch sind, z.B.:

- Das Team und die einzelnen Mitglieder erkennen die Realität und lernen, sich darin erfolgversprechend zu bewegen;
- die Mitglieder akzeptieren sich gegenseitig in Bezug auf Rolle, Kenntnisse, Stärken und Schwächen;
- es werden Umgangsformen gefunden, die in Bahnen verlaufen, die gemeinsam definiert wurden;
- das Team identifiziert sich über eine eigenes soziales Umfeld mit Sprüchen und Witzen;
- der Druck von jedem Einzelnen entweicht und Schuldzuweisungen werden vermieden;
- es entsteht ein zunehmendes Wir-Gefühl, das durch den Wunsch der Zielerreichung verstärkt wird;
- es entsteht der Wunsch, das Team in der Form zusammenzubehalten, wie es derzeit ist;
- neue Mitglieder, die zum Team stoßen, werden offener Empfangen und mit der notwendigen Unterstützung versehen.

5.9.7 Teamhierarchie

Die Teamhierarchie sollte sich aus den zwischenmenschlichen Qualitäten, Verantwortlichkeiten und Kompetenzen der Mitarbeiter ergeben. Schaumschläger, Mobber und Reklamierer sind selten die fähigsten Führungspersönlichkeiten: Wenn man diesen zu viel Raum eingesteht, um ihre Persönlichkeit zu entfalten, entstehen Spielregeln, die sich mit der Zeit nur sehr schwer unter Kontrolle halten lassen. Ein zu aggressives und offensives Verhalten von einzelnen Mitarbeitern wird nicht nur langfristig zu großen Komplikationen führen, es kann auch kurzfristig das Projekt vom Kurs abbringen.

Festlegen von Spielregeln

Vom Teamleader erwarten die Mitarbeiter, dass die Spielregeln aufgestellt und eingehalten werden. Es ist nur natürlich, dass verschiedene Charaktere Grenzüberschreitungen versuchen werden, um ihr Territorium und ihren Einflussbereich zu erweitern, und sie werden versuchen auszuloten, wo die Grenzen liegen. Je länger man diese Überschreitungen bewusst duldet, umso mehr wird sich dies verselbstständigen und in ein Chaos führen, in dem man die Steuerung nur sehr schwer wird halten können.

Definition von Kompetenzen und Verantwortlichkeiten

Ist die Teamhierarchie einmal getroffen, müssen die Kompetenzen und Verantwortlichkeiten klar und eindeutig in schriftlicher Form definiert werden. Wie bereits erwähnt, muss man, zumindest zu Beginn, immer wieder kontrollieren, ob die vom Projektleiter oder besser noch die durch das Team aufgestellten Spielregeln eingehalten werden. Ein klassisches Beispiel sind Sitzungstermine, bei denen immer wieder einzelne Teammitglieder mit fünf- oder zehnminütiger Verspätung auffallen. Gerade hier zeigt sich der fehlende Respekt gegenüber Mitarbeitern, Untergebenen oder Vorgesetzten, da Pünktlichkeit ein Teamstandard ist.

Tipp

> Jeder Mitarbeiter ist erwachsen genug, um seine Zeit so einzuteilen, dass ein Sitzungstermin zum vereinbarten Zeitpunkt gestartet werden kann.

5.9.8 Projektleiter

Der Auftraggeber ernennt offiziell den Projektleiter. Fehlt ihm das notwendige personelle oder fachliche Wissen, delegiert er die Selektion des Projektleiters an eine Person aus dem betroffenen Bereich mit der benötigten Fachkompetenz.

Qualitäten des Teamleiters

Bindeglied zwischen Team und Kunde

- Der Projektleiter bildet das Bindeglied zwischen Projektteam und Kunde. Er sorgt für eine klare und ausgewogene Kommunikation zwischen den betroffenen Stellen.
- Er überwacht und kontrolliert den Ablauf und die Entwicklung des Projekts im Sinne des Auftraggebers. Im Sinne des Auftraggebers bedeutet, dass seine Visionen, Wünsche und Anforderungen auf ökonomische Weise umgesetzt werden. Dies zeigt schon, dass Studie und Konzept höchste Priorität genießen müssen und ein Beginn der Realisierung vor dem endgültigen Abschluss der Studien und Konzepte verheerende Folgen nach sich ziehen kann.

Rechte und Pflichten des Teamleiters

- Er hat das Recht, Anforderungen des Auftraggebers auf die funktionale, sachliche, sicherheitsbedingte und rechtliche Funktionalität zu hinterfragen und falls nötig, Änderungen dem Auftraggeber weiterzuleiten.
- Er hat die Pflicht dafür zu sorgen, dass vereinbarte Anforderungen, Ziele und Rahmenbedingungen durchgesetzt werden.

- Ihm obliegt die Pflicht, entsprechende Rahmenbedingungen und Abgrenzungen vorzunehmen, um eine erfolgreiche Realisierung des Projekts gewährleisten zu können.
- Abgrenzungen aus technischer Sicht sind von ihm zu definieren. Aus fachlicher Sicht leistet er dem Fachbereich wertvolle Unterstützung.

5.10 Chancen und Fallen

5.10.1 Das Minenfeld zwischen Idee und Realität

Im übertragenen Sinn liegt zwischen der Idee und der Realität tatsächlich ein Minenfeld, das sehr viele Gefahren in sich birgt. Es handelt sich um einen schwierigen und heiklen Weg von der Idee zur Realität. Wo liegen den nun diese Minen und um welche Typen handelt es sich? Die folgende Checkliste soll die Gefahren und Chancen aufzeigen:

Checkliste

Einflussfaktoren auf dem Weg von der Idee zur Realität:

- ✔ Persönlichkeit (Enneagramm)
- ✔ Teambildungsphase
- ✔ Maslowsche Pyramide
- ✔ Stress-/Sicherheitsfaktoren
- ✔ Firmenphilosophie
- ✔ Konfliktmanagement
- ✔ Führungsphilosophie
- ✔ Kosten- und Terminfaktoren

Persönlichkeit

Die Persönlichkeit hat einen grundlegend kreativen Einfluss zur Entwicklung von Ideen und zur Herstellung des Bezugs zur Realität. Die Ideen einer skeptischen Person werden sich von den Ideen eines optimistischen und zukunftsorientierten Charakters sehr unterscheiden. Es darf aber nicht dazu verleiten, die einen Persönlichkeitsmerkmale als besser oder schlechter zu taxieren. Man muss die Charaktereigenschaften in Bezug zur erwarteten Lösung bringen. Je nach Situation können die angestrebten Lösungen traditioneller oder visionärer sein.

Teambuilding-Phase

Die Phase des Teambuildings hat einen wesentlichen Einfluss auf die Kreativität und die daraus erörterten Ideen. Die Prozesse, die während des Teambuildungs durchlaufen werden, beeinflussen auch die Qualität, die Sachlichkeit und die visionäre Einstellung beim Prozess der Ideensammlung und auf dem Weg zur Realität. Vor allem im Team entstehen spontane Ideen, die im ersten Augenblick nicht offensichtlich sind.

Maslow

Man soll die Befriedigung der Bedürfnisse nach Maslow mit dem Vorsatz betrachten, die entsprechende Phase der Pyramide zu befriedigen, um in die nächste Phase aufzusteigen. Jeder konzentriert sich auch darauf, keinesfalls aus der entsprechenden Phase abzusteigen.

Stress- und Sicherheitsfaktoren

Wie in Kap. 5.12 erläutert, ändert sich die Persönlichkeit unter dem Aspekt, ob eine Stresssituation oder Sicherheitsphase vorliegt oder ob durch Erfolgserlebnisse ganz allgemein der Aspekt der Sicherheit überwiegt. Man darf also nicht überrascht sein, wenn während zwei verschiedenen Ideensammlungen dieselbe Person völlig unterschiedliche ideelle Tendenzen aufzeigt.

Firmenphilosophie

Die Einstellungen, Strategien und Entwicklungstendenzen einer Unternehmung nehmen einen maßgeblichen Einfluss auf die Entwicklung von Ideen und eine realitätsbezogene Umsetzung. Einerseits kann bei der Entwicklung von Ideen gezielt auf die Firmenstrategien hingewiesen werden, um die Richtung der Ideen, in der entwickelt werden soll, zu beeinflussen. Diese Strategie ist keineswegs unangebracht oder gar verwerflich, solange sie nicht darauf abzielt, manipulativ in den Prozess einzugreifen, um eine breit gestreute und visionäre Ideensammlung zu verhindern. Aber auch wenn nicht bewusst auf die Firmenstrategie hingewiesen wird, besteht die Tendenz, dass der Personenkreis unbewusst diese in den persönlichen Kreativitätsprozess mit einfließen lässt.

Konfliktmanagement

Ein ausgearbeitetes oder zufällig entstandenes Konfliktmanagement entscheidet darüber, wie ausgeprägt jeder einzelne seine Bedürfnisse, Ideen und seine Möglichkeiten ins Team einbringen kann. Es beeinflusst auch die Art und Weise, wie Konflikte ins Team eingebracht werden und wie mit diesen umgegangen wird. Je respektvoller und direkter die Konfliktkultur ist, umso offener und freier sind die Ideen, die vom Team eingebracht werden.

Führungsphilosophie

Der Führungsstil eines Unternehmens ganz allgemein und des direkten Vorgesetzten eines Teams im Speziellen definiert, wie viel Freiraum den Mitarbeitern für eigene Ideen eingeräumt und wie viel Verantwortung und Kompetenzen ihnen zugestanden wird. Ein patriarchalischer Führungsstil führt dazu, dass der Chef seine Ideen als die einzig richtigen und wahren definiert und die Mitarbeiter lernen, zustimmend zu nicken. Warum sollte auch ein Mitarbeiter seinen Job riskieren, indem er dem Chef widerspricht?

Kosten- und Terminfaktoren

Der Kostenfaktor ist unumstritten ein wichtiger Faktor in der Entwicklung von Projekten. Es stehen in der heutigen Zeit nirgends mehr uneingeschränkt finanzielle Ressourcen zur Verfügung. Während der kreativen Phase, in der Ideen gesammelt werden, empfiehlt es sich, die Kostenfragen nicht zu berücksichtigen. Nur so können Firmen auf tatsächlich visionäre oder gar revolutionäre Ideen stoßen. Dass eine solche Idee entwickelt wird, die einer Unternehmung einen Vorsprung zur Konkurrenz verschafft, ist sicherlich sehr selten. Es geht aber nicht nur um die aufsehenerregenden Entwicklungen, viel mehr geht es um die kleinen Fortschritte, die im Vergleich zu den Kosten enorme Fortschritte und einen langfristigen Nutzen nach sich ziehen. Auf dem Weg von der Idee zur Realität müssen dann aber die Kosten auf jeden Fall mitberücksichtigt werden, da Entwicklungen immer in einer gesunden Relation zur finanziellen und personellen Situation der Unternehmung stehen müssen.

Zeit nehmen bei der Ideenfindung!

Die Problematik der Termine verhält sich eigentlich parallel zu denen der Kosten. Auch die Termine sollten in der Phase des Ideensammelns nicht berücksichtigt werden. Betrachtet man die gesamte Dauer eines Projekts, beansprucht die Phase des Ideensammelns einen sehr kleinen Teil der Zeit. Ob man für die Entwicklung von Ideen 20% mehr oder weniger Zeit beansprucht, ist für das gesamte Projekt kaum von Bedeutung. Im Gegenteil, sehr oft wurden Projekt rationeller, in kürzerer Zeit und mit weniger Kosten realisiert als in der Startphase, wie zum Beispiel der Sammlung von Ideen mehr Beachtung geschenkt worden ist.

5.10.2 Ein entmintes Spielfeld der Lust und Kreativität

Die Minen können wohl nicht voll umfänglich vom Spielfeld entfernt werden. Sie können aber entschärft oder zumindest markiert werden. Wichtig ist zu wissen, dass es sich tatsächlich um ein Spielfeld handelt und dementsprechend spielerisch mit den Prozessen der Arbeit umgegangen werden muss. Wir alle haben einen Spieltrieb in uns, der je nachdem schwächer oder stärker ausgeprägt sein kann. Dies ist mit ein Grund, warum das private und soziale Umfeld von Interesse für die Arbeit ist. Man soll sich mit diesem Thema auseinandersetzen und herausfinden, wo die Triebfedern der Mitarbeiter liegen, die auf deren Arbeit einen Einfluss haben. Manipulation hat einen faden Beigeschmack. Liegt der Grund eines manipulativen Handelns darin, die Motivation der betroffenen Person zu fördern, ist dies sehr wohl eine gute Möglichkeit mit Mitarbeitern umzugehen. Manipulation, um persönliche Ziele zu erreichen und die persönliche Situation zu verbessern, ohne die Bedürfnisse der manipulierten Person zu berücksichtigen, ist einerseits moralisch nicht einwandfrei und andererseits mag es nur einen kurzfristigen Erfolg bescheren. Langfristig werden dabei aber auch die Manipulatoren als Verlierer dastehen.

Keine Manipulationen

5.10.3 Im Rausch der Gefühle

Was immer man tut, ohne Gefühle geht gar nichts. Der Mensch ist einfach kein Roboter, der in der Lage ist, emotionslos zu handeln. Im Gegenteil, es bestehen Tendenzen, dass Roboter lernfähig sein sollen. Dies hat natürlich nichts mit Gefühlen zu tun, es führt aber dazu, dass ein Roboter seine eigenen Erfahrungen speichern kann. Aufgrund dieser Erfahrungen, kann es dazu führen, dass er einen Auftrag verweigert, weil er Erfahrungen gemacht hat, die den an ihn gestellten Anweisungen widersprechen. D. h., er wird seine eigenen Entscheidungen treffen können. Ob dies eine gesunde Entwicklung ist oder nicht, bleibt dabei aber offen, weil ihm genau die Eigenschaft fehlt, eine Situation mit Gefühl zu betrachten.

5.10.4 Kompetenz und Konsequenz

Eine ausgewogene Basis von Kompetenzen und Konsequenzen ist entscheidend für eine aktive Mitarbeit aller beteiligten Stellen. Haben sie keine Kompetenzen und sind nicht verantwortlich für Konsequenzen ihrer Arbeit werden sie sich auch genauso verhalten. Arbeiten nach Vorgabe ist die Konsequenz. Keine Initiative, kein Engagement und kein Verantwortungsgefühl für das Projekt, an dem man arbeitet. Etwas anderes kann auch nicht erwartet werden.

Schlimmer noch ist die Voraussetzung, dass man keine Kompetenzen hat, aber die Konsequenzen tragen muss. Der logische Schluss wird ein verteidigendes und destruktives Verhalten sein. Der Mitarbeiter wird sich lediglich bemühen, dass ihm nichts vorgeworfen werden kann. Ideen oder Engagement werden nicht seine Triebfeder sein. Loyalität? Wozu auch? Existieren solche Voraussetzungen, werden Mitarbeiter, sofern sie nicht aus dem Projekt austreten, ein riesiges Hindernis für das Projekt sein.

Ausgewogenheit

Die optimale Grundlage bietet ein ausgewogenen Verhältnis zwischen Kompetenzen und Konsequenzen. Allen betroffenen Stellen müssen die für deren Arbeit notwendigen Kompetenzen zugesprochen werden, und zwar mit der gleichzeitigen Zuteilung der Verantwortlichkeit der daraus entstehenden Konsequenzen. Wie viel Kompetenz braucht der Mensch? Entsprechend seiner fachlichen Qualifikation und seinen beruflichen Erfahrungen sollen ihm die entsprechenden Kompetenzen bei Beginn der Zusammenarbeit zugeteilt werden.

5.10.5 Sitzungstermine und Sitzungskultur

Eine ironische Definition, wie man ein Projekt erkennt, ist, dass man nur noch von Sitzung zu Sitzung rennt. Dahinter versteckt sich auch eine Spur Wahrheit. Oft werden Sitzungen als zeitraubend, langatmig und unsinnig empfunden, während andere ein gutes Gefühl bekommen, weil sie durch Sitzungen Teammitgliedern, Kunden und Vorgesetzten ihre Qualitäten vorführen und beweisen können. Der richtige Weg liegt dazwischen. Sitzungen müssen sein, damit durch den Austausch von Informationen das Projekt ohne unnötige Verzögerung auf dem richtigen Weg weitergeführt werden kann. Eine Sitzung festzulegen ist das eine, das andere ist die Gesprächskultur während der Sitzung zu bestimmen. Bevor eine Sitzung einberufen wird, müssen folgende Überlegungen angestellt werden (s. Checkliste auf der nächsten Seite):

5.10.6 Psychologische Hürden

Der psychologische Aspekt in der Geschäftswelt ganz allgemein und im Projekt im Speziellen wird vernachlässigt oder unterschätzt. Die Psychologie kann nicht mit dem Argument abgetan werden, dass wir Profis sind und die notwendige Einstellung und Identifikation aufbringen müssen. Leider können wir unsere Psyche nicht einer Maschine gleich einfach nach Bedarf ein- und ausschalten. Auch in der heutigen Zeit werden diese Faktoren in der Projektplanung nicht oder nur unzureichend berücksichtigt. Ein Projekt ist natürlich nicht das Umfeld, in dem eine psychologische Beratung und Betreuung angeboten wird. Genau deshalb muss mit Widerständen, Konflikten, Umwegen, Abgängen und Verhinderungen gerechnet werden. Dies gehört in eine Projektplanung und muss im Bereich des Projektcontrollings gezielt analysiert, bewertet und kontrolliert werden.

Detailtreue und Oberflächlichkeit

In Situationen der Unsicherheit neigt man dazu, sich da zu verlieren, wo man sich sicher und zu Hause fühlt und weicht damit den Themen aus, in denen man sich unsicher fühlt. Oder man hält sich mit oberflächlichen Aussagen auf, damit, falls etwas schiefläuft, nichts Nachteiliges gesagt werden kann. Will man aber ein angestrebtes Ziel erreichen, muss man sich auch mit Themen auseinandersetzen, die Neuland sind.

Projektgrobplanung

Schon oft wurden Projekte beobachtet, die in die Realisierung gehen, bevor die Planung, Analyse und Konzeption definitiv abgeschlossen war. Man macht das parallel. Man will möglichst schnell Resultate zeigen und beweisen, dass man schneller und besser ist als die anderen. Dies geht aber nicht und führt ins Chaos. Wie soll ein Computerprogramm geschrieben werden, bevor die Anforderungen vollumfänglich klar sind? Es führt dazu, dass das Programm während der gesamten Projektzeit umgeschrieben, angepasst und korrigiert werden muss.

Ungeduld

Auch unter dem Aspekt der Ungeduld verfängt sich die menschliche Psyche. Immer wieder werden Sitzungen einberufen, die gleichen Themen werden diskutiert, ohne dass ein Ergebnis erzielt wird. Das trifft vielleicht zu, kann aber auch die subjektive Sichtweise des

Checkliste

- ✔ Bestehen Informationen, die weitergeleitet und ausgetauscht werden müssen? Die Informationen bestimmen den Inhalt der Sitzung und werden als Tagesordnungspunkte der Einladung beigelegt. Der Aufbau bzw. der inhaltliche Verlauf der Sitzung soll logisch sein. Man beginnt mit globalen Themen und schließt die Sitzung mit den Details ab, um in die beiden letzten Themenpunkten die offenen Fragen und das weitere Vorgehen zu definieren.
- ✔ Ist eine Sitzung der einzig sinnvolle und mögliche Weg, um die Resultate der offenen Informationen zu erhalten? Es ist peinlich, eine Sitzung anzuordnen, wenn die Informationen von den Teilnehmern noch gar nicht mitgeteilt werden können und die Sitzung nach zwei Minuten wieder abgebrochen werden muss. Diese Fragen hätte man auch über das Telefon abklären können.
- ✔ Wer besitzt und benötigt die Informationen? Die Informanten müssen pro Tagesordnungspunkt bestimmt werden. Es ist nicht unbedingt notwendig, dass alle Teilnehmer an den Sitzungen teilnehmen müssen, wenn sie zum großen Teil keinen Nutzen haben oder keinen Beitrag leisten können. Dies kann zu unproduktiven Sitzungen führen, die einerseits unnötige Unkosten verursachen und andererseits die Teilnehmer langweilen.
- ✔ Bis wann muss die Sitzung einberufen werden? Notwendige Informationen müssen zu einem bestimmten Zeitpunkt vorliegen, damit der Projektfortschritt nicht unnötig behindert wird. In der Einladung müssen auch diese Termine erwähnt werden, damit die Dringlichkeit erkennbar ist. Die Informanten und Sitzungsteilnehmer werden dadurch motiviert, sich vorgängig auf die Sitzung vorzubereiten. Wer will schon die Schuld an einer Projektverzögerung tragen? Ein weiterer Aspekt ist, dass Informationslieferanten den Moderator darauf hinweisen können, dass zum Zeitpunkt der Sitzung noch nicht alle Informationen vorliegen werden.
- ✔ Bis wann müssen Fragen aus vorigen Sitzungen beantwortet werden und evtl. Ergebnisse vorliegen? In jeder Sitzung werden im Verlaufe der Diskussion Fragen auftauchen, die während der Sitzung nicht beantwortet werden können. Auch das muss in der Terminplanung berücksichtigt werden. Ein Sicherheitsspielraum von einer Arbeitswoche sollte für nicht sehr umfangreiche Recherchen genügen.
- ✔ Was wird am Ende der Sitzung erwartet? Diese Überlegungen betreffen die Tagesordnung und den Ablauf der Sitzung. Alle Punkte, die in der Sitzung geklärt werden sollen, müssen mindestens besprochen werden, und falls keine endgültigen Aussagen gemacht oder Entscheidungen getroffen werden können, müssen Abklärungsaufträge erstellt, zugeteilt und terminiert werden.

Betroffenen sein. Geduld oder Ungeduld sind Aspekte der Persönlichkeit. So leicht lassen sich diese Eigenschaften nicht verändern, sie können nur mit den bekannten Attributen akzeptiert werden. Je nach Projektsituation braucht es die Theoretiker, die sich in stundenlangen Abhandlungen begeistern und die Vor- und Nachteile abwägen können. Demgegenüber entstehen Situationen, in denen Pragmatiker gefragt sind, die ohne lange abzuwägen das Problem anpacken und die Lösung anstreben. Je nach Situation ist es an den Führungskräften zu entscheiden, welche Persönlichkeiten benötigt werden und wie die entsprechenden Mitarbeiter zu delegieren sind.

Beispiel:
Ein Projekt entwickelt sich vergleichbar mit einem Schneeball. Während sich zu Beginn der Projektfortschritt nur langsam vorwärts bewegt, wird er mit zunehmender Dauer schneller und dynamischer. Tritt in den letzten Phasen des Projekts eine Blockade auf, geht, wenn die Blockade sehr ausgeprägt ist, der Schneeball kaputt. Zu Beginn ist es leicht anzuhalten und dem Schneeball eine neue Form zu geben.

Angst vor Versagen

Droht ein Scheitern der eigenen Arbeit oder des gesamten Projekts, tauchen Ängste auf. Dies kann zu einer vollkommenen Blockade der eigenen Arbeit führen, um so den Zeitpunkt, zu dem das Versagen zu Tage tritt, hinausschieben zu können. Nur ein funktionierendes Team kann diese Blockaden abbauen oder verhindern, da in einem geschlossenen Team keine einzelnen Personen bei einem Versagen angeprangert werden können.

Zwänge versperren die Sicht

Zwänge im privaten oder geschäftlichen Bereich verleiten uns dazu, dass man sich auf diesen einzigen Aspekt fixiert und dadurch den Überblick und die Zusammenhänge für das Ganze völlig aus den Augen verliert. Um aus dem »Ich muss - will aber nicht« ein »Ich muss und will und kann es akzeptieren« zu machen, braucht es Zeit.

5.10.6.1 Kommunikation

Dieses Thema für sich alleine hat bereits viele Bücher gefüllt. Dies zeigt die Notwendigkeit und Wichtigkeit einer förderlichen Kommunikation. Die Kommunikation entscheidet in allen Bereichen eines Projekts darüber, in welche Richtung es sich entwickeln wird. Aufgrund persönlicher Erfahrungen und Erwartungen rechnet jeder Mitarbeiter mit seiner eigenen Rolle innerhalb des Projekts und des Teams. Erhält der Mitarbeiter von seinem Vorgesetzten oder seinen Kollegen ein Feedback, das seinen Vorstellungen entgegenläuft, ändert er sein Verhalten auf Grund der Enttäuschung und wird apathisch, was den Projektverlauf und -fortschritt betrifft oder gar destruktiv. Die folgenden Punkte sollten im Bereich der Kommunikation unbedingt berücksichtigt werden. Auch wenn allen das Thema logisch und offensichtlich erscheint, wird es unter Stress oder Druck vernachlässigt und man konzentriert sich auf die Projektarbeit und scheut den Blick über den Tellerrand hinaus. Die folgenden Punkte sind vor allem aus der Sicht der persönlichen Betrachtungsweise zu untersuchen. Bin ich so? Will ich so sein? Kann und will ich daran überhaupt etwas ändern? Diese Fragen muss sich jeder persönlich stellen und können nicht an Dritte delegiert werden.

Sachlich

Die Kommunikation darf sich nicht in emotionalen Bereichen bewegen. Wenn Bereiche, Probleme oder Aufgaben zur Sprache stehen, muss man sich auf die sachlichen Punkte konzentrieren und die persönliche, emotionale Ebene außer Betracht lassen. Smalltalk am Rande kann durchaus ein Mittel sein, die Atmosphäre aufzulockern und die Projektarbeit zu fördern. Werden die Grenzen einer sachlichen Argumentation und des oberflächlichen Gesprächs nicht abgesteckt, verwischen die Grenzen immer mehr. Am Schluss ist es nicht mehr möglich, die Unterschiede zu erkennen oder gar zu entflechten und es entsteht ein emotionaler Konflikt.

Respektvoll

Die gegenseitige Achtung ist eine Grundvoraussetzung für eine erfolgreiche Vorwärtsstrategie in der Projektplanung und -steuerung. Sobald dies nicht mehr zutrifft, findet ein offener Kampf zwischen den betroffenen Parteien statt, bei dem das Projekte aus der sachlichen Sicht außer Betracht gelassen wird. Eine andere Gefahr ist, dass die eine Partei resigniert. Dies führt dazu, dass die Siegerpartei nichts mehr akzeptieren und die unterlegene Partei sich gar nicht mehr erst bemühen wird, konstruktive Vorschläge zu unterbreiten oder sich bemühen, passive Fallen aufzustellen, um den anderen stürzen zu sehen.

Offen

Eine offene Kommunikationskultur kann für eine produktive Leistungserwartung nur förderlich sein. Im Allgemeinen empfinden viele Menschen die Konfrontation innerhalb eines Projekts nur hinderlich oder zu banal, um sie auszudiskutieren. Also werden Situationen beschönigt oder man wechselt das Thema. Offen sein bedeutet aber keineswegs eine rüde und rücksichtslose Vorgehensweise. Öffnung im engeren Sinn heißt, dass man sich selbst durch die Kommunikation öffnet. Man offenbart dadurch Empfindungen, wie bestimmte Situationen empfunden worden sind und was störend dabei wirkt. Diese Vorgehensweise, dass der Empfänger der Botschaft sich sachlich »angegriffen« fühlen kann und somit konstruktiver an der Suche nach einer Lösung mitarbeitet. Die Ausführungen oder Aussagen zu Missständen sollten mit »Ich empfinde, dass ...«, anstatt »Sie machen ...« beginnen.

Ehrlich

Mitarbeiter, die zu dem stehen, was sie tun und sagen, sind langfristig den anderen gegenüber bevorteilt. Wer gibt schon gerne Fehler zu, die man begangen hat, auf die Gefahr hin, dass ihm später nachgewiesen werden kann, dass er unehrlich war. Dies führt vor allem zu einem Vertrauensverlust. Warum soll man ihm Glauben schenken, wenn er in den letzten Situationen keine Glaubwürdigkeit vermitteln konnte.

Fairness

Auch die Fairness kann viel zur Glaub- und Vertrauenswürdigkeit beitragen. Niemand schätzt es, wenn hinter seinem Rücken Urteile über ihn gefällt werden oder er schlecht gemacht wird, während ihm direkt Lob gespendet wird. Auch wenn sich eine unfaire Verhaltensweise in der letzten Zeit als gutes Mittel herausgestellt hat sich zu profilieren unter dem Umstand, dass man andere diskreditiert.

5.10.6.2 Soziales

Einzelgänger vs. Teammensch

Das soziale Umfeld jedes einzelnen Mitarbeiters ist von entscheidender Bedeutung bei der Frage, ob sich dieses mit dem geschäftlichen verbinden kann oder nicht. Je wichtiger einem Mitarbeiter das private Umfeld wie Freunde, Familie und Hobbys sind, umso stärker ist sein Drang im beruflichen Umfeld, sich in einem starken kollegialen Umfeld zu bewegen. Der Einzelgänger hingegen hält von gemeinsamen Veranstaltungen und kameradschaftlichem Smalltalk während der Pausen oder beim Mittagessen sehr wenig und fühlt sich in solchen Situationen stark bedrängt und eingeschränkt. Es ist kaum möglich, ein standardisiertes Vorgehensmuster in der Einbindung von Mitarbeitern vorzugeben. Es braucht dazu viel Fingerspitzengefühl und ein ausgeprägt sensibles Verhalten. Auf keinen Fall dürfen Vorgesetzte oder Mitarbeiter etwas erzwingen, was von Mitarbeitern abgelehnt wird. Wenn jemand keinen Smalltalk und keine Gespräche über Privates will, darf dieses nicht erzwungen werden. Wir sind keine Psychologen und haben nicht die Aufgabe, unsere Mitmenschen zu bekehren oder zu therapieren. Andererseits darf Mitarbeitern, die dazu neigen, während der Arbeitszeit unentwegt über nicht geschäftliche Aspekte zu debattieren, nicht freien Lauf gelassen werden. Grundsätzlich sind wir zur Erledigung von Arbeiten angestellt und Kollegen sollen nicht in ihrer Arbeit gestört werden. Um das soziale Verhalten von Mitarbeitern einzuschätzen, gibt das Enneagramm (Kap. 5.12) den notwendigen Aufschluss.

5.10.7 Das Ziel

Abstimmung der Ziele

Während des gesamten Projektverlaufs müssen die gesetzten Ziele in den einzelnen Phasen untereinander abgestimmt werden. Die angestrebten und vorgegebenen Ziele müssen untereinander harmonieren. Sehr oft hat sich gezeigt, dass Ziele entsprechend einem theoretischen Vorgehensmodell definiert worden sind. Im Verlaufe des Projekts verschwinden diese Zielsetzungen immer öfter in die Schubladen der Schreibtische, während die Entwicklung munter weiterläuft. Am Schluss stellt man fest, dass einige Ziele nicht erreicht worden sind. Verständlicherweise wird dann nach Gründen gesucht, warum eine Erreichung der ursprünglichen Ziele nicht möglich war.

> Jede Spezifikation muss mit den Vorgaben abgeglichen werden. Sollten die ursprünglichen Ziele nicht mehr eingehalten werden können, müssen diese zum Spezifikationszeitpunkt korrigiert werden.

Tipp

5.10.8 Die Zeit

Priorität

Bei der Projektrealisierung bildet der Zeitfaktor neben dem Kostenfaktor die wichtigste Bedingung auf dem Weg der Projektierung. Es ist deshalb unabdingbar, dass bei Projektstart und nach Abschluss jedes Meilensteins die Terminsituation neu betrachtet und beurteilt wird. Einerseits muss die reale Situation innerhalb des Projekts geklärt werden, andererseits muss aber auch die Terminsituation mit dem Auftraggeber und den einflussnehmenden Rahmenbedingungen abgeklärt werden.

Überwachung

Die Überwachung der Terminsituation ist eine Aufgabe des Projektleiters, der die Kompetenz gewährleisten und die Verantwortung tragen muss. Er sitzt am Puls des Projekts und weiß über alle Faktoren, die auf die Projektphasen einen Einfluss ausüben, genau Bescheid. Es liegt auch in seiner Pflicht, sich die notwendigen Informationen zu besorgen, soweit sie ihm bekannt sein können oder er aufgrund seiner Erfahrungen damit rechnen muss. Dies bedeutet auch, dass betroffene Projektleiter und -mitarbeiter aller angrenzenden Projekte, z. B. die Fachstellenleiter, der Projektausschuss oder der Auftraggeber, verpflichtet sind, an den Projektleiter sämtliche Informationen, die auf dessen Planung einen Einfluss haben könnten, weiterzuleiten. Die Entscheidung, welche Informationen für das Projekt von Belang sind, kann nur der Projektleiter selbst treffen.

5.11 Test- und Qualitätsmanagement

Testen bedeutet, dass man sich der Verantwortung bewusst ist und sich klar strukturierte Gedanken macht, welche Fälle eintreten könnten und was alles schief laufen kann. Mit dem Test setzt man sich bewusst mit der gestellten Aufgabe auseinander. Bekannt ist ja die Formel, dass mit 20% des Aufwandes 80% der Funktionalität und Abhängigkeit getestet werden können. Will man 100% aller möglichen Fälle, aller Abhängigkeiten und aller möglichen Störungen testen, hat man sich ganz schön was vorgenommen. Mit der heutigen Komplexität von Softwareanwendungen ist dies beinahe unmöglich. Dazu kommt, dass einige Konstellationen während der Laufzeit dieses Projekts gar nie auftreten werden. Wenn man jetzt daraus ableitet, dass Testen gar nicht so prioritär ist - FALSCH. Die Auseinandersetzung mit dem Projekt und der daraus erwarteten Leistungen ist unbedingt notwendig. Welche Konsequenzen haben Fehler und wo liegen die kritischen Punkte? Wichtig ist die Verhältnismäßigkeit des Tests. Je nachdem, ob es sich um eine interne Liste handelt oder um ein medizinisches Präparat, muss der Testaufwand unterschiedlich bemessen werden.

Bemessung des Testaufwands

Tipp

> Je größer die Konsequenz und je größer die Tragweite eines Fehlers, umso näher muss man sich an die 100%-Marke der Funktionalität, der Abhängigkeiten und der möglichen Störfälle herantasten.

5.11.1 Wer testet?

Oft stellt sich die Frage, wer die Tests durchführen soll, wer die Kontrolle übernimmt und wer die Entscheidung über die Vollständigkeit und die Richtigkeit der Daten aus dem Test übernehmen kann oder muss. Diese Frage lässt sich nicht so einfach beantworten, da die Zuteilung der Testperson vom Stand des Projekts und ihrer Verfügbarkeit abhängig ist. Zudem kann der Auftraggeber die Qualität eines Programms nicht beurteilen und der Programmierer kann die strategische und funktionale Erreichung der Ziele nicht überblicken. Selbstverständlich muss in einer ersten Phase z. B. der Programmierer seine Programme testen.

5.11.2 Zeitpunkt, Qualität und Quantität von Tests

Kontinuierliches Testen

Zu den Tests muss vor allem wiederholt werden, dass diese nicht erst durchgeführt werden dürfen, wenn das Objekt beendet ist. Testen bedeutet wie beim Controlling eine Begleitung des Projekts vom Projektstart bis zur Übergabe an den Benutzer und das Wartungsteam. Basis des Testkonzepts ist die Kontrolle der gesteckten Ziele, Erwartungen und Rahmenbedingungen. Immer wieder muss auch die Bestätigung gesucht werden, dass das aufgebaute Konzept und die Ziele den notwendigen Sachbezug zur Realität aufweisen.

5.11.2.1 Testprinzipien

Die folgenden Prinzipien sind zu beachten:

- Zu jedem Testfall gehört das erwartete Ergebnis, wobei das Ergebnis bereits vor der Erstellung des Testfalls definiert werden muss.

- Ein Projektmitarbeiter testet nie seine eigene Arbeit. Wer selbst testet, versucht zu beweisen, dass er fehlerfreie Arbeit geleistet hat und versucht weniger die Fehler seiner Arbeit zu finden.
- Ein Projektteam testet nie sein eigenes Produkt. Wie beim Einzeltest neigt auch das gesamte Team dazu, zu beweisen, dass seine Arbeit sehr gut ist und nicht, dass es Fehler gemacht hat.
- Das Ergebnis eines Tests muss sorgfältig untersucht werden, auch wenn auf den ersten Blick das erhaltene mit dem erwarteten Ergebnis übereinstimmt.
- Es sollen Testfälle für alle erwarteten Ergebnisse erstellt werden. Vor allem Konstellationen, die untereinander verschiedene Abhängigkeiten aufweisen, müssen in vollem Umfang getestet werden.
- Es müssen Testfälle für die nicht erwarteten Ergebnisse erstellt werden.
- Führt ein Programm die Funktionen aus, wie sie erwartet werden?
- Führt ein Programm die Konstellationen nicht aus, die es auch nicht ausführen soll?
- Testfälle müssen immer wieder reproduzierbar sein.
- Tests müssen unter der Annahme aufgebaut werden, Fehler zu finden und nicht zu beweisen, dass alles so funktioniert, wie es erwartet wurde.
- Je mehr Fehler gefunden werden, umso größer ist die Wahrscheinlichkeit, dass noch weitere gefunden werden.
- Die Fehlerdaten sollen gesammelt und festgehalten werden. In einer späteren Phase können Unklarheiten durch Einblick in die Testdokumentation geklärt werden.

Dokumentation

5.11.2.2 Qualitätsmerkmale

Einfluss auf Lebenszyklus

Für ein Produkt werden zu Beginn die Qualitätsmerkmale definiert, die erfüllt sein müssen. Je nach Produkt können diese Merkmale unterschiedlich sein. Ein Beispiel zeigt, welche Merkmale festgelegt werden können und wie diese den Lebenszyklus eines Projekts beeinflussen.

- **Benutzerfreundlichkeit**
  - schnelle Erlernbarkeit;
  - kurze Schulungszeiten;
  - leichte Auswertungsmöglichkeiten der Ergebnisse;
  - Zufriedenheit und Begeisterung bei den Anwendern wecken.
- **Zuverlässigkeit**
  - Lebensdauer der Hardware;
  - Zeitdauer, während der ein Produkt mit geringer Fehleranfälligkeit im Einsatz ist;

- Fehler können in kürzester Zeit behoben werden, ohne dass das System außer Kraft gesetzt ist;
- Analyse der potentiellen Probleme mit Ausarbeitung vorbeugender Maßnahmen.

- **Zeit- und Gebrauchsverhalten**
  - Antwortzeiten;
  - Laufzeiten der Programme im Offline-Betrieb;
  - Maximale, zu verarbeitende Datenmengen;
  - Zugriffszeiten auf Hardwarekomponenten.
- **Funktionalität**
  - Erreichungsgrad der gesteckten Ziele;
  - Einhaltung der betriebsinternen Normen und Vorgaben;
  - Zufriedenheitsgrad des Anwenders und Auftraggebers hinsichtlich der Funktionalität;
  - Open-Docking-Schnittstellen. Sind die Funktionen so eingerichtet, dass problemlos weitere Funktion angekoppelt oder bestehende erweitert werden können?
- **Kompatibilität**
  - Kann das bestehende Projekt in einer ähnlichen Aufgabe als Grundlage dienen?
  - Ist das Projekt in der Lage, unter anderen technischen Voraussetzungen ohne große Änderungen zu funktionieren?
  - Ist die Anbindung an andere Projekte problemlos?
  - Kann das Projekt unter veränderten Softwarebedingungen ohne weiteres eingesetzt werden?
- **Wartungsfreundlichkeit**
  - Zeitaufwand für die Fehleranalyse;
  - Zeitaufwand für die Fehlerbehebung;
  - Anpassungen können schnell und leicht durchgeführt werden;
  - Vollständigkeit der Projektdokumentation.

Definition durch Ablaufplan

Die Einsatz und die Kontrolle der definierten Qualitätsmerkmale müssen definiert werden. Dies kann als Beispiel mit Unterstützung eines Ablaufplans geschehen.

5.12 Das Enneagramm

Bedeutung zwischenmenschlicher Aspekte

Die Erfahrungen zeigen, dass der zwischenmenschliche Aspekt in unserem Leben von besonderer Bedeutung ist. Genauso oft stellt man fest, dass auf das Verhalten von Menschen nur reagiert wird. D.h., dass Reaktionen abgewartet werden, um darauf zu reagieren. Ohne zu verstehen, weshalb die Person gegenüber auf diese Art reagiert, geht man von Annahmen und eigenen Erfahrungen aus und sendet die Mitteilung, wie man es für angebracht hält. Warum ver-

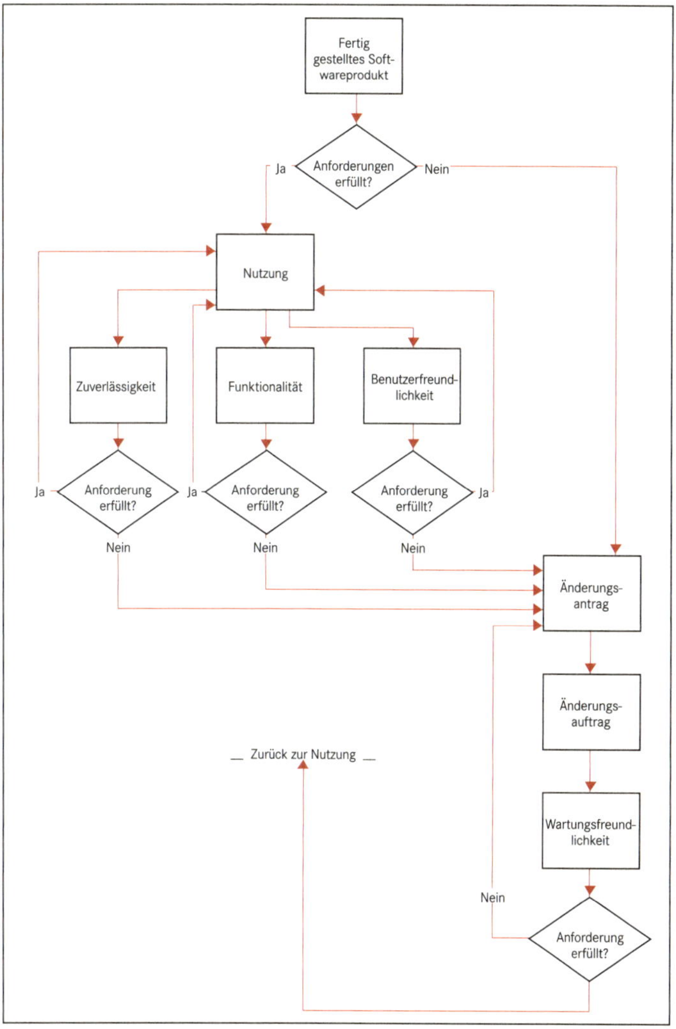

Abb. 37: Einbindung Qualitätsmerkmale

Häufig: Bloße Reaktion statt Antizipation

sucht man nicht verstärkt, das Verhalten der Mitmenschen bzw. Mitarbeiter zu verstehen, um somit agieren zu können und fehlende Motivation oder Unzufriedenheit zu unterbinden? D.h. im Bemühen einer Situation vorzugreifen und zu erahnen, mit wem man es zu tun hat und was zu erwarten ist, sendet man der betreffenden Person das Gefühl, wichtig zu sein und respektiert zu werden.

Gurdjieff ging in seiner Theorie von drei Menschentypen aus, die sich durch drei verschieden Körperbereiche beschreiben lassen. Er unterteilt den Körper in die drei Energiezentren Kopf, Herz und

Menschentypen nach Gurdjieff

Bauch. Diesen Energiezentren wiederum teilte er spezifische Intelligenz- und Persönlichkeitsmerkmale zu.

Das vorgestellte Modell beruht nicht auf einem esoterischen Trend. Seine Wurzeln sind bereits vor Jahrhunderten zu finden. Ursprünglich handelte es sich um eine Möglichkeit zur Selbstbeobachtung, die auf neun verschiedenen Persönlichkeitsmodellen beruht. Das Enneagramm will nicht die einzelnen Typen miteinander vergleichen und qualifizieren. Angewandt auf den Beruf, zielt es darauf, die Charakteristiken der Persönlichkeiten zu erkennen, um die geeignetste Funktion im optimalen Umfeld zu finden.

Abbildung 38 stellt das Enneagramm in grafischer Form vor. In der rechten Grafik wird die Unterteilung der Energiezentren und die entsprechende Zuteilung der Persönlichkeitstypen dargestellt. Die Grafik links zeigt die Verknüpfung der Persönlichkeitstypen entsprechend ihrem Verhalten auf. Die Pfeile in der Grafik deuten auf das veränderte Verhalten der Persönlichkeit unter Stressbedingungen oder dem Empfinden der Sicherheit hin. Diese Veränderungen werden in der Beschreibung der einzelnen Persönlichkeitstypen genauer erläutert.

Enneagramm

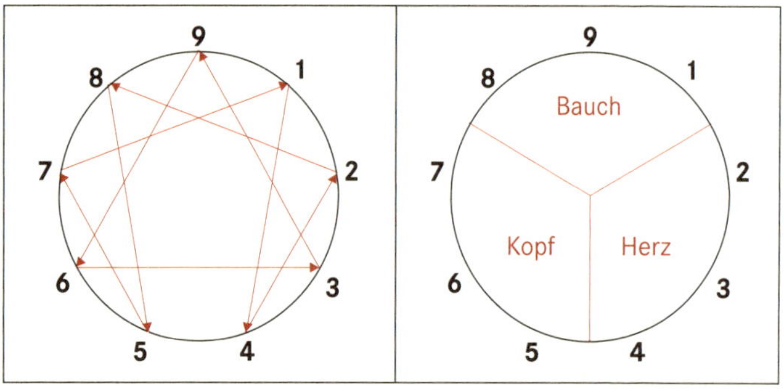

Abb. 38: Wirkungen der Persönlichkeiten und Unterteilung in Energiezentren

Die Kämpfer im Krieg stellen sich individuell auf verändernde Situationen ein. Während der eine bei einem Angriff sich in seiner Festung verbarrikadiert, sucht der andere die Konfrontation und den Angriff. Genau umgekehrt mag es sich verhalten, sobald sich eine Einheit in Sicherheit wiegt. Einige werden die Zeit der Ruhe zum Angriff nutzen, während andere sich zurückziehen. Dieses Verhalten wird man auch im privaten und beruflichen Umfeld antreffen. Die Persönlichkeit verändert sich bei jedem aufgrund äußerer Einflüsse. Ein Teil daran trägt sicher die genetische Struktur, die sich über Jahrhunderte erhalten hat. Einen wichtigen Anteil an der Entwicklung der Persönlichkeit tragen Erziehung und persönliche Erfahrungen. Daraus ließe sich jetzt ableiten, dass eine Verallgemeinerung der Persönlichkeiten und deren Anpassungen unzureichend sein muss. Es wäre aber falsch, sich diesem Glauben zu unterziehen. Begründen lässt sich das einheitliche Verhalten einer Persönlichkeit unter Stress oder dem Empfinden der Sicherheit damit, dass die Veränderung der Persönlichkeit auf der Basis der neun Persönlichkeitstypen beruht.

Beispiel:
Ein nachdenklicher Mensch ist in seiner Basis eher introvertiert und wird sich in einer Stresssituation auf sein introvertiertes Verhaltensmuster berufen und sich zurückziehen und nachdenken. Fühlt er sich aber sicher, wird er aus seinem emotionalen Haus heraustreten und versuchen, Neuland zu betreten und extrovertierter werden.

Auch wenn diese Theorie absolut erscheinen mag, zeigt die Typologie des Menschen Tendenzen auf, die in der Basis korrekt sind, im Detail jedoch verschiedene Schattierungen aufzeigt. Erklärbar ist dies mit dem Umstand der eigenen Erfahrungen. Das persönliche Verhalten ist in unserem Unterbewusstsein abgelegt und wird durch die Erfahrungen in unserem Leben beeinflusst. Das Grundmuster jedoch bleibt bestehen.

Der Glaube, dass grundlegende Veränderungen der Persönlichkeit möglich sind, hat auf dieser Ebene innerhalb des Projektmanagements keine Relevanz, da diese sich nicht in diesem Umfeld realisieren lassen. Um dies zu erreichen, benötigt es psychologische Prozesse, die eine grundlegende Veränderung anregen, begleiten und festigen. Vor allem im Erwachsenenalter sind dies Prozesse, die mehrere Jahre in Anspruch nehmen und durch psychologische bzw. psychoanalytische Therapien umgesetzt werden müssen.

Beispiel:
Zwei nachdenkliche Menschen sind in ihrer Basis vergleichbar. Fühlen sich beide sicher, mögen beide das im vorangegangenen Beispiel erwähnte Neuland betreten. Während der eine aber kopflos in die Offensive rennt und eine extrovertierte Ader auslebt, kann der andere dies auf kontrollierte Art tun, indem er immer wieder innehält und nachdenkt, ob er sich immer noch auf sicherem Boden bewegt.

Für das Projektmanagement ist der Bezug auf die Persönlichkeit nur relevant, um die ideale Besetzung in der richtigen Funktion zu finden. Dabei soll aber nicht nur das Grundmuster berücksichtigt werden. Die Veränderungen des Typs können während des Projekts entscheidenden Einfluss haben. Dadurch kann in entscheidenden

Momenten Druck erzeugt oder Druck weggenommen werden, um den Mitarbeiter in der Erreichung seiner optimalen Leistung zu unterstützen. Als Vorgesetzter darf ich dieses Mittel nicht einsetzen, um den Mitarbeiter gegen seinen Willen dazu zu bringen, zu tun was ich will. Es soll aus ethischen Gründen nur als Unterstützung zur Förderung des Mitarbeiters angewandt werden.

Tipp

In jeder Gruppe oder Gesellschaft gibt es die optimale Aufgabe für jeden Persönlichkeitstyp, aber umgekehrt auch die am wenigsten passende. Wenn Sie sich dessen bewusst sind und dies bei der Aufgabenverteilung so konsequent als möglich berücksichtigen, haben Sie einen wichtigen Pluspunkt auf Ihrer Seite.

5.12.1 Der Einser

Perfektionist

Für den Perfektionisten beruht eine harmonische und lebenswerte Zukunft auf der Basis einer durchorganisierten, kurzen, perfekten und prägnanten Gegenwart. Zeit bedeutet für ihn Geld und soll nicht mit unnötigen Reden, weitschweifigen Erklärungen oder umfassenden Berichten verschwendet werden. Erkennt der Perfektionist Verbesserungen, bewertet er diese als begangene Fehler, anstatt diese als Chance für die Zukunft zu sehen. In seinem Leben wird der Perfektionist seine Anforderungen an sich und die Umwelt stetig steigern und dadurch in eine diffuse Unzufriedenheit und versteckte Wut verfallen.

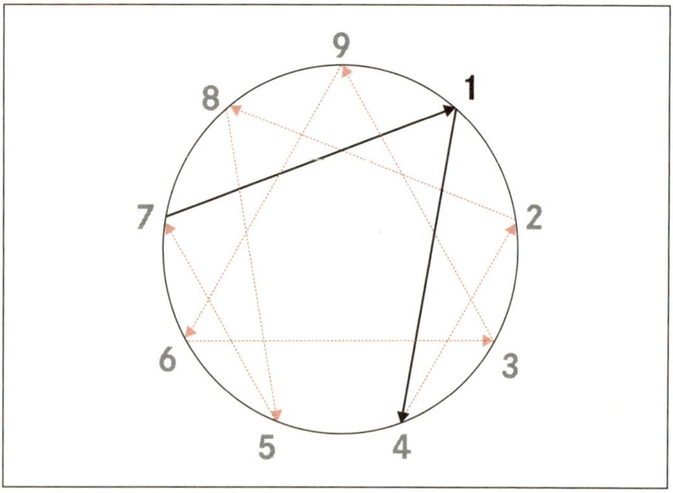

Abb. 39: Der Einser im Enneagramm

Charakteristika

- Fleißig,
- moralisch,
- praktisch,
- zornig.

Fähigkeiten

Bedürfnis nach ausgeprägten Arbeitsstrukturen

In seinem beruflichen Umfeld benötigt der Perfektionist ausgeprägte Organisationsstrukturen, in denen Qualität und Perfektion hohe Anforderungen sind. Seine Denkmuster beruhen auf der Vermeidung von Fehlern und der Steigerung von Qualität. In diesem Zusammenhang liegen seine Stärken auch in der Strukturierung und Verbesserung von Arbeitsabläufen. Im zwischenmenschlichen Bereich ist auf ihn jederzeit moralisch Verlass.

Stärken zeigt er in Berufen, die sich um Inspektionen und Fehleranalysen drehen, solange er widerspruchsfreie Vorgaben hat. Im IT-Bereich ist z.B. das Qualitäts- und das Testmanagement ein ideales Einsatzgebiet. Allgemein ist für ihn ein Arbeitsumfeld erstrebenswert, in dem nahezu klinische Verhältnisse vorherrschen. Wenn es in seinem Arbeitsumfeld um die Umsetzung bestehender Vorgaben und Regeln geht, ist auf ihn absolut Verlass. Und zwar, weil er hohe moralische Grundsätze hat, die er auch von der Außenwelt erwartet.

Risiken

Wird der Perfektionist mit Aufgaben betraut, deren Sachlagen fließend sind und nie in vollem Umfang überblickt werden können, fühlt er sich unwohl. Er tendiert dazu, einen Schritt zurückzutreten, um sich ein Gesamtbild zu schaffen und eindeutige Grenzen zu erkennen. Er wird nicht ruhen, ehe für ihn alle Fragen geklärt und alle Zweifel aus dem Weg geräumt sind. Grund dafür liegt im Umstand, dass er Aufgaben mit einem Restrisiko an Fehlerquoten nicht angehen kann. Dies kann ihn dazu verleiten, in der Ausübung seiner Aufgaben gehemmt oder gar blockiert zu sein. Der einzige Erfolg liegt für ihn in der Fehlerlosigkeit und diese Erreichung ist sein einziges Ziel. Widersprüchlichkeit, Zweifel, Meinungsverschiedenheiten und Unklarheiten lähmen ihn förmlich.

Suche nach Fehlerlosigkeit

Sicherheitsreaktionen

Sobald er sich sicher fühlt, lässt die Neigung nach Perfektion nach und alles geht ihm viel leichter von der Hand. Die mahnende Stimme nach der absoluten Perfektion lässt langsam nach und verschwindet. Er ist sich bewusst, dass er gute Arbeit leistet und spürt, dass es viel einfacher ist, die Arbeit gut zu machen als ein Perfektionist zu sein. Dies sind die Phasen, in denen sich der Einser entspannt und nicht mehr alles aus der seriösen Warte betrachtet. Seine Arbeit richtet sich in dieser Zeit mehr auf die Zukunft als wie sonst üblicherweise auf die Perfektion der Gegenwart.

Stressreaktionen

Führt seine Arbeit nicht zum gewünschten Erfolg, arbeitet er noch härter, als er dies bereits mit seiner ursprünglichen Einstellung tut. Je mehr er arbeitet und je unbefriedigender der Erfolg in seiner Arbeit ist, umso stärker konzentriert er sich auf Fehler und Unzulänglichkeiten auf seinem Weg. Ändert sich dies nicht, nimmt der innere Druck zu, bis sein Druckventil nachgibt und sich sein ganzer Ärger und Zorn über die Mitarbeiter ergießt. Einmal mehr erhält er den Eindruck, dass das Chaos an ihm hängen bleibt und es seine Aufgabe ist, wieder Ordnung in das Durcheinander zu bringen. Er hat doch seine Arbeit getan und auf sie Spielregeln geachtet. Und deshalb glaubt er, dass er das nicht verdient und es das Leben nicht gut mit ihm meint.

5.12.2 Der Zweier

Bestätigung durch Dritte

Sein Hauptaugenmerk richtet sich auf das Helfen. Der Geber sucht die Anerkennung seiner Person in der Bestätigung durch Drittpersonen und seinem Umfeld. Deshalb versucht er, für andere unabkömmlich zu sein und anderen zu gefallen. Für ihn stehen die zwischenmenschlichen Beziehungen im Vordergrund, auf dessen Ebene versucht er auch, sein Umfeld zu manipulieren, zu überzeugen oder zu überreden. Um seine Ziele zu erreichen, passt er sich seinem Gegenüber auch an und übernimmt unterschiedliche Identitäten. Er hat aber Schwierigkeiten zu erkennen, wann jemand etwas gibt, um etwas zu erhalten und wann er aus freien Stücken gibt, ohne die Erwartung, dass er etwas zurückerhält.

Charakteristika

- Hilfreich,
- einfühlsam,
- manipulierend,
- stolz.

Fähigkeiten

Prestigepositionen

Durch seinen Stolz sind für ihn vor allem Positionen interessant, die ein gewisses Prestige verkörpern und attraktiv sind. Er möchte bewundert werden, ohne dass er als Geber im Vordergrund zu stehen hat. Sein Vorgesetzter braucht seine Hilfe, was ihm das Gefühl gibt, dass er nicht für seinen Chef arbeitet, sondern mit ihm. Er organisiert und strukturiert die Basis, die Arbeit seines Vorgesetzten und das gibt ihm das Eindruck, dass er unersetzlich ist. Er braucht die

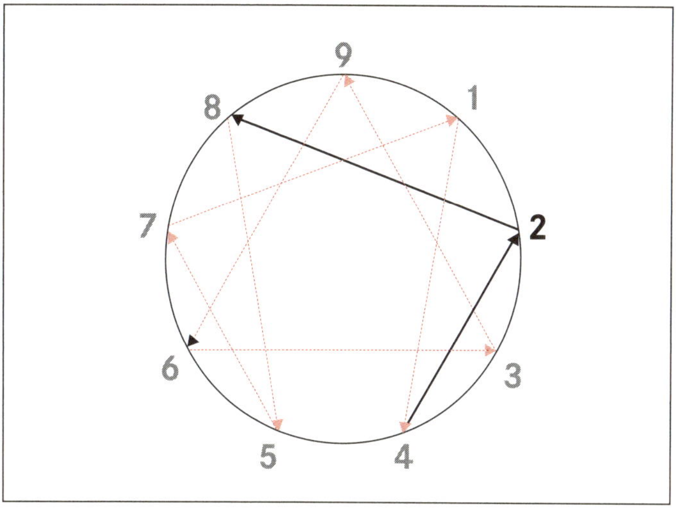

Abb. 40: Der Zweier im Enneagramm

Bestätigung von außen, dass seine Arbeit wertvoll ist und seine Hilfe notwendig ist.

Stärken zeigt er in der Arbeitswelt in der Werbung, bei gemeinnützigen Zwecken, die für andere sichtbar sind und für Medienarbeiten ganz generell. In der IT-Welt kann er z. B. in den Bereichen der Teilprojektleitung oder der Projektkoordination eingesetzt werden. Wichtig für ihn sind Positionen, in denen er das Gefühl bekommt, dass man an ihm hinaufsieht und ihn aufgrund seiner Fähigkeiten und seiner helfenden Hand bewundert.

Risiken

Der Zweier benötigt für seine Befriedigung und Bestätigung in seiner Arbeit die Dankbarkeit und Anerkennung seiner Kollegen und Vorgesetzten. Aufgaben und Tätigkeiten, die nicht das erwartete Prestige enthalten, sind für den Geber unattraktiv und führen bald zu Unzufriedenheit. Ohne Bestätigung seines Engagements durch sein Arbeitsumfeld verliert er bald das Interesse und den Sinn in seiner Aufgabe. Auch wenn er den Eindruck erhält, dass niemand um seine Hilfe bittet oder auf diese angewiesen ist, langweilt er sich, wird unmotiviert und unkonzentriert in seiner Arbeit. Nur in der Hilfe kann er seine manipulative Neigung ausleben, von der er überzeugt ist, dass sie nur zum Wohl von allen ist. Die Zweier sehen das Potenzial, das in den anderen steckt und wollen es fördern. In dieser Position als Mentor vergisst er aber, was er im Gegenzug zu seiner Großzügigkeit erwartet.

Muster

Sicherheitsreaktionen

Wenn sich der Zweier sicher fühlt, tritt er aus dem Schatten der anderen hervor und entdeckt, wer er ist und was er will, auch wenn er bemerkt, dass dies nicht seinem gewohnten Naturell entspricht. Werden seine Kreativität, seine Leistung und seine Fähigkeiten gewürdigt, befasst er sich intensiver mit den grundlegenden Fragen des Lebens und seines Tuns. Verkaufe ich mich nur für eine geringe Portion an Lob? Ist das, was ich tue, der Sinn, nach dem ich strebe? Trotzdem erreicht er einen stärkeren Grad an Selbstbewusstsein und weiß mit Zurückweisung lockerer umzugehen. Sein ursprüngliches Ziel ist, dass sein Erfolg auf dem Wohlergehen seiner Umwelt und seinen Mitmenschen beruht. In den Zeiten der Sicherheit aber wünscht er sich, in einer Machtposition aufzutreten, ohne immer den anderen mit den Händen unter die Arme zu greifen. Und diese Situation führt ihn in ein Dilemma.

Stressreaktionen

Verteidigungs-mechanismen

Tritt für den Zweier eine Stresssituation auf, sucht er nach allen möglichen Verteidigungsmechanismen, die ihn vor dem Absturz in die Bedeutungslosigkeit bewahren. In einem ersten Schritt analysiert er die Situation und versucht herauszufinden, wer ihm freundlich gestimmt ist, um am Ende nicht völlig im Abseits zu stehen. Findet er Personen, bei denen er in der Gunst steht, zeigt er sehr betont seine nette Art, die zeitweise nahezu an Aufdringlichkeit grenzt. Findet er niemanden, der ihm die Gunst bekundet, zerplatzt er wie eine Seifenblase und stürzt in eine Depression. Er versteht die Welt nicht mehr. Allen hat er geholfen, wo er nur konnte, niemanden hat er im Stich gelassen. Braucht er aber jemanden, ist keiner für ihn da. Je mehr er darüber nachdenkt, umso trübsinniger wird er und es zieht ihn wie ein Sog in die Tiefe. An diesem Punkt weiß er sich nur noch mit seiner manipulativen Ader zu helfen. Er weiß, was die anderen von ihm brauchen und genau dies entzieht er ihnen, bis sie sich nicht mehr allein zu helfen wissen und auf ihn zurückgreifen. Er scheut auch nicht davor zurück, auf Kontrahenten zurückzugreifen und sich mit ihnen zu verbünden. Er weiß, dass ohne seine Hilfe bald eine Durcheinander herrschen und das Chaos ausbrechen wird. Dann werden sie schon wieder zu ihm zurückkommen und ihn um seine Hilfe anbetteln.

5.12.3 Der Dreier

Er gibt alles und will schnellen Erfolg. Er liebt es, im Mittelpunkt zu stehen und bewundert zu werden. Langfristige Projekte sind nichts für ihn, er eilt durch das Leben und ist immer bereit für ein neues Geschäft, tägliche Erfolge pflastern seinen Weg und der führt nach

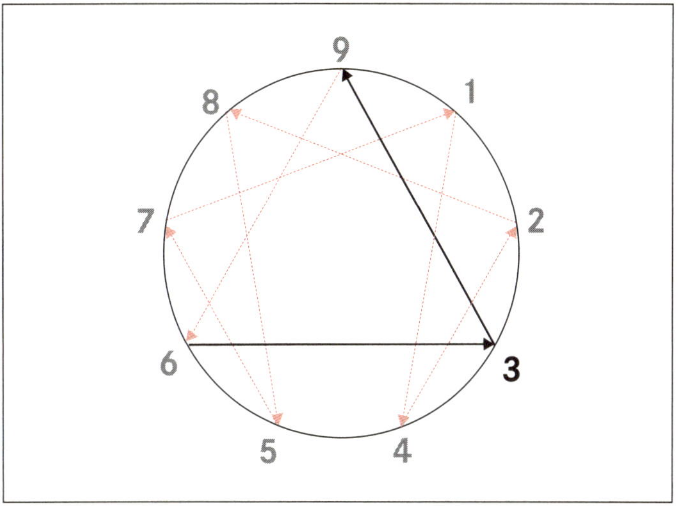

Abb. 41: Der Dreier im Enneagramm

oben. Er ist ein Sieger und dies verdient er sich mit stetem Handeln, denn nur wer handelt, hat die Möglichkeit, die Kontrolle und die Macht zu haben. Er liebt es, neue Projekte zu verwirklichen und mit seiner Effizienz die Mitstreiter zum Bewundern zu bringen.

Siegertyp

Charakteristika

- Effizient,
- überzeugend,
- chamäleonartig,
- täuschend.

Fähigkeiten

Suche nach Prestige

Lange und ungewöhnliche Arbeitszeiten sind für ihn ein Ansporn, wenn ihm dies auf dem Weg nach oben hilft. Aber prestigeträchtig müssen sein Weg und sein Ziel sein, damit er auch gewillt ist, diesen Effort zu leisten. Es gibt sicherlich kein Zurückschauen für ihn, auch ein Innehalten ist in seinen Augen ein Versagen, er will nur nach vorne blicken und wer ihn dabei nicht unterstützt oder zur Seite geht, wird von ihm überrannt.

Attraktive Positionen findet er in der Führungsetage vom Marketing, Werbung und Verkauf. Er ist die Person, die es braucht, den Wagen aus dem Schlamm zu ziehen und so schnell wie möglich wieder zum Laufen zu bringen. Er ist der Mann für Effizienz und schnelle Richtungswechsel. Lange Diskussionen führen und Leute um sich haben, die ihm sagen, was er zu tun hat oder nicht, sind ihm ein

Gräuel. Im IT-Bereich fühlt er sich am wohlsten, wenn er zu festgefahrenen Projekten gerufen wird und er unter den Augen der Mächtigen alles wieder ins Reine bringen kann.

Risiken

Keine langwierigen Projekte

Langwierige und unterqualifizierte Projekte und Aufgaben sind für den Dynamiker ein Gräuel und Zeitverschwendung. Kreative Aufgaben, die eine langwierige Auseinandersetzung mit der Sachlage voraussetzen, langweilen ihn und er verliert schnell das Interesse. Er will die Grundsatzentscheide selbst fällen und dies lieber gestern als erst heute. Für ihn ist der Erfolg in seiner Arbeit wichtiger als die Mitarbeiter um ihn herum. Arbeiten nach Schema verabscheut er, da er sich als der geborene Macher fühlt, wenn es um prestigeträchtige Aufgaben geht. Er empfindet Sitzungen, in denen Strategien besprochen und wieder verworfen werden, als Zeitverschwendung.

Sicherheitsreaktionen

Siegen statt Fühlen

In den Zeiten, in denen es dem Dreier gut geht, verfällt er ins Denken und entdeckt Gefühle, die er nicht zu interpretieren weiß, da er diesen möglichst aus dem Weg geht. Normalerweise sind Gefühle für ihn ein Ärgernis und er versteht auch, ihnen durch seine Dynamik aus dem Weg zu gehen. Er empfindet sie als unnütz und hinderlich auf dem Weg nach oben. Er will nicht fühlen, er will siegen. Aber in den Phasen der Sicherheit kommt er zur Entspannung und plötzlich hat es Platz und Zeit. Zeit für Gefühle. Diese wecken aber auch seine Bedenken, dass er in diesen Phasen etwas Wichtiges verpasst und sein Weg nach oben jäh gestoppt wird, weil er nicht an der vordersten Front steht. Da er vor emotionalen Menschen wenig Respekt hat, fragt er sich natürlich, ob ihn die Leute noch mögen, wenn sein Unterbewusstsein auftaucht und ihm klar macht, dass er auch Emotionen hat. Er ist ein Täuscher und versteht es normalerweise, sich den Gegebenheiten perfekt anzupassen. Und jetzt merkt er, dass das Gesicht, das er zeigt und das, was er empfindet, nicht übereinstimmt. Welch ein Widerspruch!

Stressreaktionen

Tempo

Anders als in sicheren Situationen legt der Dreier in der Stresssituation einfach noch an Tempo zu und greift noch vehementer an. Er kann es in diesen Situationen nicht zulassen, dass er langsamer wird und an Tempo verliert oder gar untätig wird, weil er spürt, dass dies in ihm Ängste auslöst, mit denen er nicht umgehen kann. Er ist überzeugt, dass er nur mit schnellerem Tempo die Kontrolle behalten kann. Alles um ihn herum ergreift er und sei es noch so unbedeutend. In allem sieht er nun eine Chance etwas aufzugreifen, das ihm die Bestätigung gibt und ihm die Zukunft sichert. In dieser Phase verliert er aber auch die Fähigkeit, Wichtiges von Unwichtigem zu trennen. Alles, was er als Chance sieht, hat für ihn Priorität, ohne zu überlegen, was nun tatsächlich wichtig sein könnte. Wichtig ist für ihn nur, dass er beschäftigt ist und die anderen hinter sich bringen kann. Die Fähigkeit, andere Menschen für ihn und seine Ideen zu begeistern, wird er auch in diesen Phasen nicht verlieren. Erst, wenn er erkennt, dass er noch oder wieder die Kontrolle hat, wird er zu seiner ursprünglichen Persönlichkeit zurückkehren.

Problem: Prioritäten definieren

5.12.4 Der Vierer

Der Romantiker lebt in seiner eigenen emotionalen Welt. Diese Welt steht für jeden offen, aber es fällt ihm schwer, aus dieser Einstellung auszubrechen. Das Leben besteht nicht nur aus Romantik und dadurch lässt sich der tragische Romantiker gerne von seinen Stimmungen beeinflussen und von den an ihn gestellten Aufgaben ablenken. Er tendiert dazu, sich auf zwei Berufe zu konzentrieren. Zum einen der eigentliche Beruf, um seinen Unterhalt zu verdienen und zum anderen die Berufung auszuleben, die im künstlerischen Bereich zu finden ist. Die Effizienz seiner Arbeitsleistung ist stimmungsabhängig und kann in euphorischen Stimmungen absolute Spitzenleistungen erzeugen. Im Gegensatz dazu hemmen melancholische Stimmungen seine Effizienz eher.

Romantiker

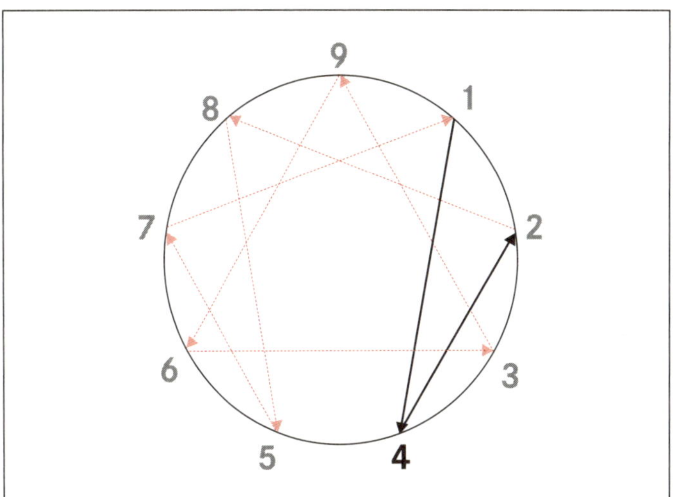

Abb. 42: Der Vierer im Enneagramm

Charakteristika

- Dramatisch,
- einzigartig,
- melancholisch,
- neidisch.

Fähigkeiten

Kreativität und Exzentrik

Der tragische Romantiker zieht Aufgaben vor, die den menschlich, emotionalen Aspekt einschließen und eine gehörige Portion Kreativität und vielleicht sogar Exzentrik verlangen. Er scheut sich auch nicht davor, alleine auf der Bühne des Arbeitslebens zu stehen, solange er seine emotional, kreative Ader ausleben kann. Da der menschliche Aspekt ein wichtiger Teil seines Lebens darstellt, soll sich dies auch in seinem Berufsleben äußern und in dieses einfließen.

Er findet im Berufsleben vorwiegend Aufgaben interessant, in denen es um Neuentwicklungen geht und der menschliche Aspekt ein Teil der Aufgabe ist. Emotionalität sollte für ihn zusätzlich eine gewisse Bedeutung haben. Im IT-Bereich findet er seine Erfüllung in den visionären Aspekten der Systemgestaltung oder Datenmodellierung zum Wohle des Kunden.

Risiken

Der tragische Romantiker beurteilt Arbeit nach seinen eigenen Gesichtspunkten als qualifiziert oder niedrig, ohne Rücksicht darauf, was die allgemeine Beurteilung der Aufgabe ist. Er meidet monotone, bürokratische und emotionslose Aufgaben und fühlt sich in Teams unwohl, in denen er sich als untergeordnet einschätzt und seine persönliche und emotionale Beurteilung nicht von Belang ist. Die Gefahr beim Vierer lauert in der Einschätzung der Situation. Anpassung ist eine seiner Schwächen und damit stößt er manchmal gegen eine Wand. Eine Wand, die für ihn eigentlich gar nicht besteht und er deshalb auch nicht verstehen kann. Er fühlt sich einzigartig in seiner Individualität.

Mangelnde Anpassungsfähigkeit

Sicherheitsreaktionen

Grundsätzlich hat der Vierer seine persönlichen Vorstellungen von Kreativität und Emotionalität und diese lebt er in seiner ursprünglichen Persönlichkeit aus. Dass diese die Mitarbeiter, die seine Ideen umsetzen müssen, als Chaos empfinden, stört ihn nicht. Nur in der Phase der Sicherheit taucht er aus seiner Welt auf und lässt sich von der Durchführbarkeit seiner Ideen leiten. Dadurch wird die Folgearbeit von Mitarbeitern plötzlich einfacher. In der Sicherheit findet er das Bewusstsein zwischen richtig und falsch, zwischen besser und schlechter, allmählich entwindet er sich dem Schutz seiner Kreativität und erscheint in der Realität.

Stressreaktionen

Bei Anzeichen von Stress wird, ausgelöst durch seinen Verteidigungsmechanismus, seine ursprüngliche Persönlichkeit verstärkt. Noch mehr und stärker lebt er seine emotionale und gefühlsbetonte Welt aus. Vor allem im melancholischen Bereich bewegen sich seine Gedanken. Erfüllt von Trauer, Schmerz und Ängsten der Einsamkeit stürzt er in ein Loch. Um dem Druck der Melancholie nicht auf unbestimmte Zeit ausgesetzt zu sein, öffnet er sich und geht auf die Menschen zu. Er versucht zu helfen, härter zu arbeiten und mehr zu leisten, um der drohenden Angst vor der Melancholie zu entfliehen. Je nach den Erfolgen, die sich daraus ergeben, schöpft er durch die Bestätigung neue Kraft und geht in seine ursprüngliche Persönlichkeit zurück. Vermisst er aber die Erfolge, wird er ungeduldig und beginnt in seiner Hektik alles anzufangen ohne etwas zu Ende zu bringen. In dieser Stresssituation findet er aber irgendwann wieder Platz und Kraft für neue Aufgaben und neue Kreativität. Darin findet er auch die Distanz, um zu erkennen, dass Kreativität nicht unbedingt mit hoher Emotionalität verbunden sein muss und dass auch ohne große Emotionalität kreative Leistung erbracht werden kann.

Kreativität auch ohne Emotionalität

5.12.5 Der Fünfer

Beobachter

Für den Beobachter gibt es kaum etwas Schöneres als sich zurückzuziehen und zurückzulehnen, um zu beobachten und nachzudenken. Für ihn sind Aufgaben, die ohne beobachten und nachdenken auskommen trivial und Trivialität ist für ihn Zeitverschwendung. Deshalb schränkt er seine Bedürfnisse soweit ein, dass seinen Studien und Gedanken genug Platz und Zeit bleibt. Seine Intim- und Privatsphäre sind privilegiert und nur, wer sich in seinen Augen würdig erweist, erhält Einblick und darf daran teilnehmen. Es bedarf einer großen Vertrautheit zum Fünfer, bis er Menschen in seinen Bereich einlässt und sie daran teilhaben lässt. Er betrachtet sich als ausgeprägt intellektuell mit einem großen Sachwissen. Emotionen sind Bereiche, in denen er sich nicht wohl fühlt.

Charakteristika

- Zurückgezogen,
- beobachtend,
- zurückhaltend,
- distanziert.

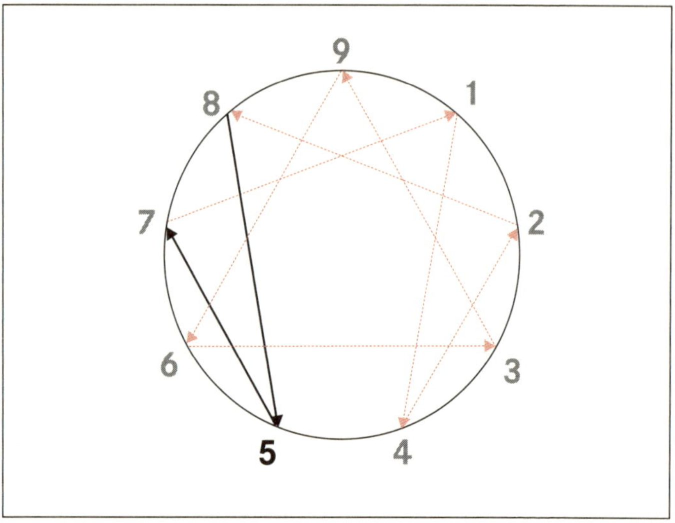

Abb. 43: Der Fünfer im Enneagramm

Fähigkeiten

Zurückgezogenheit

Der Beobachter findet seine Erfüllung in Aufgaben, bei denen er ein Chaos in Ordnung bringen kann. Er schätzt es, sich zurückziehen zu können, um seine Fähigkeiten in einem großzügigen Zeitrahmen auszuleben und sich den Problemen zu stellen. Am liebsten überlässt er die Kommunikation anderen (z. B. Teammitarbeitern oder der Sekretärin). Störungen liebt er gar nicht und bevorzugt die Arbeitszeiten, in denen er keine Unterbrechungen befürchten muss.

Besonders geeignet sind für ihn Berufe und Aufgaben, die eine kontinuierliche Neuorientierung erfordern. Er schätzt es immer wieder, still zu stehen und zu beobachten, wie Prozesse und Systeme sich verändert haben. Innerhalb eines Projektteams füllen ihn Reviewaufgaben völlig aus und er kann seine Fähigkeiten vollständig ausleben.

Risiken

Er kann sich in einem Umfeld von Konkurrenz oder Konfrontation nicht entfalten. Der Beobachter findet es eine Anmaßung und Zeitverschwendung, wenn er an Open-End-Sitzungen teilnehmen oder emotionale Themen wälzen muss. Auch Spontaneitäts- und Kreativitätssitzungen ohne klare und konkrete Ideen sind ihm zuwider. Der Fünfer braucht seine Privatsphäre, um sich bei Bedarf in seine Welt zurückziehen zu können. Sie bedeutet für ihn den nötigen Schutz vor der lärmigen und oberflächlichen Welt. Dies bedeutet, dass er bei unkonventionellen, spontanen und dynamischen Aufgaben überfordert ist und seine Welt bedroht sieht und sich zurückzieht. Die Signale die der Fünfer ausstrahlt, hinterlässt bei den Anderen ein Gefühl der Unsicherheit, ob sie willkommen sind oder nicht. Zusätzlich erscheint der Fünfer grundsätzlich als ein Mensch, der auftritt, seine Befehle, Strategien und Anordnungen weitergibt und dann wieder untertaucht und den anderen den Eindruck vermittelt, dass der Rest ihre Arbeit ist und er eigentlich nichts mehr damit zu tun hat. Dass er bei Problemen und Fragen nicht erreichbar ist, vermittelt den Eindruck, dass man nicht willkommen ist, um Fragen zu klären, da aus seiner Sicht alles gesagt ist und mit normalem Menschenverstand auch keine Fragen mehr auftauchen sollten. Man begibt sich in die Höhle des Löwen mit der Verunsicherung, mit mangelnder Intelligenz abgestempelt zu werden.

Sicherheitsreaktionen

Sobald sich der Fünfer sicher fühlt, entspannt er sich und wird für seine Kollegen zu einem wertvollen Mitarbeiter. Sein beobachtendes und analytisches Denkvermögen wird gepaart mit einer ungeahnten Durchsetzungskraft. Dabei tritt er sehr selbstbewusst auf, erlässt Anordnungen und Aufträge, um sich anschließend wieder in seine eigene Welt zurückzuziehen. In solchen Situationen erscheint er Mitmenschen gegenüber als diktatorisch und überheblich. Er tritt auf, gibt die Befehle aus und taucht wieder unter.

Durchsetzungsstärke

Stresssituationen

Unter Druck will er keine äußeren Eindrücke an sich heran lassen, die seine Stimmung beeinflussen könnten. Er zieht sich vollkommen zurück und ist kaum mehr zu erreichen. Aber gerade in diesen Momenten wären die Fähigkeiten des Fünfers besonders gefragt. Denn er ist jemand, der die Ordnung in das Durcheinander bringt. Oft ist auch eine sich verschlechternde Arbeitsatmosphäre für den zunehmenden Stress verantwortlich. Die Ambivalenz des Fünfers schürt diese Situation zusätzlich. Die Mitarbeiter und Kollegen fühlen sich vom Fünfer alleine gelassen und nicht mit der notwendigen Unterstützung versehen. Sie interpretieren die Reaktion des Fünfers als eine Flucht vor den anstehenden Problemen.

Ordnung ins Chaos

5.12.6 Der Sechser

Seine größten Stärken spielt er aus, wenn ihm der Wind möglichst heftig entgegen bläst und sein Ziel noch in weiter Ferne liegt. Je näher er sich aber seinem Ziel nähert, umso größer werden seine Zweifel und umso mehr zögert er. Der Advokat hinterfragt sein Handeln immer stärker und er überlegt sich, was alles schief gehen könnte. Ist der Erfolg bereits sichtbar, verstärken sich seine Selbstzweifel

Advokat

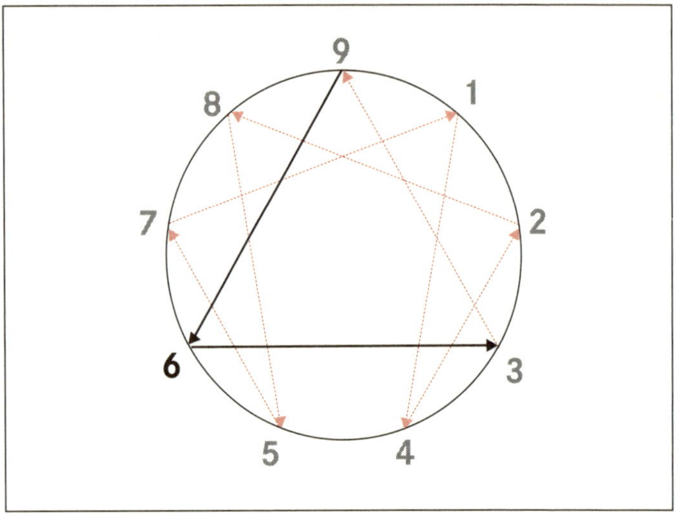

Abb. 44: Der Sechser im Enneagramm

noch mehr, da er die zwangsläufig auftauchenden Nachahmer und Konkurrenten scheut.

Charakteristika

- Loyal,
- misstrauisch,
- skeptisch,
- ängstlich.

Fähigkeiten

Bedürfnis nach klarer Autoritätsstruktur

Je schwieriger die Situation oder die Krise ist, umso entschlossener wird er und handelt auch. Er braucht aber klare Autoritätsstrukturen, damit er sich bewusst werden kann, was ihn erwartet. Das heißt aber nicht, dass er Autorität bedingungslos garantiert, er muss für sich selbst auch die Autorität akzeptieren können. Er ist der geborene Trouble-Shooter. Die Situation muss jedoch zuerst geklärt sein. Die Fragen gehen ihm kaum aus, da er sich nur auf sicherem Untergrund vorwärts bewegen will. Sobald er sich in Bewegung setzt und neue Wege aufreißt, ist er kaum zu stoppen und Mitarbeiter, die ihm folgen, finden ein völlig geklärtes und strukturiertes Gelände vor. Bis er aber soweit ist, orientiert er sich, geht bevorstehende Situationen immer wieder durch. Er überprüft eventuelle Hindernisse, die in seinem Weg liegen könnten und legt Strategien fest, wie er diese wegräumt.

Seine Arbeitswelt sind die Aufgaben, in denen Situationen analysiert und Beweise erbracht werden müssen. In der IT-Branche sind seine bevorzugten Gebiete die organisatorische und finanzielle Planung der laufenden Projekte. Gefahr besteht bei ihm, dass er Arbeiten beginnt, bevor die letzte vollumfänglich abgeschlossen wurde.

Risiken

Kein schneller Entscheider

Seine analytischen Fähigkeiten sind gelähmt, wenn der Erfolgs- und Zeitdruck sehr hoch wird und wenn schnelle Entscheidungen gefordert werden. Um Entscheidungen zu fällen, braucht er Zeit. Zeit um Situationen zu analysieren und zu prüfen, aber dann geht es los und seine Arbeit ist durch Handeln geprägt. Im Zusammenhang mit Autorität benötigt er für gehobene Führungsfunktionen klare Richtlinien, damit er sich nicht lähmen lässt. Denn dies ist einer seiner Schwachpunkte. Sobald klare Richtlinien fehlen, ist er wie paralysiert und nicht mehr in der Lage, nach vorne zu schauen. Genau da fehlt ihm oft auch etwas das Realitätsbewusstsein. Wo andere keine Zweifel oder Fragen mehr sehen, sucht er unvermindert weiter, welche Fragen und Fallen im möglichen Fall noch auf ihn zukommen können. Für diese Vorbereitungen benötigt er oft viel zu viel Zeit und steht mit der Wahrscheinlichkeit in keinem Verhältnis. Fragen nicht mehr beantworten zu können, interpretiert er als sein eigenes Versagen und dies kann er nicht zulassen.

Sicherheitsreaktionen

Tritt eine Phase der Sicherheit bei ihm ein, lässt seine Tendenz nach der perfekten Vorarbeit für die Außenwelt nach. Er wird entspannter, öffnet sich und zeigt weniger Initiative. Da er im Normalfall aber immer unter Hochspannung steht, ist diese Wandlung für die Mitarbeiter sehr positiv und Sie erhalten den Eindruck, dass er zugänglicher wird und seine einzige Fixierung auf seine Aufgaben nachlässt. Diese Reaktion von außen gibt ihm aber das Gefühl, dass seine Schärfe und seine Präsenz nachlässt und er weich und angreifbar wird. Um zu erkennen, dass dies nicht so ist und die Mitmenschen um ihn herum auch gute Arbeit leisten können, ohne dass seine perfekte Vorarbeit notwendig ist, benötigt er einige Zeit. Dann aber ist er in der Lage, sich auf die positiven Ergebnisse seiner Arbeit zu konzentrieren und die Angst, Aufgaben in Angriff zu nehmen, die keine 110%ige Vorarbeit benötigen, verflüchtigt sich.

Stresssituationen

Selbstzweifel

Treten Anzeichen von Stress auf, wird der Sechser von Zweifeln geplagt. Er fühlt sich nicht mehr in der Lage, die wichtigen Aufgaben anzupacken und falls er dies täte, weiß er nicht, ob es das Richtige

Hyperaktivität vs. Angst

ist oder er dies auch richtig tut. Auf der einen Seite will das eine Ich in diesen Phasen aktiv, beinahe sogar hyperaktiv werden, während ihm sein anderes Ich Ängste zuflößt, dass er versagen könnte. Zu diesem Zeitpunkt entscheidet sich oft von außen, welche Seite seines Ichs die Überhand gewinnt. Im positiven Fall übernimmt er neue Aufgaben und ist glücklich, etwas tun zu können, das ihm Erfolg bringt und neue, vernünftige Ziele verfolgen lässt. Überwiegt die Angst, verfällt er in Pessimismus und der Stress kann so zunehmen, dass dies selbst als körperliches Leiden zum Ausdruck kommt. Er bewegt sich immer schneller, ohne zu erkennen, dass er sich auf sein sicheres Ende zubewegt. Für ihn geht es jetzt um alles oder nichts, sein oder nicht sein. Dieser Kampf lähmt ihn immer mehr und er verkrampft sich zunehmend. In diesen Phasen gibt es für ihn nur ein Mittel: lernen, den Stress zu akzeptieren und Möglichkeiten zu finden, sich zu entspannen.

5.12.7 Der Siebener

Grenzen überschreiten

Für ihn besteht die Welt täglich aus Neuem. Grenzen sind für ihn da, um sie zu überschreiten. Originalität, um neue Ideen zu entwickeln, ist seine Stärke. Seine Karriere soll ihm alle Möglichkeiten offen halten, damit er immer wieder neue Chancen ergreifen und nutzen kann. Er arbeitet gerne in einem Team, in dem neue Techniken und kreative Charaktere gefordert sind. Dabei versteht er weniger, dass seine Ideen strikt von einander getrennt werden können. Er liebt es, an Sitzungen teilzunehmen, in der neue Horizonte entdeckt und be-

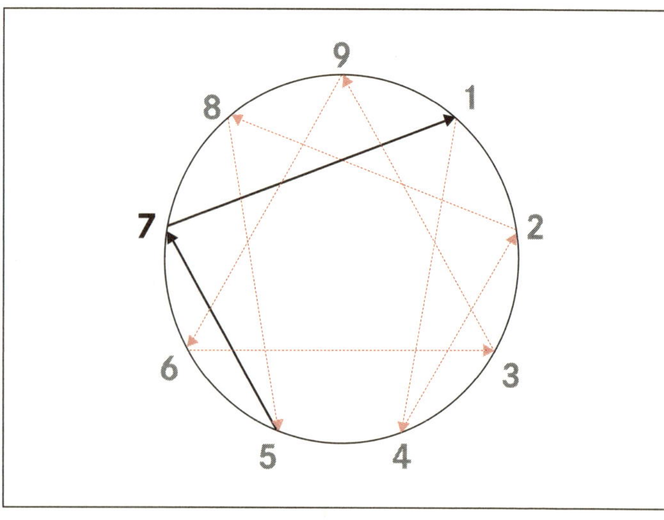

Abb. 45: Der Siebner im Enneagramm

stehende Grenzen überschritten werden sollen. Für ihn ist beinahe nichts unmöglich und je unmöglicher etwas erscheinen mag, umso begeisterter steigert er sich in seine Arbeit.

Nichts ist unmöglich!

Charakteristika

- Optimistisch,
- zukunftsbezogen,
- oberflächlich,
- unersättlich nach Alternativen.

Fähigkeiten

Visionen

Die Frühphase eines Projekts, in der nach neuen Zukunftsvisionen gesucht wird, ist der Ort, an dem sich der Siebner wohl fühlt und seine ganze Stärke ausspielen kann. Informationen aus Umsystemen mit seiner Aufgabe in Einklang zu bringen und Neuanfänge zu suchen und wagen, spornen ihn an. Selbst wenn für andere alle Möglichkeiten erkannt worden sind, ist der Siebner überzeugt, noch eine andere und visionärere Idee zu entdecken. Werden Aufgaben verteilt, die für andere das beinahe Unmögliche darstellen und sie nur an die Hürden denken, die ihnen den Erfolg vereiteln könnten, wird beim Siebner die Abenteuerlust und seine Begeisterung an der Aufgabe geweckt.

Die besten Einsatzgebiete in der Informatik findet der Siebner in der Planungs- und Konzeptionsphase eines spektakulären Projekts. Sind zuvor andere daran gescheitert, wird die Lust und die Begeisterung an der Arbeit für den Siebner nur noch größer.

Risiken

Abneigung gegen Routinetätigkeiten

Aufgaben, in denen heikle und schwierige Verpflichtungen gefordert sind, lähmen ihn. Tätigkeiten, bei denen seine Abenteuerlust gebremst wird, wie zum Beispiel Routinetätigkeiten, wecken sein Desinteresse und er wird lustlos. Ist seine Arbeit zu eingeschränkt und wird er vor allem kontrolliert, kommt seine Kreativität zum Zuge und lässt ihn die Regeln umschreiben oder umbiegen, damit er sein innovatives Spielfeld wieder zur Verfügung hat. Sobald es darum geht, seine Ideen in die Tat umzusetzen und Routine und peinliche Genauigkeit gefordert sind, stößt der Siebner an seine Grenzen und wird leicht fahrig. Ist er erst richtig in Fahrt, kann er nicht mehr gebremst werden. Nicht einmal von der Realität. Vieles findet in seinem Kopf statt, ohne dass er sich der Grenzen bewusst wird, die ihm die Wirtschaft, die Konkurrenz, die Kunden oder die Finanzen auferlegen.

Sicherheitssituationen

Vom Charismatiker zum Einsiedler

Fühlt sich der Siebner sicher, zieht er sich in sich zurück. Er braucht Distanz, um herauszufinden, wie das, was er alles so klar vor Augen hat, auch umgesetzt werden kann. Die Einsamkeit hilft ihm, aus der Fülle der Möglichkeiten einige ein- und andere auszuschließen. Aus dem Charismatiker wird plötzlich ein Einsiedler. Die Personen, die mit ihm zu tun haben, verstehen nicht mehr, was jetzt passiert. Er war immer der mit neuen Ideen, großartigen Veränderungen und revolutionären Visionen. Wo ist er hin und warum zieht er sich so zurück? Der Grund liegt aber vor allem in seiner Unlust, sich definitiv festzulegen. Diese Möglichkeit findet er in der Ruhe, in der ihn niemand stört oder ablenkt. Dort findet er die Möglichkeit, von seinen Fantasien die Brücke zum Machbaren und der Realität zu finden. Diese Antworten findet er nur in sich selbst und keiner kann ihm dabei weiterhelfen. Diesen Entzug aus den Verpflichtungen schafft er aber nur, wenn er sich selbst und seiner Fähigkeiten bewusst ist. Die Sicherheit, dass während seinem Rückzug ihm niemand den Boden unter den Füßen wegziehen kann.

Stresssituationen

Die größte Stresssituation erfährt der Siebner, wenn er nicht mehrere Lösungswege zu einer Aufgabe findet oder ihm einige Optionen entzogen werden. Er hat fünf mögliche Projekte vor Augen, für die er der geeignete Mann zu sein glaubt. Er muss aber zusehen, wie ein Projekt nach dem anderen an Konkurrenten vergeben wird und er im Regen stehen bleibt. Diese Situation versucht er zu umgehen, indem er noch viel mehr als sonst sich in wilde Planungen und Visionen stürzt. Termine sind von ihm kaum mehr zu erhalten, weil er völlig ausgebucht ist und jeder noch so wagen Idee nachrennt. Hilft ihm dies auch nicht weiter, wird er neidisch auf alle anderen. Er sieht mehr Freiheit und mehr Möglichkeiten für alle außer für ihm. Weil er dies nicht versteht und nicht interpretieren kann, greift er jetzt vollends an. Er kritisiert die anderen an allen Enden und Ecken und macht sich über sie bei jeder beliebigen Möglichkeit lustig. Obwohl er sich des Problems bewusst ist, wird seine Aggression noch größer, da er alle Schuld von sicht weist und diese bei den anderen sucht und auch zu finden glaubt. Der Vorteil liegt darin, dass er sich in Stress auf ein einziges Problem konzentriert und alles andere dabei unwichtig erscheint. Durch die Konzentration auf das Problem kann er auch wieder den Weg nach oben finden, durch seinen unbändigen Willen, neue Optionen zu sehen und dies wird ihm über kurz oder lang auch wieder gelingen.

Verzetteln in wilden Visionen

5.12.8 Der Achter

Kontrolle

Kontrolle ist für ihn alles. Zu kontrollieren und nicht kontrolliert zu werden, dafür lebt er und diese Aufgabe verfolgt er hartnäckig. Das beste Mittel, um diese Macht zu kontrollieren, ist für ihn die Konfrontation. Durch eine offene Konfrontation oder Aussprache stellt er fest, wie weit er die Kontrolle aus der Hand geben darf, um sie zu jedem Zeitpunkt wieder zurückzuholen. In diesen Situation findet er auch das wahre Gesicht seiner Mitstreiter, Kontrahenten, Untergebenen oder Vorgesetzten. Die Mitmenschen sollen sich bewusst sein, dass sie stets kontrolliert werden. Wenn aber alles rund läuft beschützt er sie aber auch.

Charakteristika

- Besitzergreifend,
- konfrontierend,
- schützend,
- vertrauensvoll.

Fähigkeiten

Energisch und aggressiv

Seine energischen und aggressiven Führungsqualitäten zeichnen ihn aus, er kann seine Mitarbeiter aber auch motivieren und sie mitreißen. Führungspositionen sind sein angestammter Platz. Er hat die Voraussetzungen, um große Projekte voranzutreiben. Um diese Ziele zu erreichen, findet er den richtigen Mix zwischen Druck, Unnachgiebigkeit und Unterstützung, damit sein Team auch die Ziele

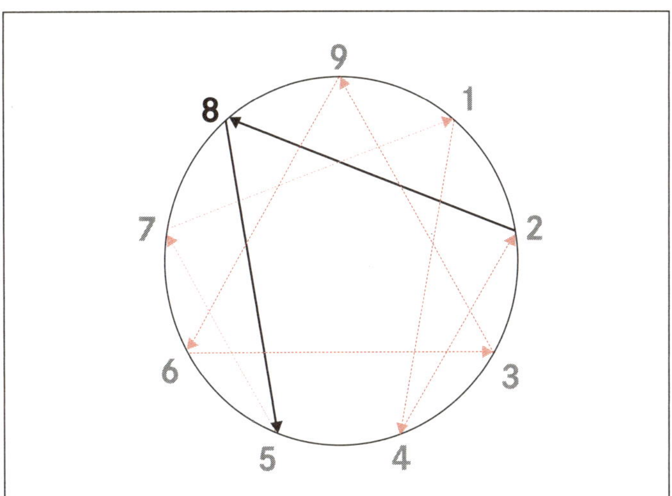

Abb. 46: Der Achter im Enneagramm

nach seinen Vorstellungen erreicht. In seiner Auffassung ist es die Aufgabe der Starken, die Schwachen zu dominieren. Dadurch geht er konstant davon aus, dass Mitarbeiter in höher gestellten Positionen versuchen, ihn zu dominieren. Gleichzeitig bedeutet das für ihn aber auch, dass er sich vor seine Mitarbeiter stellt und ihnen allen Schutz bietet, den er bieten kann.

Er ist bestens für Positionen geeignet, in denen die Macht bei einer Person liegt. Er ist der General auf dem Schlachtfeld. Geht es um Projekte, die aufgrund persönlicher Gründe festgefahren sind, ist er am richtigen Ort. Wo er das Feld betritt, wird zugehört. Seine Fähigkeiten, die Macht zu übernehmen und Gerechtigkeit walten zu lassen, gehen auf seine Mitmenschen über.

Risiken

Bedürfnis nach klaren Rahmenbedingungen

Aufgaben, die diplomatisches Geschick erfordern oder bei denen er Befehle ausführen muss, liegen ihm überhaupt nicht. Er will klare Richtlinien und Rahmenbedingungen, in denen er seine Stärken ausleben kann, da er bei versteckten Machtspielen und Manipulationen sehr empfindlich reagiert. Zudem will er nicht von den Urteilen des Vorgesetzten abhängig sein. Ihm fehlt auch das Geschick, die Kunden zu deren Vorteil zu beraten. Er wird auch in diesen Positionen bemüht sein, die Macht und die Kontrolle einzunehmen und dem Kunden erzählen, was er braucht und was unnötig ist. Diese Dominanz kommt bei Kunden schlecht an und sie werden sich Konkurrenten zuwenden, die sie unterstützen und nicht dominieren. Sind sich die Mitmenschen der Qualitäten des Achters bewusst, ist es leicht, Informationen so darzustellen, als würden sie unfair behandelt und die Konfliktperson versuchte, die Macht in der Abteilung des Achters zu übernehmen. In seiner Position als extrovertierter Machthaber, dessen Alarmsignale schnell auf Sturm schalten, ohne die Situation aus verschiedenen Sichten zu betrachten, wird er auch manipulierbar.

Sicherheitssituationen

Drang nach Kontrolle lässt nach

Unter dem Motto »Wenn es mir gut geht, geht es den anderen auch gut. Wenn es mir schlecht geht, sollen es die anderen auch nicht besser haben« bewegt er sich in Situationen der Sicherheit. Wenn er sich und seiner Position sicher ist, geht er auf die Menschen zu und öffnet sich. Er lässt andere an sich ran. Je länger das Gefühl der Sicherheit andauert, umso mehr lässt der Drang nach Kontrolle nach. Während er sich in seiner ursprünglichen Konstellation keine Gedanken macht, ob die Leute ihn mögen oder nicht, ändert er sich mit dem Gefühl der Sicherheit im Rücken. Plötzlich wird es ihm wichtig, was andere von ihm halten und er will anderen seine Hilfe mit dem Ziel anbieten, dass er gemocht wird. In dieser Phase kommt seine Emotionalität zum Vorschein und er wird gegenüber Gefühlen verletzlich oder empfänglich. Er nimmt plötzlich auch wahr, dass Vorgesetzte von ihm sich schützend vor ihn stellen können und ihm ihre Hilfe anbieten wollen.

Öffnung für Gefühle

Stresssituationen

Treten Anzeichen von Stress auf, entwickelt der Achter seine ganze Verteidigungsstrategie auf der gesamten Ebene. Die Aufmerksamkeit richtet sich auf den Angreifer, das zum Opfer seiner Macht werden muss. Er sucht nach möglichen Schwachpunkten seines Gegenübers, wägt alle Vor- und Nachteile ab. Er hält sich bewusst zurück, damit das Opfer möglichst unvorbereitet von seiner Angriffswelle getroffen wird. Hat er die Schwachstelle ausgemacht, schlägt er unverhofft und mit allen Möglichkeiten seiner Macht zu. Gewinnt er die Schlacht, kehrt er mit erhobenem Haupt an die Stätte seines Wirkens zurück. Erkennt er aber, dass ihm eine Niederlage droht, zieht er sich zurück, um von dort aus mit noch größerer Vehemenz weiterzukämpfen. In diesen Zeiten muss er sich bemühen, seine Frustration und sein Zorn nicht ungefiltert über alle auszuschütten, die sich in seinem Umfeld bewegen. Darunter könnten doch einige sein, die ihm gut gesinnt sind. Merkt er jetzt, dass auch dies nichts nützt, zieht er sich mit strategischen Mitteln vollständig zurück. Er will mächtig erscheinen und deshalb versteckt er sich vor den anderen und leckt seine Wunden. Er versucht, neue Kräfte zu sammeln, um, wenn Gras über die Sache gewachsen ist, wieder aufzutauchen und so zu tun, als ob nie etwas geschehen wäre. Treten in den Zeiten der Schwäche Menschen an ihn heran, die ihm ein Angebot unterbreiten, aus seiner Position aufzutauchen, ohne dass er das Gesicht verliert, hat diese Person die Freundschaft des Achters für immer gewonnen.

Angriff

5.12.9 Der Neuner

Der Vermittler strebt nach Friede und Harmonie. Um dies zu erreichen, neigt er auch dazu, seine Bedürfnisse hinter die der anderen zurückzustellen. Er sieht alle Vor- und Nachteile der betreffenden Personen und dadurch verliert er die Priorität zu seinen persönlichen Zielen. Je länger er in eine Aufgabe involviert ist, umso schwieriger wird es für ihn, Nein zu sagen. Er spürt, dass seine Bedürfnisse dabei zu kurz kommen und anstatt wütend zu werden, wird er starrköpfig und versteift sich in einer Situation, die für ihn gar nicht die entsprechende Priorität besitzt. Er arbeitet nach dem Trägheitsprinzip: Ist er einmal in Schwung, kann er kaum gebremst werden, ist er aber zum Stillstand gekommen, benötigt er sehr viel Energie, um wieder auf Geschwindigkeit zu kommen.

Vermittler

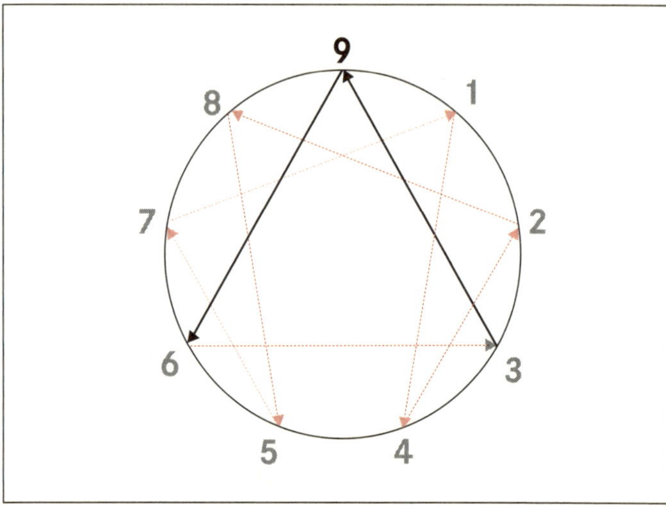

Abb. 47: Der Neuner im Enneagramm

Charakteristika

- Ambivalent,
- gefällig,
- starrköpfig,
- sich selbst vergessend.

Fähigkeiten

Ruhender Pol

Weil er alle Positionen zu verstehen versucht, fühlen sich Menschen in seiner Umgebung wohl und akzeptiert. Dadurch ist eine Vermittlerrolle die optimale Aufgabe für ihn. Er wägt alle Situationen ab, qualifiziert und bewertet sie. Er ruht nicht, bis er das Optimum erreicht hat. Er scheint für die anderen der ruhende Pol in der Brandung zu sein. Er neigt dazu, alles und alle zu unterstützen, solange er sich entschieden hat, was er davon halten soll und ob es gut oder schlecht ist. Er ist bemüht, Situationen und Probleme als Ganzes zu betrachten und nicht dazu zu verfallen, diese vom Ganzen zu isolieren.

Ganzheitliches Denken

In der Arbeitswelt findet er in Bereichen seine Befriedigung, in denen sein globales und ganzheitliches Denken gefragt ist. Er ist der geborene Berater einer Machtperson. Er unterstützt den Durchsetzungswillen mit seiner Fähigkeit, Probleme im ganzheitlichen Rahmen zu sehen. Strategieplanungen können mit einem Neuner sehr kreativ werden, wenn er auch Mühe hat, sich unwiderruflich festlegen zu müssen.

Risiken

Abneigung gegen Veränderung

Für den Vermittler bedeuten imageträchtige Aufgaben oder Positionen ein bedeutendes Risiko, da er zu Gunsten der Allgemeinheit sich schlecht oder gar nicht verkauft. Ist er einmal in Schwung, gibt es für ihn nichts Schlimmeres als bedeutende Änderungen von Abläufen, Prioritäten und Vorgängen. Er bevorzugt es, sich in einem unveränderlichen Arbeitsablauf zu bewegen. Es ist schlimm für ihn, wenn er sich aufgrund von Veränderungen neu orientieren muss. Hat er doch alle Einflüsse berücksichtigt, alle Argumente in die Vorstellung, wie das Problem zu lösen ist, eingebunden und plötzlich wird er mit einer Korrektur des Weges konfrontiert, die seine Vorstellung zunichte machen könnten. Der Neuner versucht in Konfliktsituationen alle Parteien zu verstehen und vermittelnd eine Lösung oder einen Konsens zu finden. Er ist aber bemüht, nicht zwischen die Fronten zu geraten und wird sich deshalb nicht festlegen, damit er nicht zur Angriffsfläche von anderen werden kann. Er konzentriert sich auf das Zuhören und vergisst dabei seine eigenen Interessen. Er möchte seine Beliebtheit steigern, indem die anderen sich von ihm verstanden fühlen.

Sicherheitssituationen

Der Neuner vermittelt nach außen das Gefühl von Ruhe und Nachdenklichkeit. Um bei ihm das Gefühl der Sicherheit zu wecken, braucht der Neuner klare und strukturierte Richtlinien. Unter diesen Voraussetzungen wird der Neuner zum Arbeitstier und seine Produktivität erreicht ungeahnte Höhen. Seine Außenwelt ist überrascht, wie aktiv und dynamisch der Neuner sein kann, da sie ihn immer so ruhig und überlegt erlebt haben. Die Energie des Neuners ist jetzt völlig geweckt und sein Tatendrang und seine Leistungsbereitschaft steigern sich. Dabei wird auch sein ursprüngliches Interesse an Prestige und Reichtum geweckt. Er will in dieser Situation aber seiner selbst willen geschätzt werden. Es ist für ihn wichtig zu spüren, dass er aufgrund seiner Person anerkannt und geliebt wird und nicht aufgrund dessen, was er geleistet hat. Die Gefahr in dieser Situation ist, dass sich der Neuner nicht für Projekte seiner eigenen Entscheidung begeistert, sondern für jene Projekte die ihm nahe stehende Menschen als begeisterungswürdig deklariert haben. So wird sein ganzes Tun eher mechanisch und ist stets von der Beurteilung von Außenstehenden abhängig.

Sicherheit = optimale Arbeitsbedingungen

Stresssituationen

Für den Neuner zählen Konflikte zu den größten Stresssituationen überhaupt. Er aktiviert seine Verteidigungsmechanismen. Bereits in seiner ursprünglichen Persönlichkeit wirkt der Neuner als ruhender

Unauffällig

Pol. Unter Stress wird er alles tun, um diesen Eindruck in verstärkter Form zu vermitteln. Nur nicht auffallen und keine Angriffsfläche bieten, lautet jetzt seine Devise. Er verrichtet seine Arbeit streng nach Plan und achtet darauf, dass er nicht durch eine große Leistung auffällt und zum Mittelpunkt wird. Alles was ihn in den Mittelpunkt bringen könnte, bedeutet für ihn eine große Gefahr, eine offene Konfrontation auszulösen. Dies ist seine große Abneigung und Angst zugleich. Diese Situation hält so lange an, bis ein Gefühl der Sicherheit zurückkehrt und er sich wieder öffnen kann. Die Gefahr besteht, dass die Termine knapp werden, bevor er die Sicherheit zurückerlangt hat. Entsteht ein Druck durch die Erfüllung von Aufträgen oder Aufgaben, deren Zeit nahezu abgelaufen ist, wird sein Adrenalin zu Höchstwerten gepumpt. Damit kann der Neuner aber nicht umgehen und seine Nerven beginnen zu flattern. Sie werden in diesen Phasen sehr ambivalent und suchen Schuldzuweisungen bei sich und den anderen. Auf der einen Seite ist er sich bewusst, dass er genügend Zeit zur Verfügung hatte, um die Arbeit ohne Stress zu Ende zu bringen. Auf der anderen Seite aber fühlt er sich in seiner Gutmütigkeit ausgenutzt und in diesen Situationen alleine gelassen, also ist es die Schuld der anderen. In dieser Ambivalenz kann er aber die Kraft finden, sich auf seine ganz persönlichen Bedürfnisse zu konzentrieren und dynamisch wieder zum Vorschein zu kommen.

Glossar

ABC-Analyse
Wichtige Technik zur Aufbereitung von Informationen (Pareto-Analyse, Lorenz-Technik). Technik zur Ermittlung von Kenngrößen aus Massendaten, dabei wird Wichtiges von Unwichtigem getrennt.

Abdeckungsmaß (coverage measurement)
Maß für den Erfolg im White-Box-Test. Im Test werden alle Verzweigungen in beiden Richtungen von Testfällen durchlaufen.

Ablaufanalysen
Die Analyse von Abläufen hat diagnostischen Charakter im Zusammenhang mit logischen, zeitlichen und räumlichen Folgen von menschlichen oder technischen Verrichtungen.

Ablaufdiagramme
Diese werden zur Darstellung der diagnostizierten Abläufe mit einem grafischen Hintergrund verwendet. Durch die Verwendung von Symbolen wird der Ablauf einer Funktion grafisch erkennbar.

Abstraktion
Durch die Abstraktion wird ein Einzelfall verallgemeinert und generellen Strukturmerkmalen zugeordnet. Das Schwierige ist, die wichtigen Information aus den unzähligen Details zu selektieren.

Analogiemethode
Die Analogie ist die erkenn- und bewertbare Ähnlichkeit von Objekten, Funktionen oder Elementen in Bezug auf die Form, die Eigenschaft oder der Funktion untereinander. Sie liegt zwischen der vollständigen Gleichheit und vollständiger Verschiedenheit.

Analyse
Bei der Analyse handelt es sich um eine systematische Untersuchung eines Problems durch die Gliederung in kleinere und überschaubare Einheiten.

Analysetechniken
Es handelt sich um Instrumente zur Zergliederung und Untersuchung von Strukturen, Beziehungen und Abläufen bestehender oder geplanter Systeme.

Anweisung
Arbeitsvorschrift, die in einer beliebigen Sprache (in der EDV meist: Programmiersprache) angibt, dass eine bestimmte Operation ausgeführt werden soll. In der EDV handelt es sich dabei um eine präzise Vorschrift, auf Grund welcher ein Rechner entweder unmittelbar (Maschinensprache) oder nach Umwandlung (Übersetzung) eine eindeutige Funktion ausführt.

Anwendersoftware
Software, die direkt auf die speziellen Bedürfnisse der Anwender eingeht. Im Gegensatz zu: Systemsoftware bzw. Betriebssystem.

Äquivalenzklassenanalyse
Diese Analyseform wird bei der Black-Box-Testmethode angewandt. Der zugelassene Wertebereich der Eingangsvariablen wird in Klassen unterteilt, einen gültigen, ungültigen oder nicht erlaubten Wert.

Arbeitsablaufpläne
Arbeitsablaufpläne dienen der Darstellung von Analysen durch die Zergliederung von Gesamttätigkeiten über Arbeitsvorgänge bis in Arbeitselemente unter Berücksichtigung des räumlichen und zeitlichen Zusammenwirkens von Menschen oder technischen Gegenständen.

Architektur
Einheitliches Regelwerk, z. B. für den Aufbau, die Schaltkreise und deren Datendarstellung im Hardwarebereich oder den Aufbau, die syste-

matische Gliederung der unternehmensweiten Anwendungen im Bereich der Unternehmensarchitektur.

Attribute
Sie beschreiben die Eigenschaft eines Objekts. Z. B. ist der Geburtstag ein Attribut aller Daten über eine Person auf der Einwohnerkontrolle einer Gemeinde.

Attribute Listing
Beim Attribute Listing handelt es sich um eine Kreativitätstechnik, die dem morphologischen Kasten ähnelt. Ausgehend von einer Lösung werden Eigenschaften, Funktionen und Wirkungen auf weitere Ausprägungen untersucht.

Balkendiagramm
Hilfsmittel zur Darstellung der zeitlichen Anordnung von Vorgängen und Laufzeiten.

Beeinflussungsmatrix
Wirkungsnetze.

Befragungstechniken
Befragungen erfassen Informationen in mündlicher oder schriftlicher Form von einem ausgewählten Personenkreis.

Benchmarking
Vergleich des eigenen Unternehmens mit dem besten auf dem Markt.

Beobachtungstechniken
Die Beobachtung findet durch Inaugenscheinnahme statt. Es umfasst die Möglichkeiten der teilnehmenden Beobachtung, Arbeitsanalysen und Selbstaufschreibungen statt.

Bestandsdaten
Daten, die der Bestandsführung dienen (z. B. Lagerbestand).

Betriebsdatenerfassung
Speziell auf Fertigungsbetriebe ausgerichtete Art der Datenerfassung direkt an den Entstehungsorten.

Bewegungsdaten
Daten, die der Veränderung von Bestandsdaten dienen (z. B. Lagerentnahmen oder -zugänge).

Bewertungstechnik
Diese Technik wird verwendet um Handlungs- und Lösungsvarianten in Bezug auf die Ziele deren Reihenfolge und Vorteile zu ordnen.

Black-Box-Methode
Reduzierung des Systems auf den interaktiven Datenaustausch zu den Umsystemen und der Umwelt. Der innere Aufbau des untersuchten Systems wird dabei außer Betracht gelassen und beschränkt sich lediglich auf die Auswirkungen durch den Input und den Output auf das System.

Bottom up
Bei einem Bottom-up-Verfahren werden zuerst alle Details gelöst, bevor man in höheren Hierarchieebenen weiterarbeitet. Beispiel: Beim Programmieren beginnt man zuerst mit denjenigen Funktionen, die keine kleineren Bausteine verwenden. Dann arbeitet man nach oben weiter. Die Top-down-Methode geht umgekehrt vor.

BPR
Business Process Reengineering. Beruht auf einem radikalen Hinterfragen bestehender Funktionen, Prozesse, Organisationsstrukturen und Beziehungen mit der Konsequenz zu verändern und zu eliminieren.

Brainstorming
Technik zur Förderung der Kreativität während der Lösungssuche. Die Lösungsideen werden intuitiv und assoziativ ohne Bewertung gesammelt.

Communication Network Management
Ein Managementsystem zur Behandlung von Problemen und Veränderungen in einem Netzwerk. Dies wird durch einen Mitarbeiterstab gebildet, der Benutzer in der Anwendung und Problembehebung der Systemsteuerung und des Netzwerks unterstützt.

CRM
Customer Relationship Management. Das Anwendungsgebiet, das sich mit den vielfältigen Beziehungen des Unternehmens mit den Geschäftspartnern befasst.

Darstellungstechniken
Hilfsmittel zur Erhöhung der Aussagekraft von aufbereiteten Datenmengen und verbalen Beschreibungen.

Datenbank
Engl.: Database. Zusammenfassung aller Datenelemente eines Informationsbereiches, wobei ihre Speicherungsform Verknüpfungen ermöglichen und unabhängig von Anwenderprogrammen sein soll. Es muss ein Zugriff auf die Datenbestände hinsichtlich verschiedener Abfragekriterien möglich sein, um komplexe Verarbeitungen aller Applikationen eines umfassenden Informationsbereiches zu gewährleisten.

Datenschutz
Schutz vor Datenmissbrauch, speziell bei personenbezogenen Daten.

Datensicherung
Gesamtheit aller organisatorischen und technischen Massnahmen, die gegen Verlust, Fälschung und unberechtigten Zugriff bei Daten durch technische Ursachen, menschliches Versagen und unberechtigte Eingriffe sichern sollen. Sicherheitsmassnahmen können baulicher, personeller, technischer oder organisatorischer Art sein.

Design
Das Design ist ein logischer Entwurf einer Dateiorganisation, Formulargestaltung, Programme, Problemhandling usw.

Entscheidungstabelle
Formalisiertes Verfahren zur kompakten und übersichtlichen Darstellung komplizierter Entscheidungssituationen. Dabei wird eine tabellarische Zuordnung von Bedingungen und davon abhängigen Aktionen nach einem fest vorgegebenen Schema getroffen.

Entscheidungstheorie
Diese Theorie befasst sich mit Situationen, in denen Handlungsmöglichkeiten mit gewissem oder ungewissem Ausgang bestehen.

Exponentielle Glättung
Verfahren zur Erstellung von kurzfristigen Prognosen im Rahmen der Nutzungsphase. Es handelt sich dabei um einen Spezialfall der Mittelwertbildung.

Evaluation
Abschätzung, Bewertung, Auswertung. Vorgehensetappe im Rahmen des Phasenkonzepts, die den Zweck hat, von mehreren konkurrierenden Angeboten das bestmögliche auszuwählen.

Expertensysteme
Als Expertensystem bezeichnet man so genannte wissensbasierte Programme, die in einem abgegrenzten Anwendungsbereich eine menschenähnliche Problemlösungsfähigkeit erreichen. Sie sind ein Teilgebiet der so genannten künstlichen Intelligenz (KI). Die Grundidee besteht darin, menschliche Experten zu imitieren, die nicht nur über Fachwissen, sondern auch über einen Schatz von Erfahrungswissen verfügen. Die bisher bekanntesten Anwendungen stammen aus der medizinischen Diagnostik sowie im betriebswirtschaftlichen Bereich aus der Steuerberatung, der Anlageberatung u.Ä.

Flussdiagramme
Sie entsprechen grundsätzlich dem Blockschaltbild, enthalten jedoch noch die Mengendurchsätze.

Fragebogentechnik
Informationsbeschaffungstechnik durch die schriftliche Beantwortung von Fragen über Sachverhalte und Probleme von Personen, deren Auffassung in einem bestimmten Zusammenhang stehen und von Bedeutung sind.

Funktionstest
Der Funktionstest wird bei der Black-Box-Testmethode angewandt. Ohne Betrachtung der einzelnen Befehle und Funktionen innerhalb der Black-Box. Getestet werden die möglichen Eingabewerte und die daraus resultierenden und zu erwartenden Ausgabewerte.

Graph
Durch einen Graphen werden die Zusammenhänge eines Phänomens unter Verwendung von Pfeilen, Strecken, Flächen und Punkten dargestellt.

Groupware
Software zur Unterstützung der elektronischen Post, Zeit- und Kalendermanagement und Ressourcenplanung innerhalb von Gruppen.

HD
Magnetisches Plattenspeichersystem unter der gebräuchlichen Bezeichnung Hard Disk.

Histogramm
Eine Menge von Elementen eines bestimmten Symptoms werden in Treppen- oder Säulenform dargestellt.

Hochrechnungsprognosen
Liegen vergleichbare Vergangenheitsdaten zu bestimmten Zusammenhängen vor, die nicht nur zufällige Stichproben sind, wird die Hochrechnungsprognose für kurzfristige Zukunftsschätzungen angewandt.

Image
Engl. für Abbild, das auf einer punktmäßigen Darstellung der Information sorgt.

Informationsbeschaffungsplan
Der Plan dient der Übersicht, Organisation und Koordination der Informationsbeschaffung. Er hält fest, welche Information zu welchem Zeitpunkt unter wessen Verantwortlichkeit und mit Unterstützung welcher Technik gesammelt werden.

Input
Der Input definiert alle Informationen oder Informationsträger, die auf das betrachtete Objekt eine Eingabeinformation liefern.

Interview
Durch persönliche, mündliche Befragungen werden Informationen über Sachverhalte und Probleme, die in einem bestimmten Zusammenhang und von Bedeutung sind, erhalten.

Kennzahlen
Es handelt sich um numerische Abbildungen von Sachverhalten, die in Relation zu einer bestimmten Größe stehen. Sie können einerseits als Verhältniszahl oder als absolute Größe dargestellt werden.

Kepner-Tregoe
Die Methodik nach Kepner-Tregoe stellt einen Leitfaden zur Lösung von Alltagsproblemen auf der Führungsebene dar.

Korrelationsanalyse
Es handelt sich um ein statistisches Verfahren, bei dem der Grad und die Stärke von Abhängigkeiten von Zufallsvariablen untersucht werden. Sie ergänzt die Regressionsanalyse durch die Angabe eines Streumaßes.

Kosten-/Nutzenrechnung
Auch als Cost Benefit Analysis bezeichnet, ist eine Bewertungstechnik, die ein gesamtwirtschaftliches oder einzelwirtschaftliches Vorhaben beurteilt.

Kreativitätstechniken
Die Kreativitätstechniken unterstützen das aktive Verhalten in Bezug auf Einfälle und die Erhöhung der Wahrscheinlichkeit, schnelle, gute und teilweise unkonventionelle Lösungen zu finden.

Layout
Gestaltung der visuell übermittelten Informationen. Im Allgemeinen handelt es sich um die grafische Gestaltung von Drucklisten unter Berücksichtigung der Benutzeranforderungen, Formularen und Bildschirmmasken.

Lebenszyklus
Der Lebenszyklus umschreibt den Verlauf eines Produkts bis zu seiner Ablösung. Unterteilt wird es in die Abschnitte des Entwurfs, der Entwicklung, des Tests, der Übergabe an die Produktion und den Benutzer, des Betriebs oder Wartungsphase und schlussendlich dem Ersatz durch ein Nachfolgeprodukt.

Meilenstein
Ein Meilenstein umfasst eine Menge von Aktivitäten innerhalb eines Projektverlaufs. Es handelt sich dabei um überschaubare Prozesse und Funktionen, die zu einem bestimmten Zeitpunkt vollständig abgeschlossen sein müssen.

Modell
Eine Abbildung eines virtuellen oder realen Systems, das durch einen Abstraktionsvorgang nur die für das Modell relevanten Systemkomponenten darstellt.

Morphologie
Dies ist eine Kreativitätstechnik, mit der systematisch eine Vielzahl von Lösungen gesucht wird.

Multimomentaufnahme
Aus stichprobenartig entnommenen Momentaufnahmen werden statistisch gesicherte Häufigkeiten und Zeitauslastungen gewonnen. Sie gehört zu den Beobachtungstechniken.

Netzplantechnik
Die verschiedenen Methoden der Netzplantechnik sind Hilfsmittel, um komplexe Abläufe, deren logische Verknüpfungen und zeitliche Bedingungen zu planen.

Nutzwertanalyse
Mit der Nutzwertanalyse werden Lösungsvarianten bewertet. Eingesetzt wird die Nutzwertanalyse, wenn mehrere Teilziele berücksichtigt werden müssen und die Messung der einzelnen Teilziele verschiedenen Skalen unterliegen.

Objektstrukturplan
Diese Methode zielt auf die hierarchische Darstellung eines zu gestaltenden Objekts oder Systems.

Organigramm
Ein Organigramm stellt die betriebliche Aufbaustruktur dar, in der jeder Position eine Funktion und eine Person oder Gruppe zugeteilt wird.

Panelbefragungen
Bei einer bestimmten Personengruppe werden bestimmte Sachverhalte unter Anwendung der gleichen Fragen über einen vordefinierten Zeitraum Informationen beschafft.

Pflichtenheft
Das Pflichtenheft enthält den gewünschten Leistungsumfang eines Produkts. Es ist die Grundlage für die Auswahl und möglicherweise die Anwendung eines Produkts.

Phasenkonzept
Unter dem Phasenkonzept versteht man die Aufgliederung eines Projekts in mehrere eindeutig voneinander abgegrenzten Projektphasen, unter der Berücksichtigung der Komplexität eines Vorhabens.

Problemlösungsbaum
Wird auch Variantenbaum oder Relevanzbaum bezeichnet und ist eine analytische-systematische Kreativitätstechnik. Dient als Hilfsmittel zur übersichtlichen Darstellung komplexer Sachverhalte.

Prognosetechniken
Diese Techniken befassen sich mit den zu erwartenden Tendenzen und Situationen, die durch intuitive oder analytische Techniken erarbeitet werden.

Projektmanagementsystem
PC-gestützte PM-Programme orientieren sich im Wesentlichen auf die Netzplantechnik mit unterschiedlicher Zusatzfunktionalität für die administrative Abwicklung eines Projekts. Ziel ist die Planung und die Überwachung von Projekten.

Projektstrukturplan (PSP)
Der PSP ist eine grafische Übersicht, die Arbeitsinhalte und Objekte abgrenzt. Basis für den PSP können Objekte, Aufgaben oder Phasen sein.

Randwertanalyse
Es handelt sich dabei um eine Methode des Black-Box-Tests. Die Ein- und Ausgabedaten werden auf die Gültigkeit an den Grenzen des Gültigkeitsbereichs untersucht.

Regressionsanalyse
Es handelt sich um eine Methode der mathematischen Statistik. Die Regressionsanalyse beschäftigt sich mit der Art des Zusammenhangs zwischen den untersuchten Variablen.

Review
Im Review wird ein vorgelegtes Ergebnis im Rückblick auf die Planung, Qualität und Funktionalität kritisch begutachtet.

Risikoanalyse
Analyse der bewertbaren Schadenpotenziale und der Ausfallfolgen unerwünschter Ereignisse. Sie befasst sich mit den möglichen Gefährdungen für die Technik und die Menschen und stellt sie der Wahrscheinlichkeit des Eintreffens gegenüber.

Schwachstellenanalyse
Durch die Schwachstellenanalyse werden betriebliche Mängel gesucht, um im Systementwurf diese künftig zu vermeiden. Sie ist ein wichtiger Bestandteil der IST-Analyse.

Simulationstechnik
Unter einer Simulation werden Methoden verstanden, um komplexe Vorgänge und das Verhalten von Systemen in der Realität oder realitätsnah nachzuvollziehen.

SLA
Durch das Service Level Agreement werden Vereinbarungen der betrieblichen Leistung getroffen.

Software-Engineering
Definiert die Entwicklung und die Wartung von Software nach wirtschaftlichen Gesichtspunkten unter Einbezug eines standardisierten Verfahrens.

Spezifikation
Die Spezifikation beschreibt die widerspruchsfreie Beschreibung eines Programms oder einer Gesamtlösung.

Spieltheorie
Durch Gesellschaftsspiele sollen Entscheidungen erarbeitet werden, unter der Einhaltung vordefinierter Regeln. In spezieller Form wird im Spiel die Kreativität gefördert und Zwänge abgebaut.

Szenariotechnik
Durch die Anwendung der Technik auf der Basis von Szenarien werden zukünftige Situationen beschrieben und erarbeitet und der Weg dahin abgebildet.

Tabellenkalkulation
Sie erlauben das bequeme Erstellen einer Tabelle oder Matrix, in der Veränderungen einfach durchgeführt, kalkuliert und überwacht werden können.

Top Down
Mit der Top-Down-Strategie wird eine Problemstellung von oben nach unten abstrahiert, um mit fortschreitender Entwicklungsphase bei der Problemlösung die Komplexität zu verringern.

Ursachenmatrix
Die Ursachenmatrix analysiert die ursächlichen Zusammenhänge. Die Spalten stellen dabei die verschiedenen Symptome dar, während in den Zeilen die Ursachen aufgelistet werden.

Vernetztes Denken
Es handelt sich um einen Problemlösungsansatz, der auf dem ganzheitlichen Denken basiert. Dabei werden die größeren Zusammenhänge der vorliegenden Situation oder des Problems betrachtet.

Wirkungsnetz/Beeinflussungsmatrix
Durch die Betrachtung der Wirkungszusammenhänge in der gesamten Komplexität werden Schlussfolgerungen für das weitere Vorgehen und Maßnahmen abgeleitet.

Wirtschaftlichkeitsrechnung
Durch die Rechnung wird ein einzelnes Vorhaben bewertet und beurteilt. Es werden im Vergleich mehrere Varianten auf ihre aktuelle und künftige Wirtschaftlichkeit bewertet.

Zielkatalog
Zusammenstellung der Gesamt- und Teilziele in strukturierter Form.

Literaturverzeichnis

Projektmanagement

Borchardt, Hans-Jürgen/Harms Henning: Strategisches Kommunikations-Management, Heidelberg, 1998

Burghardt, Manfred: Einführung in Projektmanagement, Erlangen, 2002

Clutterbeck, David/Kernaghan Susan: Empowerment. So entfesseln Sie die Talente Ihrer Mitarbeiter, Landsberg, 1995

DeMarco, Tom: Der Termin. Ein Roman über Projektmanagement, München, 1998

Foy, Nancy: Empowering at work, Empowerment an der Arbeit, Aldershot, UK, 1997

Haberleitner, Elisabeth/Deistler, Elisabeth/Ungvari, Robert: Führen, Fördern, Coachen. So entwickeln Sie die Potenziale der Mitarbeiter, München, 2003

Hormann, John: Anstiftung zur persönlichen (R)evolution, München, 1991

Koch, H.P./Wittwer, J.: Informationsmanagement ist Chefsache: Manager und Informationsspezialisten im Team, Zürich, 1997

Kostka, Claudia/Kostka, Sebastian: Der kontinuierliche Verbesserungsprozess, Methoden des KVP, München, 2002

Kriegel, R./Brandt D.: Das letzte Muh der heiligen Kuh, Wien, 1996

Küchle, Erwin: Menschenkenntnis für Manager. Der Schlüssel zum anderen, München, 1995

Ledoux, Joseph: Das Netz der Gefühle, Ulm, 1998

Lehmann, Günter: Das Interview. Erheben von Fakten und Meinungen im Unternehmen, Renningen, 2000

Lundin, Stephen C/Paul, Harry/Christensen, Paul: Fish. Ein ungewöhnliches Motivationsbuch, München, 2001

Maass, Evelyne/Ritschl, Karsten: Teamgeist. Spiele und Übungen für die Teamentwicklung, Paderborn, 1997

Maslow, Abraham H.: Motivation und Persönlichkeit, Hamburg, 1981

Mayer, Horst O.: Interview und schriftliche Befragung, Oldenbourg, 2002

Mayershofer, D./Kröger, Hubertus A.: Prozesskompetenz in der Projektarbeit, Heidelberg, 2001

Mindell, Arnold: Mitten im Feuer, Gruppenkonflikte kreativ nutzen, München, 1997

Mohl, Alexa: Der Zauberlehrling. Das NLP Lern- und Übungsbuch, Paderborn, 2003

Niermeyer, Rainer, Kienbaum GmbH: Teamarbeit. Führen und Erfolge sichern, Freiburg i.Br., 2001

O'Connor, Joseph/Seymour, John: Neurolinguistisches Programmieren, Freiburg, 1995

Palmer, Helen/Brown Paul B.: Das Enneagramm im Beruf, München, 2000

Seifert, Josef W.: Moderation und Kommunikation. Den Gruppenprozess managen, Offenbach, 2000

Tumuscheit, Klaud D.: Immer Ärger im Projekt. Wie Sie die Projektkiller austricksen, Zürich, 2001

Ulrich, Dave/Zenger, Jack/Smallwood, Norman: Ergebnisorientierte Unternehmensführung. Von der Zielformulierung zu messbaren Erfolgen, Frankfurt, 2000

Wagner, Hardy R. (Hrsg.): Projektmanagement. Grundlagen, Methoden und Techniken, Offenbach, 2003

Wheatley, Margaret J.: Quantensprung der Führungskunst, Reinbeck bei Hamburg, 1997

Systemdenken

Daenzer, W.F./Huber, F. (Hrsg.): Systems Engineering, Methodik und Praxis, Zürich, 1997

Weinberger, Gerald M.: Systemdenken und Softwarequalität, München, 1998

Mind Mapping

Beyer, Maria M.: Brain Land. Mind Mapping in Aktion, Paderborn, 1994

Buzan, Tony/North, Vanda: Mind Mapping. Der Weg zu Ihrem persönlichen Erfolg, Wien, 1997

Buzan, Tony/North, Vanda: Business Mind-Mapping, München, 1999

Software: Creative Mindmap, Düsseldorf, 2002

Software: MindManager 4.0 Standard/Business Edition, Alzenau, 2001

Software: Mind Mapping, Offenbach, 2003

Projektcontrolling

Brandt, Thomas: Projektcontrolling, Projektwirkungen analysieren und bewerten, München, 2002

Fiedler, Rudolf: Controlling von Projekten, Wiesbaden, 2003

Magnusson, Kjell/Kroslid, Dag/Bergmann, Bo: Six Sigma. Die neue Qualitätsstrategie für Unternehmen, München, 2003

Timm, Jens: Wachstumsmodelle der Unternehmung unter Berücksichtigung unterschiedlicher Abschreibungsverläufe, Hamburg, 1989

Stichwortverzeichnis